工业和信息化高职高专
“十三五”规划教材立项项目

高等职业教育『十三五』土建类技能型人才培养规划教材

地基与基础

任国亮／主编
马金甲 俞鑫／副主编
王兆林／主审

人民邮电出版社
北京

图书在版编目（CIP）数据

地基与基础 / 任国亮主编. -- 北京 : 人民邮电出版社, 2015.9
高等职业教育“十三五”土建类技能型人才培养规划教材
ISBN 978-7-115-39443-9

Ⅰ. ①地… Ⅱ. ①任… Ⅲ. ①地基－高等职业教育－教材②基础（工程）－高等职业教育－教材 Ⅳ. ①TU47

中国版本图书馆CIP数据核字(2015)第160601号

内 容 提 要

本书基于工程现场的地基基础施工员岗位，采用项目引领、任务驱动、模块化学习的方式组织内容，适当引入企业的典型工程项目案例。全书共 7 个学习单元，主要内容包括地基基础入门、土的基本性质与工程应

用、挡土墙工程与土压力分析、浅基础工程施工、桩基础工程施工、基坑工程施工以及地基处理施工等。通过每个单元的学习和不同层级的技能训练，学生不仅能够掌握土的基本性质与工程应用，而且能够掌握不同类型基础的施工技术方案编制方法，达到建筑施工现场地基基础施工员的水平。

本书可作为高等职业技术学院土建类相关专业的教学用书，也可作为相关技术人员的参考书。

◆ 主　　编　任国亮
副 主 编　马金甲　俞　鑫
主　　审　王兆林
责任编辑　刘盛平
责任印制　张佳莹　杨林杰

◆ 人民邮电出版社出版发行　北京市丰台区成寿寺路 11 号
邮编　100164　电子邮件　315@ptpress.com.cn
网址　http://www.ptpress.com.cn
北京鑫正大印刷有限公司印刷

◆ 开本：787×1092　1/16
印张：14.75　2015 年 9 月第 1 版
字数：377 千字　2015 年 9 月北京第 1 次印刷

定价：35.00 元

读者服务热线：(010)81055256　印装质量热线：(010)81055316
反盗版热线：(010)81055315
广告经营许可证：京崇工商广字第 0021 号

前　言

地基与基础施工技术方案的编制，是从事施工现场的一线工程技术人员的典型工作任务，是土建类高职技术技能型人才必须具备的基本技能，也是土建类高职建筑工程专业群各专业的一门重要的专业主干课程。本书以训练读者的基础施工技术方案编制技能为目标，详细介绍了地基基础入门、土的基本性质与工程应用、挡土墙工程与土压力分析、浅基础工程施工、桩基础工程施工、基坑工程施工、地基处理施工等内容。

本书以地基基础施工员的工作过程为导向，采用模块化的学习方式组织内容，适当引入企业的工程案例。主要内容涵盖了土体的工程性质与应用，将施工技术方案的编制分散在项目具体操作中，每个项目又主要由任务引入、相关知识、任务实施、工程案例、基本技能训练和职业资格拓展训练6个部分组成。在任务引入部分，介绍工程技术应用的背景；在相关知识部分给出完成该项目必须的知识与技能，包括基本概念、材料选择、构造要求、施工常见工艺等；在任务实施部分，介绍一个完整分项基础工程施工的各项步骤等；在工程案例部分，引入一个难度适中的真实企业工程案例，为读者进一步自我学习提供知识的延伸，为实际编制施工技术方案提供借鉴；在基本技能训练部分，围绕项目需要掌握的重点知识和技巧，精心筛选了适量的习题，供读者检测学习效果；在职业资格拓展训练部分，引入难度上相当于建造师职业资格考试的题型，为学有余力的学生提供平台，同时激发后续学习的兴趣与探究的热情。

通过7个学习单元的学习和训练，读者不仅能够掌握地基与基础中有关土的各类性质与工程应用知识，而且能够掌握各类基础的构造识读和施工技术方案的编制方法，达到施工现场对地基基础施工员的岗位要求。

本书的参考学时为48 ~ 64学时，建议采用理论实践一体化教学模式，各项目的参考学时见下面的学时分配表。

学时分配表

项　目	课 程 内 容	学　时
学习单元1	地基基础入门	4 ~ 6
学习单元2	土的基本性质与工程应用	6 ~ 8
学习单元3	挡土墙工程与土压力分析	4 ~ 6
学习单元4	浅基础工程施工	10 ~ 12
学习单元5	桩基础工程施工	10 ~ 12
学习单元6	基坑工程施工	8 ~ 10
学习单元7	地基处理施工	4 ~ 8
	课程考评	2
课时总计		48 ~ 64

本书由任国亮任主编，马金甲、俞鑫任副主编，任国亮编写学习单元1和学习单元5，俞鑫编写学习单元7，马金甲编写学习单元2、学习单元3、学习单元4和学习单元6。

本书由江苏康建建设工程有限公司董事长、教授级高工王兆林主审，该公司总工程师张国忠提供了部分案例，在此一并表示感谢！

由于编者水平有限，书中难免存在不足之处，敬请读者批评指正。

编　　者

2015年5月

目 录

学习单元 4

学习单元 5

学习单元 6

学习单元 7

学习单元 1

地基基础入门

学习目标

（1）掌握土力学、地基以及基础的含义。

（2）理解地基与基础在工程实践中的地位及重要性。

（3）了解与本课程相关的学科发展概况，掌握本课程学习方法。

（4）能够识别常见的工程地质构造与水文地质构造。

项目1　地基基础认知

任务1　地基基础的基本概念

任务引入

“楼倒倒”事件回放：2009年6月27日清晨，上海市闵行区莲花南路、罗阳路口西侧“莲花河畔景苑”小区内一栋在建的13层住宅楼倒塌，由于倒塌的高楼尚未竣工交付使用，所以没有酿成特大居民伤亡事故，只是造成一名施工人员死亡。该楼整体朝南侧倒下，13层的楼房在倒塌中并未完全粉碎，楼房底部原本应深入地下的数十根混凝土管桩被“整齐”地折断后裸露在外，如图1-1所示。

图1-1　倒塌的楼体

在2009年7月3日的新闻发布会上，事故调查专家组组长、中国工程院院士江欢成说：“事发楼房附近有过两次堆土施工。第一次堆土施工发生在半年前，堆土距离楼房约20m，离防汛墙10m，高3～4m。第二次堆土施工发生在6月下旬。第二次堆土是造成楼房倾覆的主要原因。土方在短时间内快速堆积，产生了3000t左右的侧向力，加之楼房前方由于开挖基坑出现凌空面，导致楼房产生10cm左右的位移，对PHC桩（预应力高强混凝土）产生很大的偏心弯矩，最终破坏桩基，引起楼房整体倾覆。”

在当今新型城镇化建设的背景下，许多城市高楼大厦鳞次栉比，但人们越来越对身边的建筑物的安全状况感到普遍忧虑。从该事件来看，楼房上部结构设计施工没有任何问题，是由于下部结构——基础出了问题并且地基土层受到了各类不良条件的影响，引发了财产损失、危及了生命。那么究竟什么是地基、什么是基础呢？地基与基础对于建筑物的整体安全性又具有怎样的意义呢？

相关知识

1. 土力学

土力学是应用工程力学方法来研究土的力学性质的一门学科，是土木工程的一个分支。它专门研究土的工程性质与受力状态，用于解决地基与基础及有关工程问题。土力学的研究对象是与人类活动密切相关的土和土体，包括人工土体和自然土体，以及与土的力学性能密切相关的地下水。奥地利工程师卡尔·太沙基（1883—1963）首先采用科学的方法研究土力学，被誉为“现代土力学之父”。土力学被广泛应用在地基、挡土墙、土工建筑物、堤坝等设计中。土力学的内容主要包括土的基本物理性质和工程性质；土力学的基本理论和基本分析方法；土力学的工程应用。

对于一线从事土木工程生产与技术服务的各类技术员而言，要掌握地基及基础的施工工艺，必须对以上三个方面都有所了解，但侧重点有所不同。例如，对土的基本物理性质和工程性质要重点掌握，而对于土力学的理论和分析方法，应多从工程应用与实践的角度来掌握学习，能够做到理论联系实际，以解决工程实际问题为目的，而不是侧重土体的受力理论分析和公式推导。本课程所涉及的土力学的原理，主要是用来指导地基与基础工程实践的理论基础。

2. 地基与基础

常言道“万丈高楼平地起”，人们很早就意识到“建筑物”与“地”两者之间的密切关系。具体而言，一切建筑物（构筑物）都被建造于地球的地壳表面之上，地表的岩土地层是直接承受建筑上部荷载的基本物质，也是建筑物赖以安全稳固的根基，它们相互依存，不可分离。

（1）基础。基础是建筑物向地基传递荷载的下部结构，是建筑物的墙或柱埋在地下的扩大部分，是建筑物的“脚”。其作用是承受上部结构的全部荷载，把它传给地基。中国在建筑物的基础建造方面有悠久的历史。从陕西半坡村新石器时代的遗址中，发掘出的木柱下已有掺陶片的夯土基础；战国时期，已有块石基础；北宋元丰年间，基础类型已发展到木桩基础、木筏基础及复杂地基上的桥梁基础、堤坝基础，基础形式日臻完善。1872年，世界第一座钢筋混凝土结构的建筑在美国纽约落成，标志着钢筋砼开始被用于建造各种楼板、柱、基础等。

（2）地基。地基是指基础底面以下，承受基础传递过来的建筑物荷载而产生应力和应变的岩土层。基础是建筑物的组成部分，而地基则不是。值得注意的是，建筑物所坐落的自然地壳表面的地质环境，并非是永久不变的，而是伴随着地壳的不断活动，处在不断的变化之中。地震的出现、火山的爆发与山体的滑坡，都有可能对建筑物所处的地基岩土层产生极为不利的影响。例如，在产生较为强烈的地震时，地基失去承载能力，或突然产生过大的沉陷，或发生不均匀沉陷等，都会导致建筑物的墙体开裂乃至倒塌，引发各类财产损失，危及人们的生命安全。

地基一般应具有较高的承载力与较低的压缩性，以满足地基与基础设计的两个基本条件（强度条件与变形条件）。软弱地基的工程性质较差，需经过人工地基处理才能达到设计要求。通常把不需处理而直接利用天然土层的地基称为天然地基；把经过人工加工处理才能作为地基的称为人工地基。人工地基施工周期长、造价高，因此建筑物一般宜建造在良好的天然地基上，当然人工处理也是有很多种办法可以实现的，本书学习单元 7 将涉及此问题。

（3）持力层。持力层是指直接与基础地面接触的土层，可以理解为基础直接“坐落”的土层。

（4）下卧层。下卧层是指地基内持力层下面的土层。

上述几个名词之间的位置关系可以通过图 1-2 所示来表示。

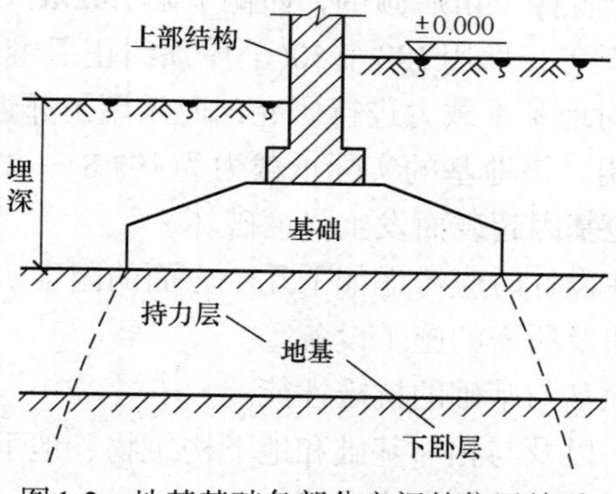

图 1-2　地基基础各部分之间的位置关系

3. 地基与基础在工程实践中的地位及重要性

地基基础是建筑物的根基，它的勘察、设计和施工质量直接关系着建筑物的安危。而且地基基础是隐蔽工程，一旦发生地基基础质量事故，事后进行处理就非常困难，有时甚至无法补救。从工程经济看，地基基础工程占整个建设工期和费用的比例相当大，有些建筑物的地基基础，其工程造价高达总造价的 30% 以上。

在众多工程事故中，很多与地基基础问题有关。意大利比萨斜塔（见图 1-3）自 1173 年 9 月 8 日动工，至 1178 年建至第 4 层中部、高度为 29m 时，因塔明显倾斜而停工。94 年后，1272 年复工，经 6 年时间建完第 7 层，高 48m，再次停工中断 82 年。1360 年再次复工，至 1370 年竣工，前后历经近 200 年。目前，塔北侧沉降约 1m，南侧下沉近 3m，倾斜已达到极危险状态。比萨斜塔出现倾斜的主要原因是土层强度差，塔基的基础深度不够（只有 3m 深），再加上采用大理石砌筑的塔身非常重，因而造成塔身不均衡下沉。

图1-3　比萨斜塔

图1-4　加拿大特朗斯康（Transcona）谷仓

加拿大特朗斯康（Transcona）谷仓（见图1-4），南北长59.44m，东西宽23.47m，高31.00m。基础为钢筋砼筏板基础，厚61cm，埋深3.66m。谷仓1911年动工，1913年秋完成。谷仓自重20000t，相当于装满谷物后总重的42.5%。1913年9月装谷物至31822m³时，发现谷仓1h内沉降达30.5cm并向西倾斜，24h后倾倒，西侧下陷7.32m，东侧抬高1.52m，倾斜27°。地基虽破坏，但筒仓却安然无恙，后用388个50t千斤顶纠正后继续使用，但位置较原先下降4m。事故的原因：设计时未对地基承载力进行研究，而采用了邻近建筑地基352kPa的承载力。1952年的勘察试验与计算表明，该地基的实际承载力为193.8～276.6kPa，远小于谷仓地基破坏时329.4kPa的地基压力，地基因超载而发生强度破坏。

一般认为，地基与基础在设计时应考虑如下几个方面的因素。

（1）施工期限、施工方法及所需的施工设备等。

（2）在地震区，应考虑地基与基础的抗震性能。

（3）基础的形状和布置，以及与相邻基础和地下构筑物、地下管道的关系。

（4）建造基础所用的材料与基础的结构形式。

（5）基础的埋置深度。

（6）地基土的承载力。

（7）上部结构的类型、使用要求及其对不均匀沉降的敏感度。

单从地基基础施工的角度而言，它是现场施工的第一步重要工序，其施工的质量往往是整个建筑物施工质量控制的基础。我国作为一个土地面积辽阔的国家，工程所在地的地质情况往往会随着地域条件的不同而存在着较大的差异，这就对工程建设中的地基施工带来了严峻的挑战，同时对地基基础施工的质量也提出了更高的要求。

任务实施

步骤1：利用计算机及手机进行网络信息检索和查阅图书资料对比，指出图1-5（a）～图1-5（c）所示的基础是何种类型？

步骤2：观察图1-6所示的现场图，判断其所属的基础类型，分别讨论其材料组成及用途。

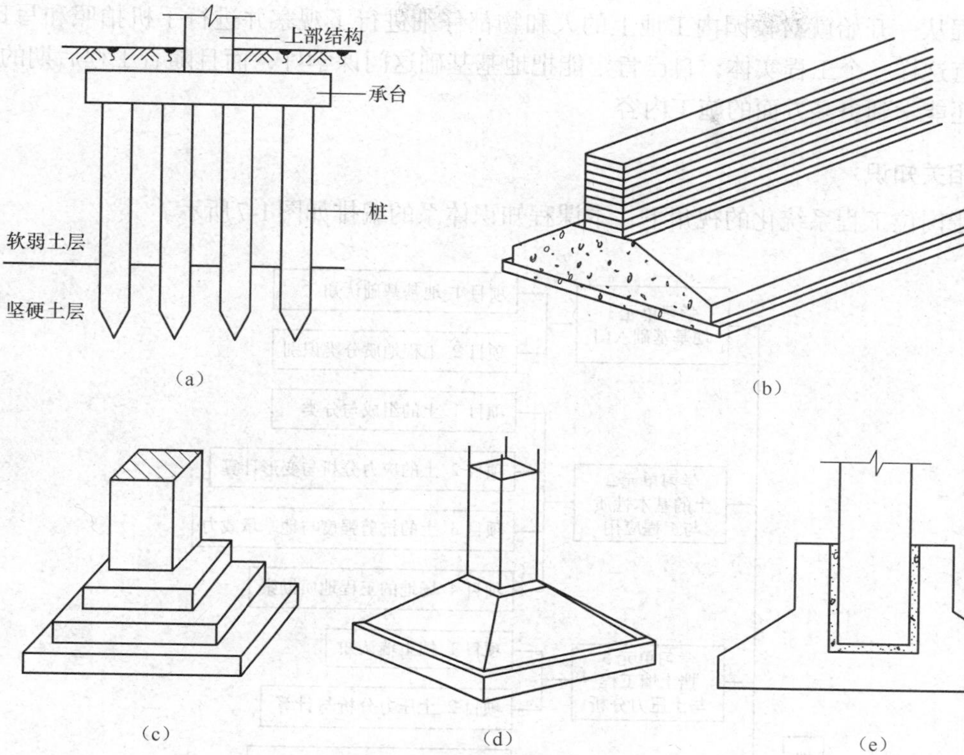

图1-5　各类基础示意图

图1-6　基础施工现场

任务2　课程导学

任务引入

位于A市科教园区的某职业学院内部隔离开了一块非常大的场地，首先出现了卡车、挖土机、水泥、砂石等建筑材料，然后工人利用挖土机、铲运机等机械设备挖了一个很大的基坑，四周是各类临时建筑物，有工人的临时活动式板房，挂着标识牌的钢筋加工场、工地临时办公室……张强从一开始就对校园内工地上的人和物都仔细进行了观察并进行手机拍照和写日记。他相信，有这样一个工程实体，自己肯定能把地基基础这门课学好，而且随着工程后期的不断建设，他还能学到更多方面的施工内容。

相关知识

在基于岗位工程系统化的视角下，本课程知识体系的编排如图1-7所示。

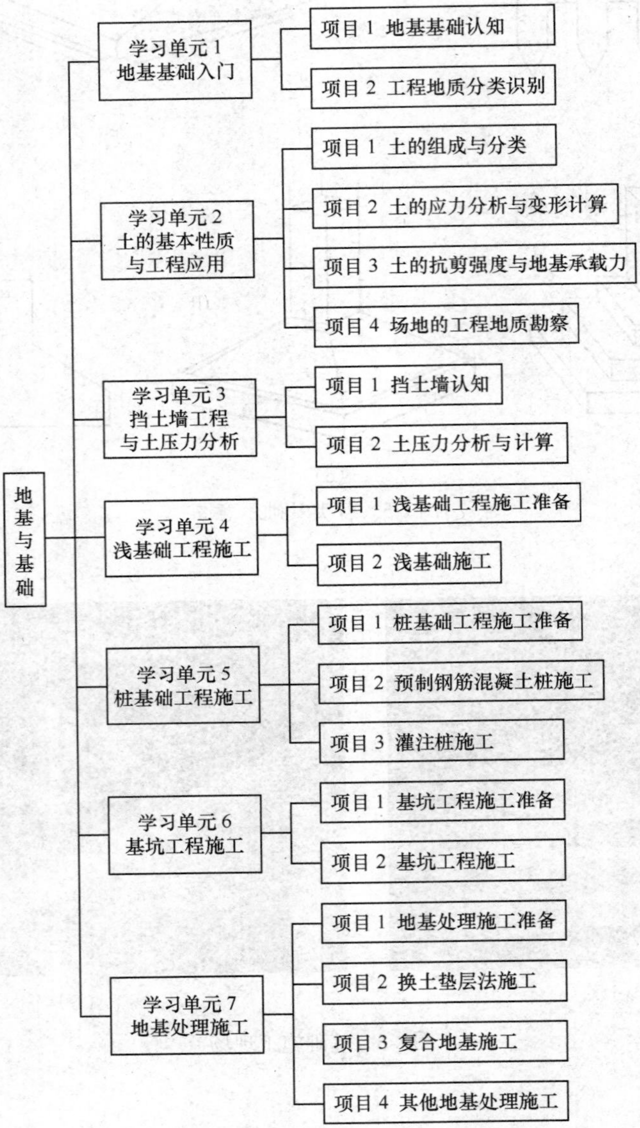

图1-7　课程导学——知识体系组织结构

任务实施

步骤1：掌握地基与基础的基本理论与学习方法

地基与基础是一门理论性和实践性均较强的专业课，它涉及工程地质学、土力学、建筑结构、建筑材料及建筑施工等学科领域，内容广泛、综合性强。学习时应理论联系实际、抓住重点、掌握原理、搞清概念，从而学会分析计算与工程施工应用。学习本课程时应注意以下问题。

（1）重视工程地质基本知识的学习，例如，掌握土的物理性质指标和基本分类、工程地质构造等，这些能够帮助人们正确地阅读和分析岩土工程勘察报告及相关的图文资料，有助于在工程现场进行验槽。

（2）要熟悉土的应力、变形、强度的基本原理，但不要拘泥于土的自重应力和附加应力的各类计算、地基变形计算及地基承载力的计算，而是以此作为理论计算指导，更好地帮助做好现场的施工技术方案和相关的施工文件。

（3）应用已掌握的基本概念和原理并紧密结合建筑制图、建筑材料、建筑结构以及其他课程的理论和前期的技能训练，能够掌握浅基础、深基础、挡土墙的构造及施工步骤以方便展开施工，同时熟悉对各类土体的地基处理。

（4）重视学习工程技术标准规范及实际工程图纸，以及做好相关的土工试验。应熟知《岩土工程勘察规范》（GB 50021—2001）、《建筑地基基础设计规范》（GB 50007—2011）、《建筑抗震设计规范》（GB 50011—2010）、《土工试验方法标准》（GB/T 50123—1999）、《建筑桩基技术规范》（JGJ 94—2008）等标准，同时多实地观察学习，结合实际工程图纸进行实物对照学习。有关土工试验的内容限于篇幅本书并未涉及，在后期将出版配套的试验学习手册或电子资源以供使用。

步骤2：了解该学科的历史发展与未来前景

《韩非子》有云：“堂高三尺、茅茨土阶。”地基及基础既是一项古老的工程技术，又是一门年轻的应用科学。追本溯源，世界文化古国的远古先民，在史前的建筑活动中，就已创造了自己的地基基础工艺。我国西安半坡村新石器时代遗址和殷墟遗址的考古发掘就发现有土台和石础、举世闻名的长城、蜿蜒流淌的京杭大运河、历代王朝的宫殿寺院也全部是依靠精心设计并建造的地基基础，才能逾千百年留存至今。

赵州桥（见图1-8）建于隋代大业元年至十一年（公元605～616），由著名石匠李春修建，是世界上现存最早、保存最好的石拱桥。其桥台设置成浅而小的普通矩形，厚度仅1.529m，由五层排石垒成，砌置于密实的粗砂层上，基底压力为500～600kPa，1400多年来沉降甚微（仅几厘米），这就有力地保证了赵州桥在漫长的历史过程中，经受住无数次洪水的冲击、8次大地震的摇撼，以及车辆的重压，至今仍安然无恙。

桩基和人工地基用于房屋建筑工程之中，在我国历史上由来已久。如郑州隋朝时期建造的超化寺（见图1-9）的塔基，采用的就是桩基。许多古建筑的基础也采用了灰土垫层。但是由于当时生产力发展水平的限制，这些地基基础的高超技艺未能提炼成系统的科学理论。

18世纪欧洲工业革命开始以后，随着资本主义工业化的发展，城市建设、水利、道路等的兴建推动了土力学的发展。1773年法国的库仑（Coulomb）根据试验创立了土的抗剪强度公式，提出了计算挡土墙土压力理论；1857年英国的朗肯（Rankine）通过不同假定，又提出了另一种计算挡土墙土压力理论；1885年法国的布辛奈斯克（Boussinesq）求出了弹性半空间在竖向集中力作用下应力和变形的大小等。到了20世纪20年代，美籍奥地利土力学家太沙基（Terzaghi），在归纳并发展了前人研究成果的基础上，分别发表了《土力学》和《工程地质学》等专著。这些带动了各国学者对本学科各方面进行研究和探索，并取得不断的进展。

进入21世纪以来，国内外各类高层建筑、大跨度桥梁、大型水利工程的开发和核电站项目的兴建，进一步推动了土力学与地基基础工程的理论创新和工程实践发展。我国在勘察、测试、设计和施工方面都出现了很多精品工程，积累了宝贵的设计与施工经验。例如，高速铁路宛如钢铁长龙，盘亘在祖国的广袤大地上，其坚固耐久的地基基础工程起了功不可没的作用，为高速列车的行车安全和旅途舒适提供了技术保障。未来随着人类探索海洋空间、利用开发地下空间和开发各类新型建筑，地基基础工程学科将扮演更为重要的角色，为人类建造美好和谐家园、创造未来新世界提供强大的科学武器。

图1-8　赵州桥

图1-9　超化寺

项目2　工程地质分类识别

任务1　地质构造

任务引入

我们生活中常遇见的土木工程，例如，公路、铁路、涵洞、房屋建筑及地铁工程等，都是修建在地表或地下的建筑物或构筑物。场地的自然环境和工程地质条件，与工程设计、施工与运营密切相关。无论是工程的总体布局、场地或线路的选择还是具体项目施工方案的确定、技术参数的选取，都必须在查清和测试场地的工程地质构造和水文地质条件的基础之上进行，因此，有必要对基本的工程地质构造知识和水文地质条件进行初步了解。

相关知识

1. 地质年代

地质年代是指一个地层单位或地质事件的时代和年龄。地质年代包含两种意义：其一是地质事件从发生至今的年龄，称为绝对年代；其二是各种地质事件发生的先后顺序，称为相对年代。

（1）绝对年代。绝对年代是利用岩石中残留的放射性元素的蜕变，测定岩石形成后所经历的实际年代（龄），是用距今多少年来表示的。

（2）相对年代。相对年代是指根据岩石的相对新老关系（形成的先后顺序）建立起来的时代顺序。相对年代主要是依据岩层的沉积顺序、生物演化规律和岩层间相互的接触关系等方面来确定的，只能表示先后顺序，不包括各个时代延续的长短。

（3）地质年代表。按时代早晚顺序表示地史时期的相对地质年代和同位素年龄值的表格。计算地质年代的方法有以下两种。

① 根据生物的发展和岩石形成顺序，将地壳历史划分为对应生物发展的一些自然阶段，即相对地质年代。它可以表示地质事件发生的顺序、地质历史的自然分期和地壳发展的阶段。

② 根据岩层中放射性同位素蜕变产物的含量，测定出地层形成和地质事件发生的年代，即绝对地质年代。据此可以编制出地质年代表，如表1-1所示。

表1–1 地质年代表（部分）

宙	代	纪	同位素年龄（百万年）		生物进化阶段	
			距今年龄	持续时间	植物	动物
显生宙	新生代（Kz）	第四纪（Q）	2.5	2.5	被子植物	人类出现
		第三纪（R）	67	64.5		哺乳动物
	中生代（Mz）	白垩纪（K）	137	70	裸子植物	恐龙爬行动物
		侏罗纪（J）	195	58		
		三叠纪（T）	230	35		
	古生代（Pz）	二叠纪（P）	285	55	蕨类植物	两栖动物
		石炭纪（C）	350	65		
		泥盆纪（D）	400	50		鱼类
		志留纪（S）	440	40	藻类植物	
		奥陶纪（O）	500	60		无脊椎动物
		寒武纪	570	70		三叶虫时代生命大爆发
隐生宙	元古代（Pt）	震旦纪（Z）	2400	1830	细菌、蓝、藻	
	太古代（Ar）	—	4500	2100	生命形成时期	

研究地壳历史时，把地史划分为5个代，代以下再分为纪、世、期等；与地质时代单位相应的地层单位称为界、系、统等。

2. 地壳运动与地质作用

（1）地壳运动。地壳运动又称构造运动，主要是指由地球内力引起岩石圈的变形、变位的作用。地壳运动按其运动的方向分为水平运动和垂直运动。

（2）地质作用。地质作用是指由自然动力引起地球（最主要的是地幔和岩石圈）的物质组成、内部结构和地表形态发生变化的作用。按照能源和作用部位不同，地质作用分为内动力地质作用和外动力地质作用。内动力地质作用是由地球内部的能量（简称内能）引起的，主要有地内热能、重力能、地球旋转能、化学能、结晶能等；外动力地质作用是由地球以外的能量（简称外能）引起的，主要有太阳辐射能、潮汐能、生物能等。

3. 水平构造和单斜构造

水平构造是指未经构造变动的沉积岩层，形成时的原始产状是水平的，先沉积的老岩层在下，后沉积的新岩层在上，如图1-10所示。

单斜构造是指原来水平的岩层，在受到地壳运动的影响后产状发生变动，岩层向同一个方向倾斜，如图1-11所示。

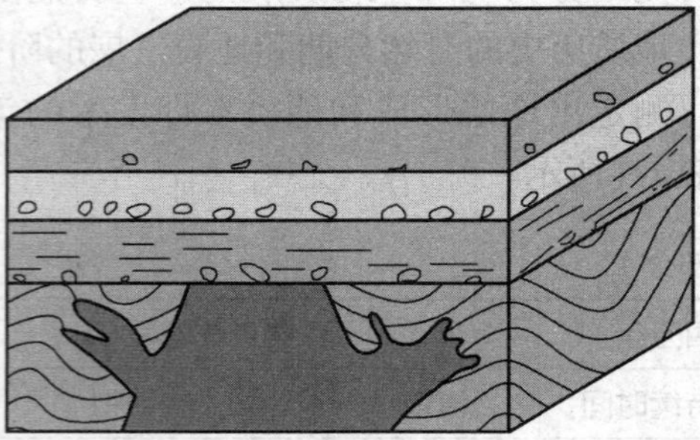

图1-10　水平构造

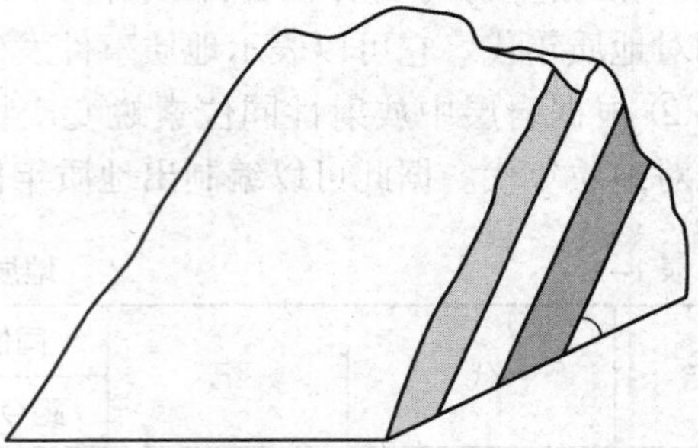

图1-11　单斜构造

岩层是指由同一岩性组成的，由两个平行或近于平行的界面所限制的层状岩石。岩层的产状是指岩层在地壳中的空间方位，是以岩层面的空间方位及其与水平面的关系来确定的。

确定岩层在空间分布状态的要素称为岩层的产状要素，一般用岩层面在空间的水平延伸方向、倾斜方向和倾斜程度进行描述，分别称为岩层的走向、倾向、倾角，这三者统称为岩层的产状三要素，如图1-12所示。

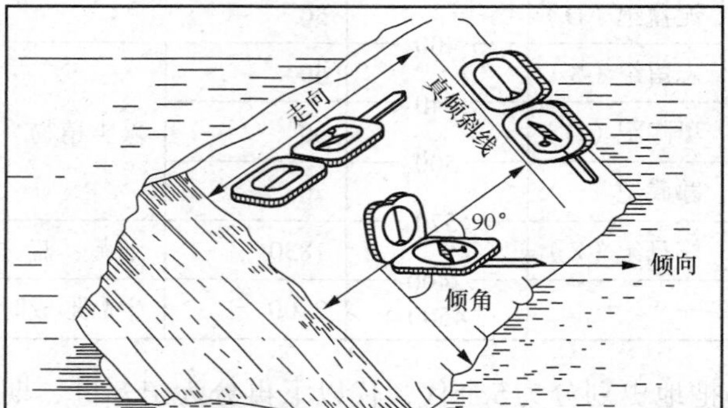

图1-12　岩层的产状三要素示意图

岩层产状要素的表示方法有文字表示法和符号表示法两种。文字表示法多用于野外记录和文字报告，而符号表示法多用于地质图件。

（1）文字表示法。目前通用的是采用方位角法表示，也有用象限角法表示的。

（2）符号表示法。在地质图件上，为了简单醒目地表示岩层面的产状，通常使用符号表示法，各符号的意义如下。

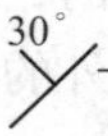

——长线代表走向，短线代表倾向，数字代表倾角；

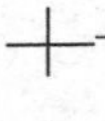
——水平岩层（倾角在0°～5°）；

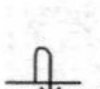
——直立岩层（箭头指向较新岩层）；

——倒转岩层（箭头指向倒转后的倾向，即指向老岩层，数字代表倾角）。

4. 褶皱构造

地质构造是指缓慢而长期的地壳运动使岩石发生变形，产生相对位移，变形后所表现出来的各种形态。地质构造在层状岩体中表现显著，主要有褶皱构造和断裂构造两种基本类型。

褶皱构造是地质构造的主要类型之一，它是岩层受到构造运动作用后，在未丧失连续性的情况下产生的弯曲变形。

（1）褶曲的概念。褶皱构造中的一个单独的弯曲叫褶曲，褶曲是组成褶皱的基本单元。褶曲的基本形式有背斜和向斜两种。岩层向上弯曲，核心部位的岩层时代较老，而两侧岩层时代较新，称为背斜。岩层向下弯曲，核心部位的岩层较新，而两侧岩层较老，称为向斜。

（2）褶曲要素。为了正确地描述和表示褶曲在空间的形态特征，对褶曲的各个组成部分均取了一定的名称，称为褶曲要素，主要包括核部、翼部、轴面、轴线、枢纽、脊线、槽线等。

（3）研究褶曲的实用意义。褶皱构造很普遍，无论是对矿产资源、地下水资源的寻找，还是对土木工程、水利工程的建设，查明褶曲的存在及其形态特点均具有重要意义。

由于褶皱核部岩层受水平挤压作用，产生许多裂隙，直接影响岩体的完整性和强度，在石灰岩地区还往往使岩溶较为发育。在核部布置各种建筑工程必须注意岩层的坍落、漏水及涌水问题。

在褶皱翼部布置建筑工程时，开挖边坡的走向近于平行岩层走向，且边坡倾向与岩层倾向一致，边坡坡角大于岩层倾角，则容易造成顺层滑动现象。

对于隧道等深埋地下的工程，一般应布置在褶皱翼部。

5. 断裂构造

在构造运动中，岩石或岩块受地应力作用超过其断裂强度以后，岩石或岩块失去连续性而发生断裂，所产生的地质构造称为断裂构造。

根据断裂面两侧岩体产生位移的大小情况，断裂构造分为两大类：一类是没有或只有微小断裂变位的节理；另一类是沿着断裂面有明显相对位移的断层。

（1）节理。节理是指岩石受力断开后，断裂面两侧岩块沿断裂面没有明显相对位移时的断裂构造。节理的断裂面称为节理面。节理的分类主要从两个方面考虑：一方面是与岩层产状的几何关系；另一方面是其力学性质和成因。

（2）断层。断层是指岩石在构造应力作用下发生断裂，沿断裂面两侧的岩块发生明显的相对位移的断裂构造。

① 断层的几何要素，为阐明断层的空间分布状态和断层两侧岩块的运动特征，将断层各组成部分赋予了一定的名称，称为断层要素，如图1-13所示。

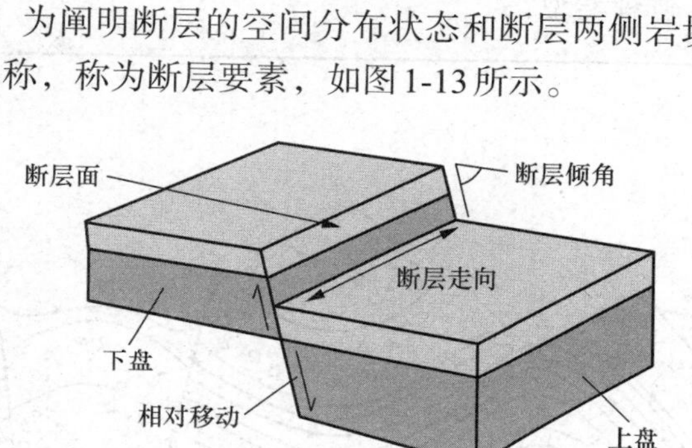

图1-13　断层要素

② 断层的组合类型。

（a）阶梯状断层。在剖面上各个断层的上盘呈阶梯状向同一方向依次下降，这样的断层组合类型称阶梯状断层，如图1-14所示。

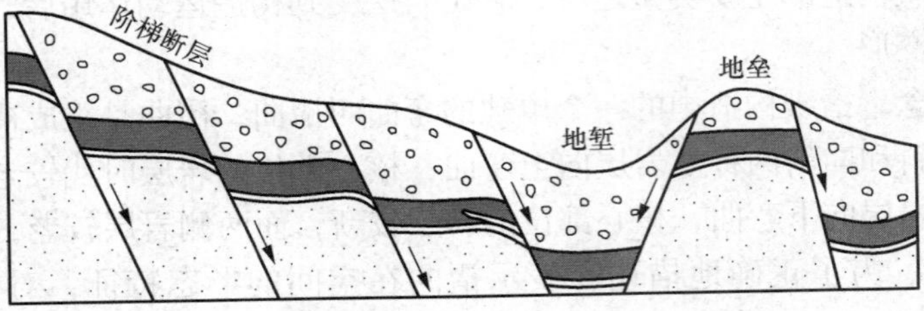

图1-14　阶梯状断层

（b）地堑和地垒。两组走向大致平行的正断层，其中间地层为共同的下降盘，两边地层相对上升的断层组合形式，称为地堑；两组走向大致平行的正断层具有共同的上升盘，两边岩块相对下降的断层组合形式，称为地垒，如图1-15所示。

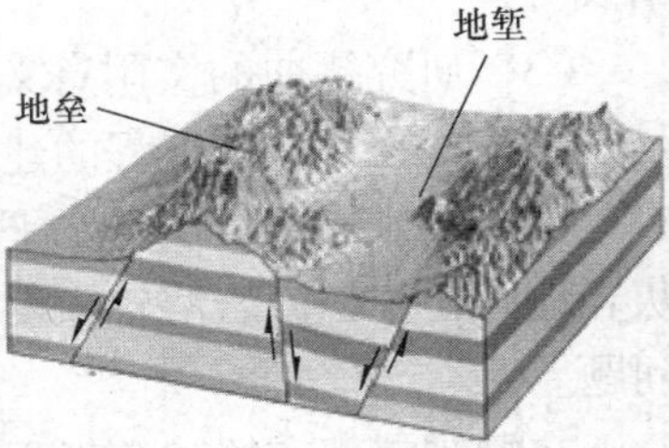

图1-15　地堑和地垒

（c）叠瓦式构造。由一系列平行的逆断层排列组成，从剖面上看，各断层的上盘依次上冲，形似屋顶瓦片样依次叠覆，称为叠瓦式构造，如图1-16所示。

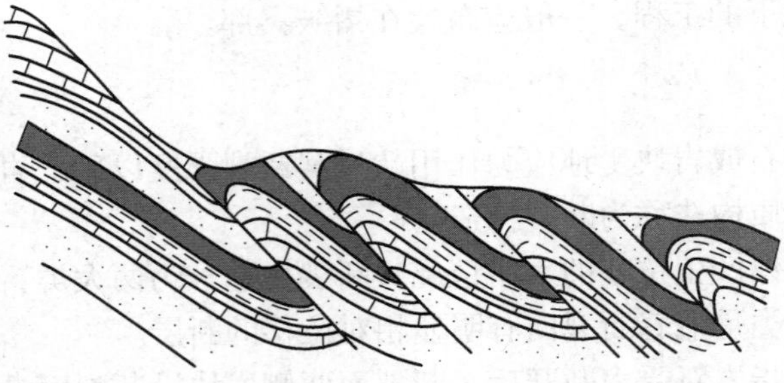

图1-16　叠瓦式构造

任务实施

步骤1： 利用计算机及手机进行网络信息检索和查阅图书资料对比，指出图1-17所示的褶曲构造中的$A\sim D$分别是何种类型？

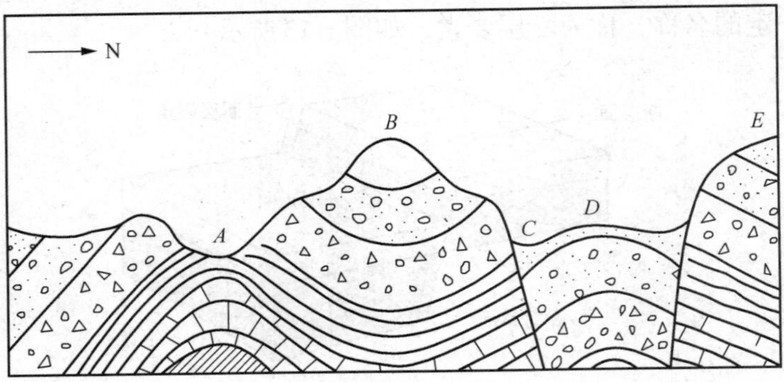

图1-17　褶曲构造示意图

步骤2：观察图1-18所示的实景图，判断所属的褶曲构造类型，并分别讨论其成因及发展。

（a）

（b）

图1-18　褶曲构造实景

任务2　水文地质

任务引入

水文地质是指自然界中地下水的各种变化和运动的现象。水文地质学是研究地下水的科学。它主要是研究地下水的分布和形成规律、地下水的物理性质和化学成分、地下水资源及其合理利用、地下水对工程建设和矿山开采的不利影响及其防治等。随着科学的发展和生产建设的需要，人们越来越发现、工程建设所在地的水文地质条件对于土方开挖、基础施工以及地下空间的开发利用方面有着重要影响。

相关知识

1. 地下水及其赋存介质

自然界中的水循环如图1-19所示，埋藏和运移在地表以下岩土空隙中的水称为地下水。岩石的空隙既是地下水储存场所，又是地下水的渗透通道，空隙的多少、大小及其分布规律决定着地下水分布与渗透的特点。

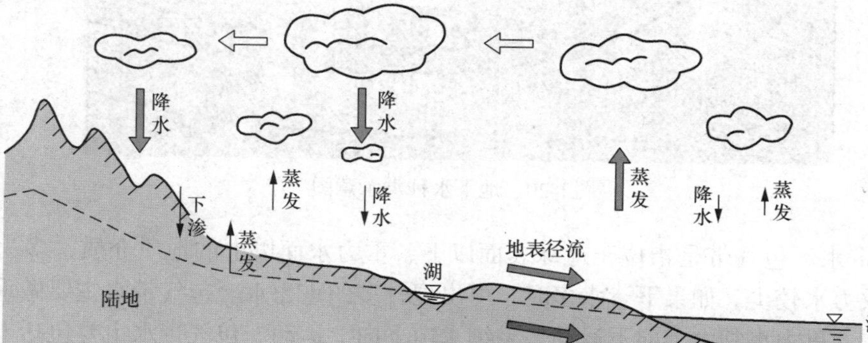

图1-19　自然界水循环示意图

岩土按其透水性的强弱分为透水、半透水和不透水三类。透水的（有时包括半透水的）岩土层称为透水层。能够给出并透过相当数量重力水的岩土层称为含水层。不能给出并透过水的岩层称为隔水层，有的隔水层可以含水，但是不具有允许相当数量的水透过自己的性能，例如，黏土就是这样的隔水层。常见岩土在常压下按透水程度的分类如表1-2所示。

表1-2　　岩土按透水程度的分类

透水程度	渗透系数k/（$m \cdot d^{-1}$）	岩土名称
良透水的	＞10	砾石、粗砂、岩溶发育的岩石、裂隙发育且很宽的岩石
透水的	10～1.0	粗砂、中砂、细砂、裂隙岩石
弱透水的	1.0～0.01	黏质粉土、细裂隙岩石
微透水的	0.01～0.001	粉砂、粉质黏土、微裂隙岩石
不透水的	＜0.001	黏土、页岩

（1）水在岩土中的存在形式。一般将水在空隙中存在形式分为五种，即气态水、结合水、毛细水、重力水和固态水。

（2）地下水的水质。地下水的物理性质和化学成分，对于确定地下水对混凝土等的侵蚀性，进行各种用水的水质评价等，都有着实际意义。

2. 地下水的类型

（1）按埋藏条件分类。地下水按埋藏条件分为包气带水、潜水和承压水，如图1-20所示。

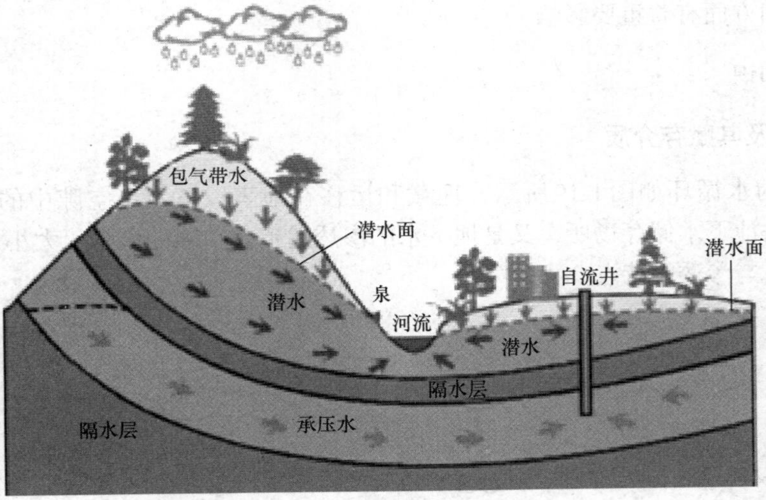

图1-20　地下水种类示意图

① 包气带水。包气带是指位于地球表面以下、重力水面以上的地质介质，多为吸着水或薄膜水，而重力水较少。如果下渗水多时，可出现较多的重力水。包气带水主要做垂直方向上的运动，例如，重力水常由上向下运动、毛细水由下向上运动。包气带水主要包括土壤水、上层滞水、沼泽水、沙漠及滨海沙丘中的水及基岩风化壳（黏土裂隙）中季节性存在的水等。

（a）土壤水。包气带表层土壤中的气态水、结合水、毛细水和下渗的重力水统称为土壤水。其主要特征是受气候控制，季节性明显，变化大，雨季水量多，旱季水量少，甚至干涸。土壤水不能直接被人们取出应用，但对农作物和植物有重要作用。

（b）上层滞水。储存于包气带中局部隔水层之上的重力水称为上层滞水。上层滞水从供水角度看意义不大，但从工程地质角度看，上层滞水会突然涌入基坑，危害基坑施工安全；还可能减弱地基土强度，引起土质边坡滑坍，黄土沉陷；在寒冷地区，则易引起道路的冻胀和翻浆等病害。

② 潜水。埋藏在地面以下第一个稳定隔水层之上具有自由水面的重力水称为潜水。潜水主要分布于第四纪松散沉积层中，露出地表的裂隙岩层或岩溶岩层中也有潜水分布。潜水的埋藏深度和含水层的厚度受气候、地形和地质条件的影响，变化甚大。在地形强烈切割的山区，埋藏深度可达几十米甚至更深。潜水通过包气带与地表相通，所以大气降水，地表水和凝结水可直接渗入补给潜水，成为潜水的主要补给来源。

潜水在重力作用下由高处向低处流动，形成地下径流。

潜水面常以潜水等水位线图表示。潜水等水位线图是潜水面上标高相等各点的连线图。将该地区的潜水人工露头（钻孔、探井、水井）和天然露头（泉、沼泽）的水位同时进行测定，绘在地形等高线图上，连接水位相等的各点即得潜水等水位线图。

③ 承压水。充满于两个稳定的隔水层之间的含水层中的重力水称为承压水。当钻孔或打井打穿隔水顶板时，这种水能沿钻孔或井上升；若水压力较大时，甚至能喷出地表形成自流，这时也称自流水。承压水的形成主要取决于地质构造，最适合形成承压水的地质构造是向斜构造和单斜构造。承压水的水头压力能引起基坑突涌，破坏基底的稳定性；承压水一般水量较大，隧道和桥基施工若钻透隔水顶板，会造成突然而猛烈的涌水，处理不当将带来重大损失。

（2）按含水层性质分类。地下水按含水层性质分为孔隙水、裂隙水和岩溶水。

① 孔隙水。在孔隙含水层中储存和运移的地下水称为孔隙水。孔隙含水层主要是第四纪的松散沉积物，根据孔隙含水层埋藏条件的不同，有孔隙上层滞水、孔隙潜水和孔隙承压水三种基本类型。

② 裂隙水。储存并运移于裂隙介质中的地下水称为裂隙水。它主要分布在山区和第四系松散覆盖层下的基岩中，裂隙的性质和发育程度决定了裂隙水的存在和富水性。岩石的裂隙按成因可分为风化裂隙、成岩裂隙和构造裂隙三种类型，相应地也将裂隙水分为三种，即风化裂隙水、成岩裂隙水和构造裂隙水。

③ 岩溶水。储存并运移于可溶岩的孔隙、裂隙以及溶洞中的地下水称为岩溶水。它可以是潜水，也可以是承压水。一般来说，在裸露的石灰岩分布区的岩溶水主要是潜水；当岩溶化岩层被其他岩层所覆盖时，岩溶潜水可能转变为岩溶承压水。总的来看，岩溶水虽属地下水，但许多特征与地表水相近，只是因为埋藏于地下，所以比地表水更为复杂。

如果在工程建筑地基内有岩溶水活动，这不但会在施工中出现突然涌水的事故，而且对建筑物的稳定性也有很大影响。因此在建筑场地和地基选择时应进行工程地质勘察，针对岩溶水的情况，用排除、截源、改道等方法处理，例如，修造排水、截水沟，筑挡水坝，开凿输水隧洞等。

3. 地下水对土木工程的影响

在土木工程建设中，地下水常起着重大作用。地下水对土木工程的不良影响主要有：地下水位上升，可引起浅基础地基承载力降低；地下水位下降会使地面产生附加沉降；不合理的地下水流动会诱发某些土层出现流砂现象和机械潜蚀；地下水对位于水位以下的岩土层和建筑物基础会产生浮托作用；某些地下水会对混凝土产生腐蚀等。

（1）地面沉降。松软土地区大面积抽取地下水，将造成大规模的地面沉降。由于抽水引起含水层水位下降，导致土层中孔隙水压力降低，颗粒间有效应力增加，地层压力超过一定限度，即表现出地面沉降。

地面沉降是一个环境工程地质问题。它给建筑物、管道及城市道路都带来很大危害。地面沉降还会引起向沉降中心的水平移动，使建筑物基础、桥墩错动，铁路和管道扭曲拉断等。

控制地面沉降最好的方法是合理开采地下水，多年平均开采量不能超过平均补给量。在地面沉降已经严重发生的地区，对含水层进行回灌可使地面沉降适当恢复。

（2）地面塌陷。地面塌陷是松散土层中所产生的突发性陷落，多发生于岩溶地区。地面塌陷多为人为局部改变地下水位引起的，例如，地面水渠或地下输水管道渗漏可使地下水位局部上升，基坑降水或矿山排水疏干引起地下水位局部下降，这些现象都可导致在短距离内出现较大的水位差，水力坡度变大，从而增强地下水的潜蚀能力，对地层进行冲蚀、掏空，形成地下洞穴。当穴顶失去平衡时便发生地面塌陷。地面塌陷危害很大，破坏农田、水利工程、交通线路，引起房屋破裂倒塌、地下管道断裂。

为杜绝地面塌陷的发生，在重大工程附近应严格禁止能引起地下水位大幅改变的工程施工，如果必须施工，则应进行回灌，以保持附近地下水位不要有大的变化。

（3）流砂。流砂是指松散细小的土颗粒在动水压力下产生的悬浮流动现象。地下水自下而上渗流时，当地下水的动水压力大于土粒的浮容重或地下水的水力坡度大于临界水力坡度时，使土颗粒的有效应力等于零，土颗粒悬浮于水中，随水一起流出就会产生流砂。在地下水位以下的颗粒级配均匀的细砂、粉砂、粉质黏土中进行工程活动，如开挖基坑、埋设地下管道、打井等容易引起流砂。流砂在工程施工中能造成大量的土体流动，使地表塌陷或破坏建筑物的地基，给施工带来很大困难，或直接影响建筑工程及附近建筑物的稳定。如果在沉井施工中，产生严重流砂，此时沉井会突然下沉，无法用人力控制，以致发生倾斜，甚至发生重大事故。

在可能产生流砂的地区，若上面覆有一定厚度的土层，应尽量利用上覆土层做天然地基，或者用桩基础穿过易发生流砂的地层，尽可能地避免开挖。如果必须开挖，可用以下方法处理流砂。

① 人工降低地下水位，使地下水位降至可能产生流砂的地层以下，然后开挖。

② 打板桩。在土中打入板桩，它一方面可以加固坑壁，另一方面增长了地下水的渗流路径，减小了水力坡度。

③ 冻结法。用冷冻方法使地下水结冰，然后开挖。

④ 水下挖掘。在基坑（或沉井）中用机械在水下挖掘，为避免因排水导致流砂的水头差，增加砂土层的稳定，也可向基坑中注水并同时进行挖掘。

⑤ 化学加固法、爆炸法及加重法等。在基槽开挖的过程中局部地段出现流砂时，立即抛入大块石等，可以阻止流砂的进一步发展。

（4）管涌。管涌也称为潜蚀，可分为机械潜蚀和化学潜蚀两种。机械潜蚀是指土粒在地下水的动水压力作用下受到冲刷，将细的土颗粒带走，使土的结构破坏，形成一种近似于细管状的渗流通道，从而掏空地基或坝体，使地基或斜坡变形、失稳。化学潜蚀是指地下水溶解水中的盐分，使土粒间的结合力和土的结构破坏，土粒被水带走，形成洞穴的作用。这两种作用一般是同时进行的。在地基土层内如果发生地下水的潜蚀作用，将会破坏地基土的强度，形成空洞，产生地表塌陷，影响建筑工程的稳定。在我国的黄土及岩溶地区的土层中，经常有潜蚀现象产生，因此修建建筑物时应予以注意。

对潜蚀的处理可以采取堵截地表水流入土层、阻止地下水在土层中流动、设置反滤层、改造土的性质、减小地下水流速和降低水力坡度等措施。

（5）浮托作用。当建筑物基础底面位于地下水位以下时，地下水对基础底面产生静水压力，即产生浮托力。地下水不仅对建筑物基础产生浮托力，同样对其水位以下的岩石、土体也产生浮托力。

（6）基坑突涌。当基坑下伏有承压含水层时，开挖基坑减小了隔水层顶板的厚度。当隔水层较薄经受不住承压水头压力作用时，承压水的水头压力会冲破基坑底板，这种工程地质现象称为基坑突涌。在基坑开挖时，如果基坑开挖后的坑底隔水层的厚度小于安全厚度，为防止基坑突涌，则必须对承压含水层进行预先排水，以降低承压水头压力。

（7）地下水对混凝土的侵蚀。土木工程建筑物，如房屋及桥梁基础、地下洞室衬砌和边坡支挡建筑物等，都要长期与地下水相接触，地下水中各种化学成分与建筑物中的混凝土产生化学反应，使混凝土中的某些物质被溶蚀，强度降低，结构遭到破坏；或者在混凝土中生成某种新的化合物，这些新化合物生成时体积膨胀，从而使混凝土开裂破坏。

地下水对混凝土的侵蚀性除与水中各种化学成分的单独作用及相互影响有密切关系外，还与建筑物所处环境、使用的水泥品种等因素有关，必须综合考虑。

任务实施

步骤1：利用计算机及手机进行网络信息检索和查阅图书资料对比，分析图1-21所示的景观是什么水文地质条件形成的？

图1-21 地下水侵蚀形成的景观

步骤2：观察图1-22所示的施工现场，结合前面介绍的水文地质知识，分析在基坑施工中，可能出现什么现象？遇到这类现象，应如何处理？

图 1-22　某基坑施工现场

单元小结（思维导图）

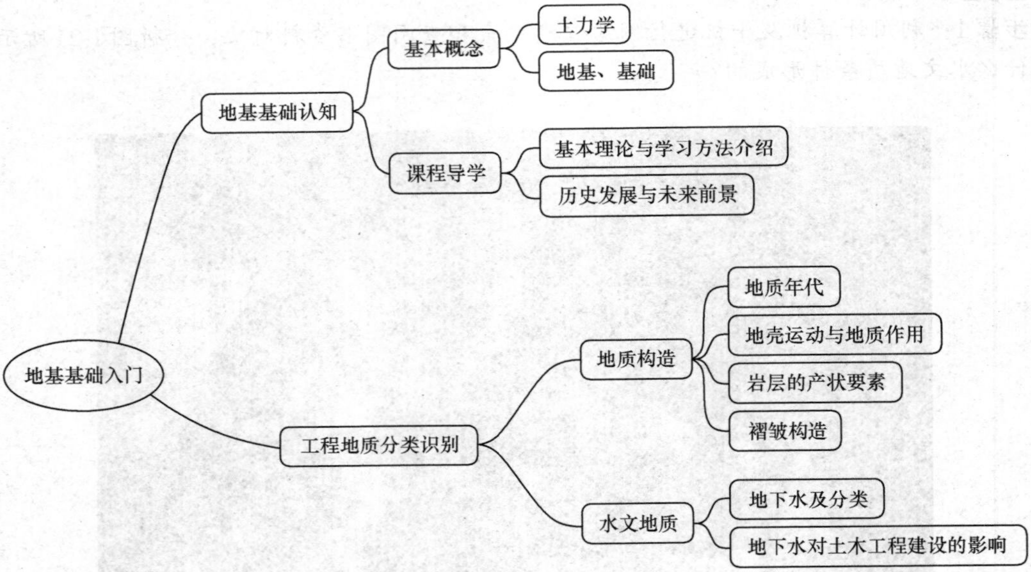

基本技能训练

1. 单项选择题

（1）被誉为“现代土力学之父”的是（　　）。

A. 太沙基　B. 牛顿　C. 库伦　D. 朗肯

（2）以下（　　）不是建筑物的一部分。

A. 屋面　B. 天然地基　C. 毛石基础　D. 主体结构

（3）有关持力层，说法正确的是（　　）。

A. 深度很大　B. 属于人工地基　C. 位于下卧层之上　D. 总是砂土层

（4）在郑州，隋朝时期建造的超化寺之塔基，采用的是（　　）。

A. 毛石基础　B. 混凝土基础　C. 钢砼基础　D. 桩基

（5）松散细小的土颗粒在动水压力下产生的悬浮流动现象，称为（　　）。

A. 流砂　B. 管涌　C. 液化　D. 滑坡

（6）一般说来，在裸露的石灰岩分布区的（　　）主要是潜水。

A. 土壤水　B. 包气带水　C. 岩溶水　D. 自由水

（7）对于隧道等深埋地下的工程，一般应布置在褶皱（　　）。

A. 下部　B. 翼部　C. 核心　D. 上部

（8）承压水的水头压力会冲破基坑底板，这种工程地质现象称为基坑（　　）。

A. 突涌　B. 管涌　C. 液化　D. 流砂

（9）埋藏在地面以下第一个稳定隔水层之上具有自由水面的重力水称为（　　）。

A. 自由水　B. 潜水　C. 承压水　D. 结合水

（10）岩层向下弯曲，核心部位的岩层较新，而两侧岩层较老，称为（　　）。

A. 背斜　B. 产状　C. 向斜　D. 断层

2. 多项选择题

（1）地质时代的单位有（　　）。

A. 代　B. 纪　C. 世
D. 期　E. 时

（2）岩层的（　　）三者统称为岩层的产状三要素。

A. 走向　B. 倾向　C. 斜率
D. 水平度　E. 倾角

（3）外动力地质作用是由地球以外的能量（简称外能）引起的，主要有（　　）。

A. 化学能　B. 结晶能　C. 太阳能
D. 生物能　E. 重力能

（4）断层的要素有（　　）。

A. 上盘　B. 下盘　C. 背斜
D. 褶曲　E. 滑坡

（5）处理流砂的方法有（　　）。

A. 使坑底土体隆起　B. 板桩　C. 加热法
D. 蓄水法　E. 冻结法

（6）地下水对土木工程的不良影响主要有（　　）。

A. 侵蚀混凝土　B. 地面沉降　C. 地面塌陷
D. 形成冲积扇　E. 浮托作用

职业资格拓展训练

1. 案例概况

某中学校区扩建，在学校西侧原有干涸小河边新建一栋教学楼。建筑为框架结构，地上6层，层高3.9m，局部地下室作为设备房。在对局部地下室进行开挖的过程中，基坑底部出现轻微的流砂现象，由于当时土方开挖未到位，故未处理；待土方开挖完成时，流砂现象发展比较严重，施工单位立即进行处理后继续开挖；此时发现在临近河道的一侧有一处发生管涌，项目总工立即启动应急预案进行停工治理。地上结构施工期间，垂直运输设备采用井架式提升机。物料提升机安装过程中，拟设置缆风绳，故在安装过程中，省去抛撑设置。物料提升机使用前，对相关安全装置进行了必要的检查，确认齐全、灵敏、可靠后才投入使用，在检查物料提升机的卷扬机操作手的持证情况后，还专门进行了岗位安全教育。

2. 分析提问

（1）本案例中对流砂应如何进行处理？如果只是出现轻微流砂应如何处理？

（2）本案例中对管涌应如何处理？

（3）对本案例中的流砂、管涌，应该如何预防？

学习单元2

土的基本性质与工程应用

学习目标

（1）掌握土的基本组成与分类。

（2）能够计算土体的各类物理指标，判别土的物理性质及状态。

（3）熟悉土的应力计算方法，了解地基土变形的计算分析方法。

（4）熟悉土体的抗剪强度和有关地基土承载力确定的知识。

（5）能够正确识读和分析岩土工程勘察报告并应用于工程实际。

项目1　土的组成与分类

任务1　土的物理性质

任务引入

土壤是一种自然体，由数层不同厚度的土层所构成，主要成分是矿物质。土壤经由各种风化作用和生物的活动产生的矿物和有机物混合组成，存在着固体、气体和液体等状态。疏松的土壤微粒组合起来，形成充满间隙的土壤，而在这些孔隙中则含有溶解溶液（液体）和空气（气体）。因此土壤通常被视为三相混合体系。大部分土壤的密度为1～2g/cm³。地球上大多数的土壤，生成时间多晚于更新世，只有很少的土壤成分的生成年代早于第三纪。工程上所遇到的大多数土，都是在第四纪地质年代内所形成的。

相关知识

1．土的“再认知”

土从其形成条件来看可以分为残积土和搬运土两大类。残积土颗粒表面粗糙、多棱角、粗细不均、无层理。搬运土的特点是颗粒经滚动和磨擦而变圆滑。搬运土可分为坡积土、风积土（沙丘、黄土）、冲积土、洪积土、湖泊沉积土、沼泽沉积土、海相沉积土、冰积土等。各类土体在物理性质上差异非常大。值得注意的是，岩石经历风化、剥蚀、搬运、沉积生成土，而土历经压密固结，胶结硬化也可再生成岩石。作为建筑物地基的土，是地基与基础研究的主要对象。

土是由颗粒（固相）、水（液相）和气（气相）所组成的三相体系。研究土的性质就必须了解土的三相组成以及在天然状态下土的结构和构造等特征。土的三相组成、物质的性质、相对含量以及土的结构构造等各种因素，必然在土的轻重、松密、干湿、软硬等一系列物理性质和状态上有不同的反映。土的物理性质又在一定程度上决定了它的力学性质，所以物理性质是土的最基本的工程特性。

在处理地基基础问题和进行土力学计算时，不但要知道土的物理性质特征及其变化规律，从而了解各类土的特性，而且还必须掌握表示土的物理性质的各种指标的测定方法和指标间的相互换算关系，并熟悉按土的有关特征和指标来制订地基土的分类方法。

2. 土的结构与构造

土的结构是指由土粒单元的大小、形状，相互排列及其联结关系等因素形成的综合特征。一般分为单粒结构、蜂窝结构和絮状结构三种基本类型。

呈紧密状单粒结构的土，由于其土粒排列紧密，在动、静荷载作用下都不会产生较大的沉降，所以强度较大，压缩性较小，是较为良好的天然地基。

具有疏松单粒结构的土，其骨架是不稳定的，土粒易于发生移动，土中孔隙剧烈减少，引起土的很大变形，因此，这种土层如未经处理一般不宜作为建筑物的地基。

蜂窝结构是主要由粉粒（粒径为0.005～0.075mm）组成的土的结构形式。絮状结构则是由黏粒（粒径＜0.005mm）集合体组成的结构形式。黏粒能够在水中长期悬浮，不因自重而下沉。

土的构造的另一特征是土的裂隙性，如黄土的柱状裂隙，裂隙的存在大大降低了土体的强度和稳定性，会增大透水性，对工程不利，此外，也应注意到土中有无包裹物（如腐殖物、贝壳、结核体等）以及天然或人为的孔洞存在。这些构造特征都造成土的不均匀性。

3. 土的组成

（1）土粒的矿物成分。土粒的矿物成分主要决定于母岩的成分及其所经受的风化作用。不同的矿物成分对土的性质有着不同的影响，其中以细粒组的矿物成分尤为重要。

漂石、卵石、圆砾等粗大土粒都是岩石的碎屑，它们的矿物成分与母岩相同。

砂粒大部分是母岩中的单矿物颗粒，如石英、长石和云母等。黏土矿物表面积的相对大小可以用单位体积的颗粒总表面积来表示。由于土粒大小不同而造成比表面数值上的巨大变化，必然导致土的性质的突变。

除黏土矿物外，黏粒组中还包括氢氧化物和腐殖质等胶态物质，如含水氧化铁会使土呈现红色或褐色。由于土中胶态腐殖质的存在，使土具有高塑性、膨胀性和黏性，对工程建设是不利的。

（2）土的固体颗粒。土的固体颗粒是由大小不等、形状不同的矿物颗粒或岩石碎屑按照各种不同的排列方式组合在一起，构成土的骨架。这些固体相的物质称为土粒，是土中最稳定、变化最小的成分。土中的固体颗粒的大小和形状，矿物成分及其组成情况是决定土的物理、力学性质的重要因素。土中不同大小颗粒的组合，也就是各种不同粒径的颗粒在土中的相对含量，称为土的颗粒组成；组成土中各种土粒的矿物种类及其相对含量称为土的矿物组成。土的颗粒组成与矿物组成是决定土的物理、力学性质的物质基础。

（3）土的颗粒级配。为了研究土中各种大小土粒的相对含量及其与土的工程地质性质的关系，就有必要将工程地质性质相似的土粒归并成组，按其粒径的大小分为若干组别，这种组别称为粒组。各个粒组随着分界尺寸的不同而呈现出一定质的变化。划分粒组的分界尺寸称为界限粒径。

目前土的粒组常用的划分方法是根据界限粒径200mm、20mm、2mm、0.05mm和0.005mm把土粒分为六大粒组：漂石（块石）颗粒、卵石（碎石）颗粒、圆砾（角砾）颗粒、砂粒、粉粒及黏粒。

工程上常以土中各个粒组的相对含量（即各粒组占土粒总质量的百分数）表示土中颗粒的组成情况，这种相对含量称为土的颗粒级配。

土的颗粒级配是通过土的颗粒大小分析试验测定的。对于粒径大于0.075mm的粗粒组可用筛分法测定。试验时将风干、分散的代表性土样通过一套孔径不同的标准筛（如20mm、2mm、0.5mm、0.25mm、0.1mm、0.075mm），称出留在各个筛子上的土重，即可求得各个粒组的相对含量。粒径小于0.075mm的粉粒和黏粒难以筛分，一般可以根据土粒在水中匀速下沉时的速度与粒径的理论关系，用比重计法或移液管法测得颗粒级配。实际上，土粒并不是球体颗粒，因此用理论公式求得的粒径并不是实际的土粒尺寸，而是与实际土粒在液体中有相同沉降速度的理想球体的直径。

根据颗粒大小分析试验成果，可以绘制出如图2-1所示的颗粒级配曲线。其横坐标表示粒径（因为土粒粒径相差常在百倍、千倍以上，所以宜采用对数坐标表示）。纵坐标则表示小于（或大于）某粒径的土重含量（或称累计百分含量）。由曲线的坡度可以大致判断土的均匀程度。如曲线较陡，则表示粒径大小相差不多，土粒较均匀，反之，曲线平缓，则表示粒径大小相差悬殊，土粒不均匀，即级配良好。

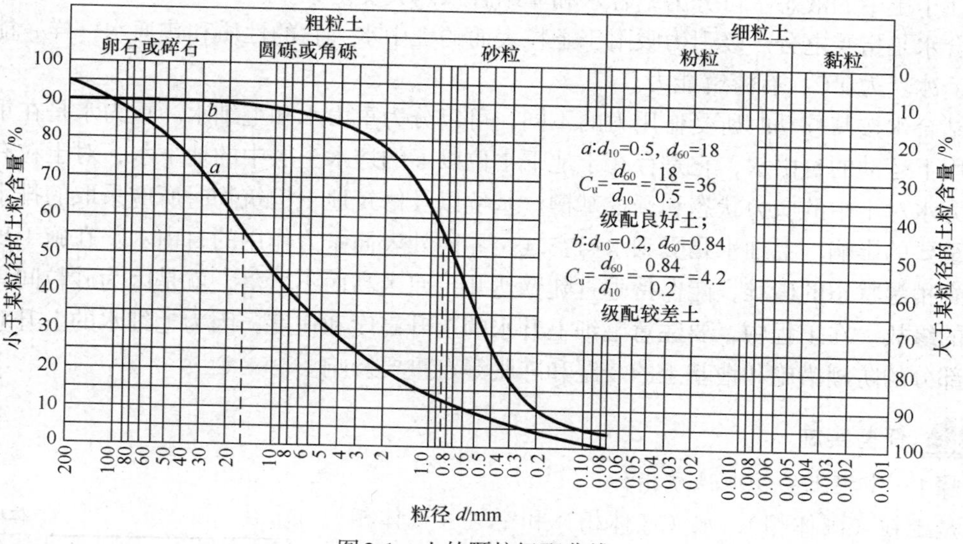

图2-1　土的颗粒级配曲线

小于某粒径的土粒质量累计百分数为10%时，相应的粒径称为有效粒径d_{10}。小于某粒径的土粒质量累计百分数为30%时的粒径用d_{30}表示。当小于某粒径的土粒质量累计百分数为60%时，该粒径称为限定粒径，用d_{60}表示。利用颗粒级配累积曲线可以确定土粒的级配指标，例如，d_{60}与d_{10}的比值C_u称为不均匀系数。

$$C_u = \frac{d_{60}}{d_{10}}$$

曲率系数C_c用下式表示。

$$C_c=\frac{d_{30}^2}{d_{10}d_{60}}$$

不均匀系数C_u反映大小不同粒组的分布情况。C_u越大表示土粒大小的分布范围越大，其级配越良好，作为填方工程的土料时，则比较容易获得较大的密实度。曲率系数C_c表示的是累积曲线的分布范围，反映曲线整体形状。

在一般情况下，工程上把$C_u<5$的土看作均粒土，属级配不良；$C_u>10$的土属级配良好。实际上，单独只用一个指标C_u来确定土的级配情况是不够的，要同时考虑累积曲线的整体形状，所以需参考曲率系数C_c值。一般认为砾类土或砂类土同时满足$C_u\geqslant5$和$C_c=1\sim3$两个条件时，则为良好级配砾或良好级配砂。

颗粒级配可以在一定程度上反映土的某些性质。对于级配良好的土，较粗颗粒间的孔隙被较细的颗粒所填充，因而土的密实度较好，相应的地基土的强度和稳定性也较好，透水性和压缩性也较小，可用作堤坝或其他土建工程的填方土料。

4. 土中的水

土中水是土的液体相组成部分。研究土中水，必须考虑到水的存在状态及其与土粒的相互作用。水对无黏性土的工程地质性质影响较小，但黏性土中水是控制其工程地质性质的重要因素，如黏性土的可塑性、压缩性及其抗剪性等，都直接或间接地与其含水量有关。

存在于土中的液态水可分为结合水和非结合水两大类。

结合水是指受电分子吸引力吸附于土粒表面的土中水。它的性质和普通水一样，能传递静水压力，冰点为0℃，有溶解能力。

非结合水按其移动时所受作用力的不同，可以分为重力水和毛细水。重力水是在重力或压力差作用下运动的自由水，它是存在于地下水位以下的透水土层中的地下水，对土粒有浮力作用。重力水对土中的应力状态和开挖基槽、基坑以及修筑地下构筑物时所应采取的排水、防水措施有重要的影响。毛细水是受到水与空气交界面处表面张力作用的自由水。在施工现场常常可以看到稍湿状态的砂堆，能保持垂直陡壁达几十厘米高而不坍落，就是因为砂粒间具有毛细黏聚力的缘故。在工程中，要注意毛细上升水的上升高度和速度，因为毛细水的上升对于建筑物地下部分的防潮措施和地基土的浸湿和冻胀等有重要影响。

任务实施

步骤1：掌握土的物理性质指标

土是土粒（固体相）、水（液体相）和空气（气体相）三者组成的，如图2-2所示。土的物理性质是研究三相的质量与体积间的相互比例关系以及固、液两相相互作用表现出来的性质。土的物理性质指标可分为两类：一类是必须通过试验测定的，如含水量、密度和土粒相对密度；另一类是可以根据试验测定的指标换算的，如孔隙比、孔隙率和饱和度等。

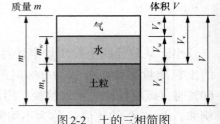

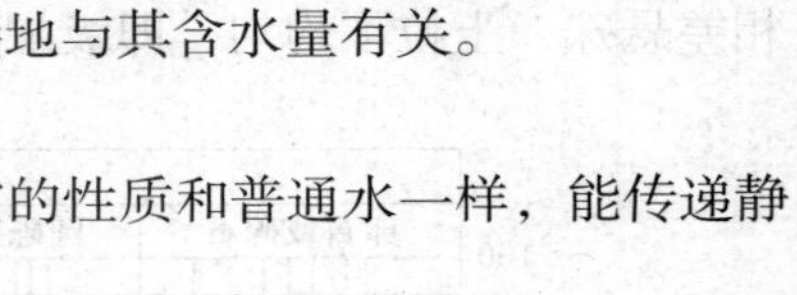

图2-2　土的三相简图

1. 基本指标

图2-2所示的物理性质指标的符号的意义如下。

m_s——土粒质量；
m_w——土中水的质量；
m——土的总质量，$m=m_s+m_w$；
V_s——土粒体积；
V_w——土中水的体积；
V_a——土中气的体积；
V_v——土中孔隙体积，$V_v=V_w+V_a$；
V——土的总体积，$V=V_s+V_w+V_a$。

（1）天然密度ρ。天然状态下土的密度称为天然密度，单位为g/cm^3。

$$\rho=\frac{m}{V}=\frac{m_s+m_w}{V_s+V_v} \tag{2-1}$$

土的密度取决于土粒的密度，孔隙体积的大小和孔隙中水的质量多少，综合反映了土的物质组成和结构特征。砂土一般是1.4g/cm^3；粉质砂土及粉质黏土1.4g/cm^3；黏土为1.4g/cm^3；泥炭沼泽土为1.4g/cm^3。

土的密度可在室内及野外现场直接测定。室内一般采用环刀法测定，如图2-3所示，用一个圆环刀（刀刃向下）放在削平的原状土样面上，徐徐削去环刀外围的土，边削边压，使保持天然状态的土样压满环刀内，称得环刀内土样的质量，求出它与环刀容积之比值即为其密度。

图2-3　环刀法仪器

（2）土粒相对密度。土粒质量与同体积的4℃时纯水的质量之比，称为土粒相对密度，即：

$$d_s=\frac{m_s}{V}\frac{1}{\rho_{w_1}}=\rho_s/\rho_{w_1} \tag{2-2}$$

式中，ρ_s——土粒密度，g/cm^3；

ρ_{w_1}——纯水在4℃时的密度（单位体积的质量），等于1g/cm^{3}或1t/m^3。

实际当中，土粒相对密度在数值上就等于土粒密度，但前者无量纲。土粒相对密度决定于土的矿物成分，它的数值一般为2.6～2.8；有机质土为2.4～2.5；泥炭土为1.5～1.8。同一种类的土，其相对密度变化幅度很小。

土粒相对密度可在试验室内用比重瓶测定。将置于比重瓶内的土样在105℃～110℃下烘干后冷却至室温用精密天平测其质量，用排水法测得土粒体积，并求得同体积4℃纯水的质量，土粒质量与其比值就是土粒相对密度。

由于土粒相对密度变化的幅度不大，通常可按经验数值选用。

（3）含水量。土的含水量为土中水的质量与土粒质量之比，以百分数表示，即

$$w=\frac{m_w}{m_s}\times 100\%=\frac{m-m_s}{m_s}\times 100\% \tag{2-3}$$

土的含水率也可用土的密度与干密度计算得到：

$$w=\frac{\rho-\rho_s}{\rho_s}\times 100\% \tag{2-4}$$

（a）土样　（b）铝盒　（c）烘箱　（d）电子天平

图2-4　烘干法仪器

土的含水量一般用烘干法测定，烘干法常用的仪器如图2-4所示。先称出小块原状土样的湿土质量m，然后置于烘箱内维持100℃～105℃烘至恒重，再称干土质量m_s，水的质量m_w为湿土质量和干土质量之差。

2. 土的换算指标

（1）土的密度。按孔隙中充水程度不同，土的密度有天然密度、干密度、饱和密度之分。

① 土粒密度。它是指固体颗粒的质量m_s与其体积V_s之比，即土粒的单位体积质量，用ρ_s表示，单位为g/cm^3。

$$\rho_s=\frac{m_s}{V_s} \tag{2-5}$$

土粒密度仅与组成土粒的矿物密度有关，而与土的孔隙大小和含水多少无关。实际上是土中各种矿物密度的加权平均值。

砂土的土粒密度一般为2.65 g/cm^{3}左右；粉质黏土的土粒密度一般为2.68g/cm^3；粉质黏土的土粒密度一般为2.68～2.72g/cm^3；黏土黏土粒密度一般为2.7～2.75g/cm^3；

土粒密度是实测指标。

② 干密度。土的孔隙中完全没有水时的密度称为干密度，指土单位体积中土粒的质量，即固体颗粒的质量与土的总体积之比值，用ρ_d表示，单位为g/cm^3。

$$\rho_d=\frac{m_s}{V} \tag{2-6}$$

干密度反映了土的孔隙，因而可用以计算土的孔隙率，它往往通过土的密度及含水率计算得来，但也可以实测。

土的干密度一般为1.4～1.7 g/cm^3。在工程上常把干密度作为评定土体紧密程度的标准，以控制填土工程的施工质量。

③ 饱和密度。土的孔隙完全被水充满时的密度称为饱和密度。即土的孔隙中全部充满液态水时的单位体积质量，用ρ_{sat}表示，单位为g/cm³。

$$\rho_{sat}=\frac{m_s+V_v\rho_w}{V} \tag{2-7}$$

式中，ρ_w——水的密度（工程计算中可取1g/cm³）。

土的饱和密度一般为1.8～2.30g/cm³。

此外，土的浮密度是土单位体积中土粒质量与同体积水的质量之差，即

$$\rho'=(m_s-V_s\rho_w)/V \text{或} \rho'=\rho_{sat}-\rho_w \tag{2-8}$$

由此可见，同一种土在体积不变的条件下，它的各种密度在数值上有如下关系。

$$\rho_s>\rho_{sat}>\rho>\rho_d>\rho'$$

容重γ是单位体积的重量，单位为kN/m³。

$$\gamma=\rho g \tag{2-9}$$

（2）饱和度，饱和度是土中孔隙水的体积与孔隙体积之比，或天然含水率与饱和含水率之比。饱和度用S_r表示，即

$$S_r=\frac{V_w}{V_v}\times100\% \tag{2-10}$$

$$S_r=\frac{w}{w_{sat}}\times100\%$$

饱和度越大，表明土中孔隙中充水越多，它在0～100%；干燥时$S_r=0$，孔隙全部为水充填时，$S_r=100\%$。

工程上把S_r作为砂土湿度划分的标准。

工程研究中，一般将S_r大于95%的天然黏性土视为完全饱和土；而砂土S_r大于80%时就认为已达到饱和了。

（3）土的孔隙性。一般认为，土体由气、水、土三相组成，如图2-5所示。孔隙性指土中孔隙的大小、数量、形状、性质以及连通情况。

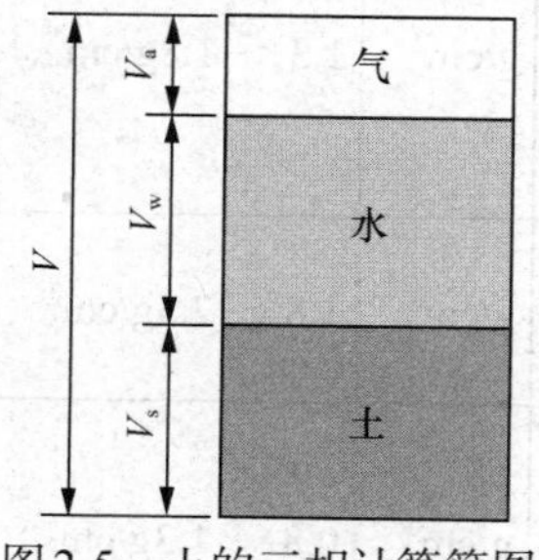

图2-5　土的三相计算简图

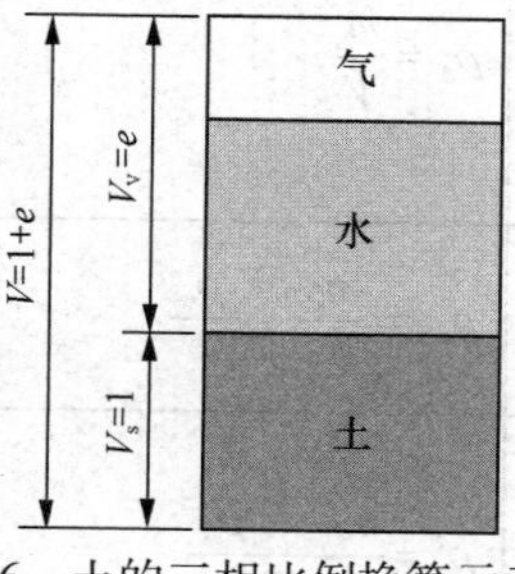

图2-6　土的三相比例换算示意图

① 孔隙率。孔隙率是指土的孔隙体积与土体积之比，或单位体积土中孔隙的体积，以百分数表示，如图2-6所示，即

$$n=\frac{V_v}{V}\times100\% \tag{2-11}$$

② 孔隙比：定义为土中孔隙体积与土粒体积之比，以小数表示，即

$$e = \frac{V_v}{V_s} \quad (2\text{-}12)$$

孔隙比和孔隙率（度）都是用以表示孔隙体积含量的概念。两者有如下关系。

$$n = \frac{e}{1+e} \text{或} e = \frac{n}{1-n} \quad (2\text{-}13)$$

土的孔隙比或孔隙度可用来表示同一种土的松、密程度。它随土形成过程中所受的压力、粒径级配和颗粒排列的状况而变化。一般来说，粗粒土的孔隙度小，细粒土的孔隙度大。

孔隙比e是一个重要的物理性能指标，可用来评价天然土层的密实程度。一般来说，$e<0.6$的土是密实的低压缩性土，$e>1.0$的土是疏松的高压缩性土。

步骤2：熟悉各指标之间的换算关系

设土体内土粒体积$V_s=1$，则孔隙体积$V_v=e$，土体体积$V=V_s+V_v=1+e$，于是$n=\frac{V_v}{V}=\frac{e}{1+e}$或$e=\frac{n}{1-n}$，其他换算如表2-1所示。

表2-1 物理性质指标换算表

名称	符号	三相比例表达式	常用换算公式	单位	常见的数值范围
土粒相对密度	d_s	$d_s=\frac{m_s}{V_s\rho_{w1}}$	$d_s=\frac{S_t e}{w}$		黏性土：2.72 ～ 2.76 粉　土：2.70 ～ 2.71 砂类土：2.65 ～ 2.69
含水量	w	$w=\frac{m_w}{m_s}\times100\%$	$w=\frac{S_r e}{d_s}$　$w=\frac{\rho}{\rho_d}-1$		20% ～ 60%
密度	ρ	$\rho=\frac{m}{V}$	$\rho=\rho_d(1+w)$ $\rho=\frac{d_s(1+w)}{1+e}\rho_w$	g/cm³	1.6 ～ 2.0g/cm³
干密度	ρ_d	$\rho_d=\frac{m_s}{V}$	$\rho_d=\frac{\rho}{(1+w)}$ $\rho_d=\frac{d_s}{1+e}\rho_w$	g/cm³	1.3 ～ 1.8g/cm³
饱和密度	ρ_{sat}	$\rho_{sat}=\frac{m_s+V_s\rho_w}{V}$	$\rho_{sat}=\frac{d_s+e}{1+e}\rho_w$	g/cm³	1.8 ～ 2.3g/cm³
有效密度	ρ'	$\rho'=\frac{m_s-V_s\rho_w}{V}$	$\rho'=\rho_{sat}-\rho_w$ $\rho'=\frac{d_s-1}{1+e}\rho_w$	g/cm³	0.8 ～ 1.3g/cm³
重度	γ	$\gamma=\frac{m}{V}\cdot g=\rho\cdot g$	$\gamma=\frac{d_s(1+w)}{1+e}\gamma_w$	kN/m³	16 ～ 20kN/m³
干重度	γ_d	$\gamma_d=\frac{m_s}{V}\cdot g=\rho_d\cdot g$	$\gamma_d=\frac{d_s}{1+e}\gamma_w$	kN/m³	13 ～ 18kN/m³

续表

名称	符号	三相比例表达式	常用换算公式	单位	常见的数值范围
饱和重度	γ_{sat}	$\gamma_{sat}=\dfrac{m_s+V_s\rho_w}{V}\cdot g=\rho_{sat}\cdot g$	$\gamma_{sat}=\dfrac{d_s+e}{1+e}\gamma_w$	kN/m^3	18 ～ 23kN/m^3
有效重度	γ'	$\gamma'=\dfrac{m_s-V_s\rho_w}{V}\cdot g=\rho'\cdot g$	$\gamma'=\dfrac{d_s-1}{1+e}\gamma_w$	kN/m^3	8 ～ 13kN/m^3
孔隙比	e	$e=\dfrac{V_v}{V_s}$	$e=\dfrac{d_s\rho_w}{\rho_d}-1$ $e=\dfrac{d_s(1+w)\rho_w}{\rho}-1$		黏性土和粉土：0.40 ～ 1.20 砂类土：0.30 ～ 0.90
孔隙率	n	$n=\dfrac{V_v}{V}\times100\%$	$n=\dfrac{e}{1+e}$　$n=1-\dfrac{\rho_d}{d_s\rho_d}$		黏性土和粉土：30% ～ 60% 砂类土：25% ～ 45%
饱和度	S_r	$S_r=\dfrac{V_w}{V_v}\times100\%$	$S_r=\dfrac{wd_s}{e}$　$S_r=\dfrac{w\rho_d}{n\rho_w}$		0 ～ 100%

[例2-1] 薄壁取样器采取的土样，测出其体积V与质量分别为38.4cm^{3}和67.21g，把土样放入烘箱烘干，并在烘箱内冷却到室温后，测得质量为49.35g。试求土样的ρ（天然密度）、ρ_d（干密度）、w（含水量）、e（孔隙比）、n（孔隙率）、S_r（饱和度）。（G_s=2.69）

解：① $\rho=\dfrac{m}{V}=\dfrac{m_s+m_v}{V_s+V_v}=\dfrac{67.21}{38.40}\approx1.750\text{g}/\text{cm}^3$

② $\rho_d=\dfrac{m_s}{V}=\dfrac{m-m_v}{V}=\dfrac{49.35}{38.40}\approx1.285\text{g}/\text{cm}^3$

③ $w=\dfrac{m_w}{m_s}\times100\%=\dfrac{m-m_s}{m_s}=\dfrac{67.21-49.35}{49.35}\times100\%\approx36.19\%$

④ $e=\dfrac{G_s-\rho_w}{\rho_d}-1=\dfrac{2.69\times1}{1.285}-1\approx1.093$

⑤ $n=\dfrac{e}{1+e}=\dfrac{1.093}{1+1.093}\times100\%\approx52.22\%$

⑥ $S_r=\dfrac{wG_s}{e}=\dfrac{36.19\times2.69}{1.093}\approx89.07\%$

步骤3：掌握用指标来区分土的物理状态

1. 黏性土的物理状态指标

（1）稠度与液性指数。稠度是指土体在各种不同的湿度条件下，受外力作用后所具有的活动程度。黏性土的稠度可以决定黏性土的力学性质及其在建筑物作用下的性状。稠度状态之间的转变界限叫稠度界限，用含水量表示，称为界限含水量。

在稠度的各界限值中，塑性上限（W_L）和塑性下限（W_P）的实际意义最大。它们是区别三大稠度状态的具体界限，简称液限和塑限，具体描述如表2-2所示。物理状态与含水量之间的关系如图2-7所示。

表2-2　黏性土的标准稠度及其特征

稠度状态		稠度的特征	标准温度或稠度界限
液体状	液流状	呈薄层流动	触变界限 液限 W_L 黏着性界限 塑限 W_p 收缩界限 W_s
	黏流状（触变状）	呈厚层流动	
塑体状	黏塑状	具有塑体的性质，并黏着其他物体	
	稠塑状	具有塑体的性质，但不黏着其他物体	
固体状	半固体状	失掉塑体性质，具有半固体性质	
	固体状	具有固体性质	

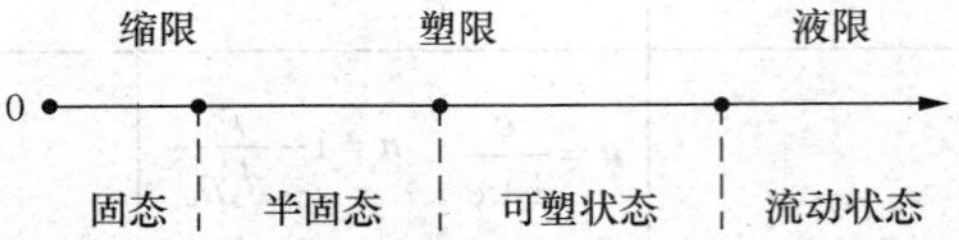

图2-7　物理状态与含水量的关系

土所处的稠度状态，一般用液性指数I_L（即稠度指标B）来表示

$$I_L = \frac{W - W_p}{W_L - W_p} \tag{2-14}$$

式中，W——天然含水量；

W_L——液限含水量；

W_p——塑限含水量。

按液性指数（I_L）黏性土的物理状态可分为坚硬、硬塑、可塑、软塑、流塑等几种，见表2-3。

表2-3　黏性土软硬状态划分

液性指数I_L	$I_L \leqslant 0$	$0 < I_L \leqslant 0.25$	$0.25 < I_L \leqslant 0.75$	$0.75 < I_L \leqslant 1.0$	$I_L > 1.0$
状态	坚硬	硬塑	可塑	软塑	流塑

（2）塑性和塑性指数。塑性的基本特征是物体在外力作用下，可被塑成任何形态，而整体性不破坏，即不产生裂隙；外力除去后，物体能保持变形后的形态，而不恢复原状。

有的物体是在一定的温度条件下具有塑性；有的物体在一定的压力条件下具有塑性；而黏性土则是在一定的湿度条件下具有塑性。黏性土具有塑性，砂土没有塑性，故黏性土又称为塑性土，砂土称为非塑性土。

在岩土工程中常用两个界限含水量表示黏性土的塑性。

① 塑性下限，又称塑限，是指半固态和塑态的界限含水量，它是使土颗粒相对位移而土体整体性不破坏的最低含水量。

② 塑性上限，又称液限，是指塑态与流态的界限含水量，即强结合水加弱结合水的含量。

两个界限含水量的差值为塑性指数，即

$$I_p = W_L - W_p \tag{2-15}$$

塑性指数表示黏性土具有可塑性的含水量变化范围，以百分数表示。塑性指数数值越大，土的塑性越强，土中黏粒含量越多。

[例2-2] 从某地基取原状土样，测的土的液限为37.4%，塑限为23.0%，天然含水量为26.0%，问地基土处于何种状态？

解：已知：$W_L=37.4\%$，$W_p=23.0\%$，$W=16.0\%$

$$I_p=W_L-W_p=0.374-0.23=0.144=14.4\%$$

$$I_L=\frac{W-W_p}{I_p}=\frac{0.26-0.23}{0.144}\approx 0.21$$

因为$0<I_L\leqslant 0.25$

故该地基土处于硬塑状态。

2. 无黏性土的物理状态指标

（1）碎石土的密实度。碎石土是指粒径大于2mm的颗粒含量超过全重50%的土。根据颗粒级配和颗粒形状，碎石土的分类见表2-4，碎石土的密实度见表2-5。

表2-4　碎石土的分类

土的名称	颗粒形状	粒组含量
漂石	圆形及亚圆形为主	粒径大于200mm的颗粒含量超过全重的50%
块石	棱角形为主	
卵石	圆形及亚圆形为主	粒径大于20mm的颗粒含量超过全重的50%
碎石	棱角形为主	
圆砾	圆形及亚圆形为主	粒径大于2mm的颗粒含量超过全重的50%
角砾	棱角形为主	

表2-5　碎石土的密实度

重型圆锥动力触探锤击数$N_{63.5}$	密实度	重型圆锥动力触探锤击数$N_{63.5}$	密实度
$N_{63.5}\leqslant 5$	松散	$10<N_{63.5}\leqslant 20$	中密
$5\leqslant N_{63.5}\leqslant 10$	稍密	$N_{63.5}>20$	密实

（2）砂土的相对密度。

① 对于砂土，孔隙比有最大值与最小值，即最松散状态和最紧密状态的孔隙比。

e_{min}一般采用振击法测定；e_{max}一般用松砂器法测定。

砂土的松密程度还可以用相对密度来评价：

$$D_r=\frac{e_{max}-e}{e_{max}-e_{min}} \tag{2-16}$$

式中，e_{max}——砂土在最松散状态时的孔隙比，即最大孔隙比；

e_{min}——砂土在最密实状态下的孔隙比，即最小孔隙比；

e——天然孔隙比。

砂土按相对密度分类如下。

疏松的：$0 < D_r \leqslant 0.33$；

中密的：$0.33 < D_r \leqslant 0.66$；

密实的：$0.66 < D_r \leqslant 1$。

因为最大或最小干密度可直接求得，所以砂土的相对密度通常采用的实用表达式为

$$D_r = \frac{(\rho_d - \rho_{dmin})\rho_{dmax}}{(\rho_{dmax} - \rho_{dmin})\rho_d} \tag{2-17}$$

D_r在工程上常应用于评价砂土地基的允许承载力、评价地震区砂体液化和评价砂土的强度稳定性等。

② 对于砂土，也可用天然孔隙比e来评定其密实度。

利用标准贯入试验、静力触探等原位测试方法来评价砂土的密实度，为工程技术人员所广泛采用。砂土根据标准贯入试验的锤击数N分为松散、稍密、中密及密实四种密实度，具体判定方法如表2-6所示。

表2-6　砂土密实度的划分

砂土密实度	松散	稍密	中密	密实
N	$\leqslant 10$	$10 < N \leqslant 15$	$15 < N \leqslant 30$	> 30

[例2-3] 某天然砂层，密度为1.47g/cm^3，含水量13%。由试验求得该砂土的最小干密度为1.20g/cm^3，最大干密度为1.66 g/cm^3，问该砂层处于哪种状态？

解：已知$\rho = 1.47$，$w = 13\%$，$\rho_{dmin} = 1.20\text{g/cm}^3$，$\rho_{dmax} = 1.66\text{g/cm}^3$

由公式：$\rho_d = \dfrac{\rho}{1+w}$ 得$\rho_d = 1.30\text{g/cm}^3$

$$D_r = \frac{(\rho_d - \rho_{dmin})\rho_{dmax}}{(\rho_{dmax} - \rho_{dmin})\rho_d} = \frac{(1.30-1.20) \times 1.66}{(1.66-1.20) \times 1.30} \approx 0.28$$

$D_r = 0.28 < 0.33$

该砂层处于疏松状态。

任务2　土的工程分类与鉴别

任务引入

国内外的土质分类方案很多，归纳起来有三种不同的体系：按粒度成分划分；按塑性指标划分；综合考虑粒度和塑性的影响。在前文中，土质分类是土分类的最基本形式，有两种分类原则：一是按土的粒度成分分类；二是按土的塑性特性分类。为了进一步研究土的结构及其所处状态和土的指标变化特征，更好地提供工程设计施工所需要的资料，必须进一步进行第三级分类，即工程建筑分类。

相关知识

《建筑地基基础设计规范》（GB 50007—2011）规定，作为建筑地基的岩土可分为岩石、碎石土、砂土、粉土、黏性土、人工填土六类。

1. 岩石按坚硬程度分类

岩石坚硬程度如表2-7所示。按坚硬程度等级的定性分类如表2-8所示。

表2–7　岩石坚硬程度分类表

坚硬程度	坚硬岩	较硬岩	较软岩	软岩	极软岩
饱和单轴抗压强度f_r/MPa	$f_r>60$	$60\geqslant f_r>30$	$30\geqslant f_r>15$	$15\geqslant f_r>5$	$f_r<5$

表2–8　岩石坚硬程度等级的定性分类

坚硬程度等级		定性鉴定	代表性岩石
硬质岩	坚硬岩	锤击声清脆，有回弹，震手，难击碎，基本无吸水反应	未风化和微风化花岗岩、闪长岩、辉绿岩、玄武岩、安山岩、片麻岩、石英岩、石英砂岩、硅质砾岩、硅质石灰岩等
硬质岩	较硬岩	锤击声较清脆，有轻微回弹，稍震手，较难击碎，有轻微吸水反应	1. 微风化的坚硬岩石 2. 未风化的大理岩、板岩、石灰岩、白云岩、钙质砂岩等
软质岩	较软岩	锤击声不清脆，无回弹，轻易击碎，浸水后指甲可刻出印痕	1. 中风化～强风化的坚硬岩或较硬岩 2. 未风化微风化的凝灰岩、千枚岩、泥灰岩、砂质泥岩等
软质岩	软岩	锤击声哑，无回弹，有较深凹痕，浸水后手可捏碎、掰开	1. 强风化的坚硬岩或较硬岩 2. 中风化～强风化的较软岩 3. 未风化～微风化的页岩、泥岩、泥质砂岩等
极软岩		锤击声哑，无回弹，有较深凹痕，浸水后手可捏成团	1. 全风化的各种岩石 2. 各种半成岩

2. 岩石按风化程度分类

在建筑场地和地基勘察工作中，一般根据岩石由于风化所造成的特征，包括矿物变异、结构和构造、坚硬程度以及可挖掘性或可钻性等，而将岩石划分为微风化、中等风化和强风化三类。

3. 土按颗粒大小分类

土按颗粒大小分类如表2-9所示。

表2–9　颗粒大小分类

粒组名称		分界颗粒/mm
组	亚组	
漂石或块石	大	800
漂石或块石	中	400
漂石或块石	小	200

续表

粒组名称		分界颗粒/mm
组	亚组	
卵石或碎石	极大	100
	大	60
	中	40
	小	20
圆砾或角砾	粗	10
	中	5
	细	2
砂粒	粗	0.5
	中	0.25
	细	0.10
	极细	0.05
粉粒	粗	0.1
	细	0.05
粘粒	粗	0.002
	细	

4. 碎石土的分类

粒径大于2mm的颗粒含量超过全重50%的土称为碎石土，具体分类如表2-4所示。

5. 砂土的分类

粒径大于2mm的颗粒含量不超过全重50%，且$d>0.075$mm的颗粒超过全重50%的土称为砂土。砂土的分类如表2-10所示。

表2–10　砂土的分类

土的名称	颗粒级配
砾砂	粒径大于2mm的颗粒含量占全重的25%～50%
粗砂	粒径大于0.5mm的颗粒含量超过全重的50%
中砂	粒径大于0.25mm的颗粒含量超过全重的50%
细砂	粒径大于0.075mm的颗粒含量超过全重的85%
粉砂	粒径大于0.075mm的颗粒含量超过全重的50%

6. 粉土的分类

塑性指数小于或等于10且粒径大于0.075mm的颗粒含量不超过全重50%的土称为粉土。具体分类如表2-11所示。

表2-11　粉土的分类

土的名称	颗粒级配
砂质粉土	粒径小于0.005mm的颗粒含量不超过全重的10%
黏质粉土	粒径小于0.005mm的颗粒含量超过全重的10%

7. 黏性土的分类

塑性指数大于10的土称为黏性土，按塑性指数的大小黏性土分为两类（见表2-12）。

表2-12　黏性土的分类

土的名称	塑性指数	土的名称	塑性指数
粉质黏土	$10 < I_p \leqslant 17$	黏土	$I_p > 17$

8. 按工程特性分类

具有一定分布区域或工程意义上具有特殊成分、状态和结构特征的土称特殊性土，常分为湿陷性土、红黏土、软土（包括淤泥和淤泥质土）、多年冰土、膨胀土、填土、污染土。

9. 根据有机质含量分类

土按有机质含量的分类如表2-13所示。

表2-13　有机质含量分类

分类名称	有机物含量Q	分类名称	有机物含量Q
无机土	$Q < 5\%$	泥炭质土	$10\% < Q \leqslant 60\%$
有机质土	$5\% \leqslant Q \leqslant 10\%$	泥炭	$Q > 60\%$

10. 人工填土

人工填土是指由人类活动而堆填的土，其物质成分较杂，均匀性较差。根据其物质组成和堆填方式，人工填土可分为素填土、杂填土和冲填土三类。各类填土应根据下列特征予以区别。

（1）素填土是由碎石、砂或粉土、黏性土等一种或几种材料组成的填土，其中不含杂质或含杂质很少。按主要组成物质分为碎石素填土、砂性素填土、粉性素填土及黏性素填土。经分层压实后则称为压实填土。

（2）杂填土是由含大量建筑垃圾、工业废料或生活垃圾等杂物的填土，按其组成物质成分和特征分为建筑垃圾土、工业废料土及生活垃圾土。

（3）冲填土是由水力冲填泥砂形成的填土。

人工填土还可按堆填时间分为老填土和新填土，一般对于黏性素填土和粉性素填土按堆填时间分类，如表2-14所示。

表2-14　黏性素填土和粉性素填土按堆填时间分类

土的名称	堆填时间
老填土	超过10年的黏性土、超过5年的粉土
新填土	不超过10年的黏性土、不超过5年的粉土

在工程建设中所遇到的人工填土往往有很大差别。在历代古都的人工填土，一般都保留有人类活动的遗物或古建筑的碎砖瓦砾（俗称房渣土），其分布范围可能很广，也可能只限于堵塞的渠道、古井或古墓。山区建设和新城市建设所遇到的人工填土，其填积年限不会太久，山区厂矿建设中由于平整场地而埋积起来的填土层常是新的（未经压实的）素填土，城市的市区所遇到的人工填土不少是炉渣、建筑垃圾及生活垃圾等杂填土。

任务实施

步骤1：确定土的成因及类别

根据表2-15所示的土的主要成因类型的鉴定标准，可确定土的成因及类别。

表2-15　土的主要成因类型的鉴定标准

成因类型	堆积方式及条件	堆积物特征
残积	岩石经风化作用而残留在原地的碎屑堆积物（未被搬运走的那部分原岩风化产物）	碎屑从地表向深处由细变粗，其成分与母岩相关，一般不具层理，碎块呈棱角状，土质不均，具有较大孔隙，厚度在山丘顶部较薄，低洼处较厚
坡积和崩积	风化碎屑由雨水或融雪水沿斜坡搬运及由本身的重力作用堆积在斜坡上或坡脚处而成	碎屑从坡上往下逐渐变细，分选性差，层理不明显，厚度变化较大，厚度在斜坡较陡处较薄，坡脚地段较厚（随斜坡自上而下呈现由粗变细的现象，矿物成分与下卧基岩没有直接关系）
洪积	由暂时性洪流将山区或高地的大量风化碎屑物携带至沟口或平缓地带堆积而成	颗粒具有一定的分选性，但往往大小混杂，碎屑多呈亚棱角状，洪积扇顶部颗粒较粗，层理紊乱呈交错状，透镜状及夹层较多，边缘处颗粒细，层理清楚（离山较近颗粒较粗，离山较较远颗粒较细，不规则交错层理构造，如具夹层、尖灭或透镜体等）
冲积	由长期的地表水流搬运，在河流阶地冲积平原、三角洲地带堆积而成	颗粒在河流上游较粗，向下游逐渐变细，分选性及磨圆度均好，层理清楚，除牛轭湖及某些河床相沉积外厚度较稳定
淤积	在静水或缓慢的流水环境中沉积，并伴有生物化学作用而成	颗粒以粉粒、黏粒为主，且含有一定数量的有机质或盐类，一般土质松软，有时为淤泥质黏性土、粉土与粉砂互层，具清晰的薄层理

步骤2：根据不同土体，对照表2-16、表2-17和表2-18所示技术规范表格进行鉴定

表2-16　碎石土、砂土鉴别方法

类别	土的名称	观察颗粒粗细	干燥时状态	湿润时用手拍击状态	黏着程度
碎石土	卵（碎）石	一半以上的颗粒超过20mm	颗粒完全分散	表面无变化	无黏着感觉
	圆（角）砾	一半以上颗粒超过2mm（小高粱粒大小）	颗粒完全分散	表面无变化	无黏着感觉
砂土	砾砂	有1/4以上的颗粒超过2mm（小高粱粒大小）	颗粒完全分散	表面无变化	无黏着感觉
	粗砂	一半以上的颗粒超过0.5mm（细小米粒大小）	颗粒完全分散，但有个别胶结在一起	表面无变化	无黏着感觉
	中砂	一半以上颗粒超过0.25mm（砂糖大小）	颗粒基本分散，局部胶结，但一碰即散	表面偶有水印	无黏着感觉
	细砂	大部分颗粒与玉米粉近似	颗粒大部分散，少量胶结，胶结部分稍加碰撞即散	表面有水印（翻浆）	偶有轻微黏着感
	粉砂	大部分颗粒与小米粉近似	颗粒少部分分散，大部分胶结，稍加压力可分散	表面有显著翻浆现象	有轻微黏着感觉

表2-17　粉土、黏性土鉴别方法

土的名称	湿润时用刀切	湿土用手捻摸时的感觉	土的状态		湿土搓条情况
			干土	湿土	
黏土	切面光滑，有黏刀阻力	有滑腻感，感觉不到有砂粒，水分较大时很黏手	土块坚硬，用锤才能打碎	易黏着物体，干燥后不易剥去	塑性大，能搓成直径小于0.5mm的长条（长度不短于手掌），手持一端不易断裂
粉质黏土	稍有光滑面，切面平整	稍有滑腻感，有黏滞感，感觉到有少量黏粒	土块用力可压碎	能黏着物体，干燥后较易剥去	有塑性，能搓成直径为0.5～2mm的土条
粉土	无光滑面，切面稍粗糙	有轻微黏滞感或无黏滞感，感觉到砂粒较多、粗糙	土块用手捏或抛扔时易碎	不易黏着物体，干燥后一碰就掉	塑性小，能搓成直径为2～3mm的短条

表2-18　人工填土、淤泥、黄土、泥炭、红黏土、膨胀土的鉴别方法

土名	观察颜色	夹杂物质	形状（构造）	浸入水中的现象	湿土搓条情况
人工填土	无固定颜色	砖瓦块、垃圾，炉灰等	夹杂物显露于外，构造无规律	大部分变为稀软淤泥，其余部分为碎瓦、炉渣在水中单独出现	一般能搓成3mm土条但易断，遇有杂质甚多时即不能搓条

续表

土名	观察颜色	夹杂物质	形状（构造）	浸入水中的现象	湿土搓条情况
淤泥	灰黑色有臭味	池沼中半腐朽的小动植物遗体，如草根、小螺壳等	夹杂物轻，仔细观查可以发觉构造常呈层状，但有时不明显	外观无显著变化，在水面出现气泡	一般淤泥质土接近黏质粉土，能搓成3mm土条（长至少3cm），易断裂
黄土	黄、褐二色的混合色	有白色粉末出现在纹理之中	夹杂物质常清晰显现，构造上有垂直大孔（肉眼可见）	即行崩散而分成散的颗粒集团，在水面上出现很多白色液体	搓条情况与正常的粉质黏土相似
泥炭	深灰或黑色	有半腐朽的动植物遗体，其含量超过60%	夹杂物有时可见，构造无规律	极易崩碎，变为稀软淤泥，其余为植物根，动物残体渣滓悬浮于水中	一般能搓成1～3mm土条，但残渣甚多时，仅能搓成3mm土条
红黏土	红褐色	主要矿物成分为伊利石、蒙脱石，因此具有中等程度的亲水性、膨胀性及可塑性	土体被多方向的裂缝切割，裂缝面一般较光滑并呈波状弯曲。为次生黏土充填，并有锰、铁胶膜附着	吸水膨胀软化，使土体结构破坏，以至崩解。易产生堆陷、溜坍和滑坡	一般可以搓条
膨胀土	灰白、灰褐、黄褐、红蓝、棕蓝色	以二氧化硅、三氧化二铝、三氧化二铁为主，并含有大量蒙脱石、伊利石和高岭土	黏土颗粒含量高，塑性指数大，结构强度高，多为中等压缩性	受水浸湿后，即使在一定荷载作用下，土的体积仍能膨胀。土被浸湿后，裂缝可以回缩	一般可以搓条，相当于黏土或粉质黏土

项目2　土的应力分析与变形计算

任务1　地基土的应力分析

任务引入

在新型城镇化建设的过程中，经常看到多高层房屋在新的城市开发区和旧城改造区拔地而起。建筑物的建造使地基中原有的应力状态发生了变化，从而引起地基变形。若地基应力过大，超过了地基的极限承载力，则可能引起地基丧失整体稳定性而破坏。不均匀的地基变形可能造成建筑物倾斜，也可能在上部结构中产生一定的次应力而导致建筑物开裂或破坏。即使是均匀下沉，如果沉降过大，也必定会影响建筑物的正常使用。因此，掌握地基的应力与变形计算是保证建筑物正常使用和安全可靠的前提。

相关知识

地基中的应力按其产生原因的不同，可分为自重应力和附加应力两种。由土体自身的有效重量产生的应力称为自重应力。由建筑荷载等其他外载在建筑修建前后在地基中产生的应力的增加值称为附加应力。一般情况下，由于土体的形成年代比较久远，除了新近沉积或堆积的土层外，自重应力不会再引起地基的变形。导致地基变形的主要原因是地基中新增加的附加应力，附加应力也是导致地基强度破坏和失稳的重要原因。

任务实施

步骤1：掌握土中自重应力分析及计算

（1）竖向自重应力σ_{cz}。假定地基为半无限空间直线变形体，则土体中所有竖直面与水平面上均无剪应力存在，故地基中任意深度z处的竖向自重应力σ_{cz}就等于单位面积上土柱的重量。

① 计算范围内为均质土层时。如图2-8（a）所示，若z深度内的土层为均质土，天然重度为γ，则z深处的σ_{cz}为

$$\sigma_{cz}=\frac{W}{A}=\frac{\gamma Az}{A}=\gamma z \tag{2-18}$$

图2-8（b）所示为相应均质土层自重应力曲线。

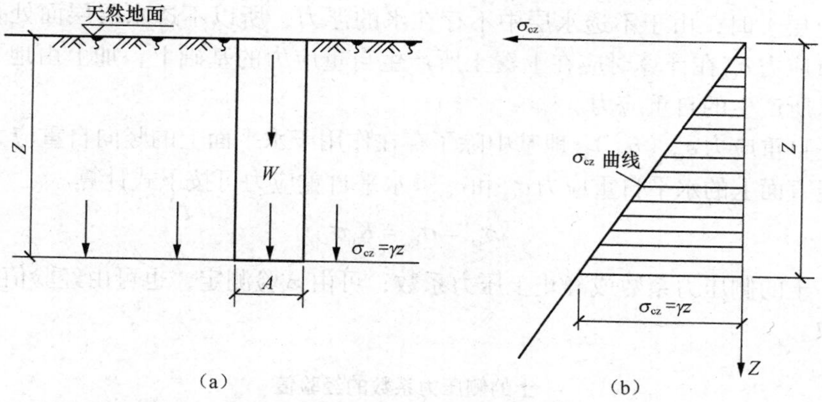

图2-8　均质土竖向自重应力σ_{cz}分布

② 计算范围内土层分层时。如图2-9（a）所示，若计算范围内的土层为n层，重度分别为γ_1、γ_2、…、γ_n，厚度分别为z_1、z_2、…、z_n。

此时竖向自重应力σ_{cz}可按下式计算：

$$\sigma_{cz}=\gamma_1 z_1+\gamma_2 z_2+\cdots+\gamma_n z_n=\sum_{i=1}^{n}\gamma_i z_i \tag{2-19}$$

式中，n——计算范围内的土层数；

γ_i——第i层土的重度，kN/m³；

z_i——第i层土的厚度，m。

图2-9（b）所示为相应成层土的自重应力曲线。

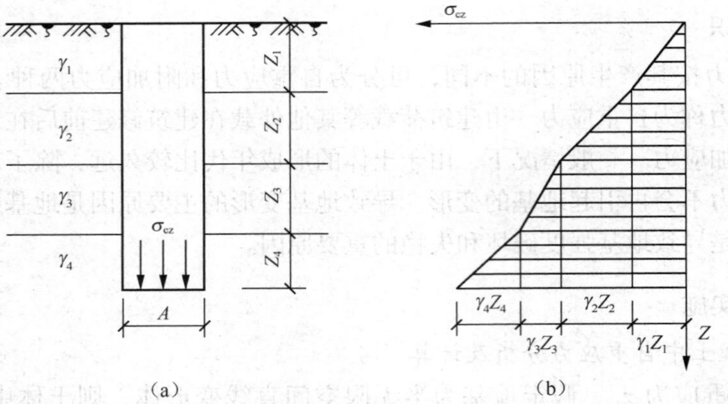

图2-9　成层土竖向自重应力σ_{cz}分布

③ 计算范围内有地下水时。计算公式同成层土的情况，将地下水位处作为新的土层分层处，地下水位以下土的重度取有效重度（浮重度）γ'。

$$\gamma' = \gamma_{sat} - \gamma_w \tag{2-20}$$

式中，γ_{sat}——土的饱和重度，kN/m³；

γ_w——水的重度；取9.8 kN/ m³，也可近似取10 kN/ m³。

④ 计算范围内有不透层时。在地下水位以下，如埋藏有不透水层（如岩层或只含强结合水的坚硬黏土层）时，由于不透水层中不存在水的浮力，所以不透水层层面处及不透水层层面以下的自重应力σ_{cz}在计算时应在上覆土所产生自重应力的基础上，加上由地下水位至不透水层层面处水所产生的自重应力。

（2）水平自重应力σ_{cx}（σ_{cy}）。地基中除了存在作用于水平面上的竖向自重应力σ_{cz}外，还存在有作用于竖直面上的水平自重应力σ_{cx}和σ_{cy}。水平自重应力可按下式计算。

$$\sigma_{cx} = \sigma_{cy} = K_0\sigma_{cz} \tag{2-21}$$

式中，K_0——土的侧压力系数或静止土压力系数，可由试验测定，也可由经验值确定，或按表2-19所示选取。

表2-19　土的侧压力系数的经验值

土的种类与状态	碎石土	砂土	粉土	粉质黏土			黏土		
				坚硬	可塑	软塑及流塑	坚硬	可塑	软塑及流塑
K_0	0.18～0.25	0.25～0.33	0.33	0.33	0.43	0.53	0.33	0.53	0.72

（3）地下水位的变化对自重应力的影响。由于土的自重应力取决于土的有效重度（浮重度）γ'，即在地下水位以上时取土的天然重度γ、地下水位以下时取土的有效重度γ'，因此地下水位的变化会引起自重应力的变化。由于大幅抽取地下水等原因，造成地下水位大幅下降，导致原地下水位下土的自重应力增加，可能会造成地表下沉的严重后果。由于地下水位的上升，会使新水位下土的自重应力减小，若该地区土层如具有遇水后土的性质发生变化（如湿陷性或膨胀性等）的特性，则地下水位上升会导致一些工程事故，故应引起足够的重视。

（4）自重应力曲线。自重应力一般指的是竖向自重应力，竖向自重应力曲线是关于竖向自重应力σ_{cz}与深度z关系的曲线。由该曲线可得到：在同一土层中，自重应力曲线为一条直线；自重应力曲线为一条拐（折）线，拐点位于土层分层处或地下水位处；自重应力随深度的增加而增大。

【例2-4】某地基土层剖面如图2-10所示，试计算各土层底部自重应力并绘制自重应力曲线的分布图。

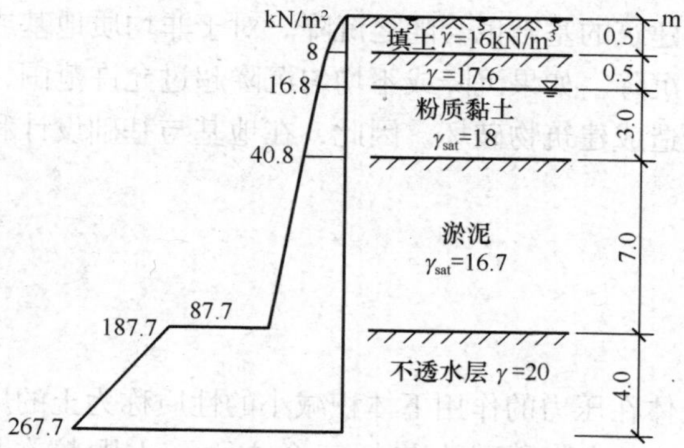

图2-10　某地基土层剖面

解：填土层底部的自重应力：

$$\sigma_{cz}=\gamma_1 z_1=16\times 0.5=8\text{kN/m}^2$$

地下水位处的自重应力：

$$\sigma_{cz}=\gamma_1 z_1+\gamma_2 z_2=8+17.6\times 0.5=16.8\text{kN/m}^2$$

粉质黏土层底部的自重应力：

$$\sigma_{cz}=\gamma_1 z_1+\gamma_2 z_2+\gamma'_3 z_3=16.8+(18-10)\times 3=16.8+24=40.8\text{kN/m}^2$$

淤泥层底部的自重应力：

$$\sigma_{cz}=\gamma_1 z_1+\gamma_2 z_2+\gamma'_3 z_3+\gamma'_4 z_4=40.8+(16.7-10)\times 7=87.7\text{kN/m}^2$$

不透水层层面处的自重应力：

$$\sigma_{cz}=\gamma_1 z_1+\gamma_2 z_2+\gamma'_3 z_3+\gamma'_4 z_4+\gamma_w z_w=87.7+10\times(3+7)=187.7\text{kN/m}^2$$

不透水层底面处的自重应力：

$$\sigma_{cz}=\gamma_1 z_1+\gamma_2 z_2+\gamma'_3 z_3+\gamma'_4 z_4+\gamma_w z_w+\gamma_5 z_5=187.7+20\times 4=267.7\text{kN/m}^2$$

自重应力曲线的分布如图2-10所示。

步骤2：了解土中附加应力的计算分析方法

地基中的附加应力是指建筑物荷重在土体中引起的附加于原有自重应力基础之上的应力，即地基中在建筑修建前后应力的增加值。对于一般天然土层来说，地基中原有的自重应力引起的压缩变形早已完成，不会再产生地基的变形。因此，引起地基变形的主要原因就是附加应力。那么，计算附加应力的主要目的就是计算地基的变形。

地基中附加应力的计算方法一般是：假定地基是均质的半无限空间直线变形体，这样就可以直接采用弹性理论解答。在集中力P作用下的竖向附加应力，可以通过相关公式计算以及查找系数K来完成；在竖向矩形均布荷载作用下土中附加应力σ_z的计算，可以利用“角点法”，先计算出矩形承载面积角点下的附加应力，然后分成不同区域进行应力叠加。这部分计算内容和相关例题对于传统的地基基础设计较为重要，但是在现场施工中，有关这部分的内容现场技术员所用较少，如有必要，读者可以根据参考文献［1］～［3］进一步学习。

任务2　土的压缩变形与地基沉降观测

任务引入

土是一种散粒体的沉积物，由土颗粒和孔隙组成，具有较高的压缩性。地基土在建筑荷载的作用下将会发生变形，建筑的基础也会随之沉降。对于非均质地基或上部结构荷载差异较大时，基础还会出现不均匀沉降。如果沉降或不均匀沉降超过允许范围，就会导致建筑物的开裂或影响其正常使用，甚至造成建筑物破坏。因此，在地基与基础设计和施工时，必须重视基础的沉降与不均匀沉降问题。

相关知识

1. 基本概念

（1）土的压缩性。土体在压力的作用下体积减小的性质称为土的压缩性。

（2）压缩的实质。土体的体积减小包括三个方面：土颗粒在压力作用下发生相对位移，土中水及气体被挤出，导致孔隙体积减小；土颗粒自身的压缩；土中的水和封闭气体被压缩。

试验与实践研究表明，土体在一般工程压力100～600kN/m^{2}作用下，组成土体的固、气、液三相自身的压缩量相对于土体的压缩量可忽略不计。压缩的实质就是孔隙中的水和空气被挤出土体的过程。

（3）固结与固结度。土的压缩随时间而增长的过程称为土的固结。饱和土在荷载作用瞬间，由孔隙中的水全部承担了由荷载所产生的全部压力σ。孔隙中水所承担的压力称为孔隙水压力u，孔隙水在孔隙水压力u的作用下逐渐被排出，同时土颗粒开始承担压力，土颗粒承担的压力称为有效应力σ'，在有效应力σ'的作用下，土体逐渐被压密。直到孔隙水压力完全消散转化为有效应力，土的压缩也就完成。在饱和土的压缩过程中，任意时刻，有效应力σ'与孔隙水压力u之和等于土体受到总的应力σ，即

$$\sigma=\sigma'+u \tag{2-22}$$

式（2-22）称为有效应力原理，是由学者太沙基在1925年提出的。

固结度是指土在固结过程中，某一时刻t的固结沉降量s_t与固结稳定的最终沉降量s之比，称为t时刻的固结度U_t，即

$$U_t=\frac{s_t}{s} \tag{2-23}$$

固结度在工程中有一定的作用，例如，利用固结度可求出饱和土沉降与时间的关系。又如在地基处理中，预压法处理地基，要求固结度达到80%以上。

（4）土体完成压缩所需要的时间。土的压缩需要一定的时间才能够完成，对于无黏性土，由于土的内部孔隙较大，渗透性较高，压缩的过程所需时间较短。而对于黏性土，由于内部黏性土矿物吸收的结合水且内部孔隙较小，土的渗透性较低，一般要几年甚至几十年才能压缩稳定。因此，土体完成压缩所需的时间取决于土的渗透性。例如，在排水固结法处理软弱地基时，由于组成软弱地基的土体渗透性较低，为了加速土体的固结，可在软

弱地基中先设置砂井、袋装砂井、塑料排水带等竖向排水体，来增大土的渗透性，提高预压的效果。

2. 侧限压缩性指标

（1）侧限压缩试验。研究土的压缩性大小及其特征的室内试验方法称为压缩试验，又称为固结试验。对于一般工程而言，在压缩土层厚度较小的情况下，常用侧限压缩试验来研究土的压缩性。

图2-11所示为侧限压缩试验装置，称为压缩仪（固结仪）。图2-12所示为侧限压缩试验加荷前后示意图。

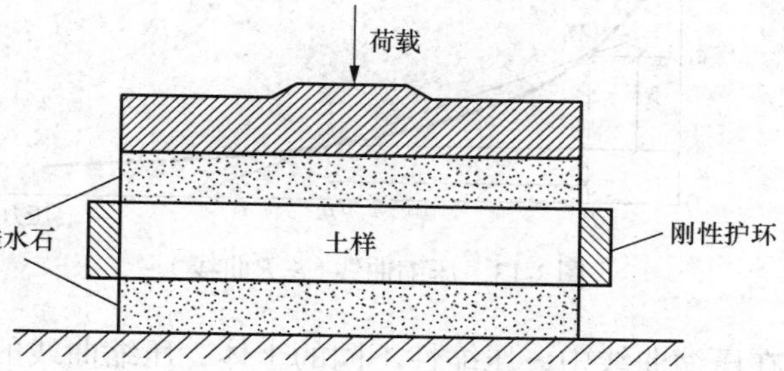

图2-11　侧限压缩试验的压缩仪示意图

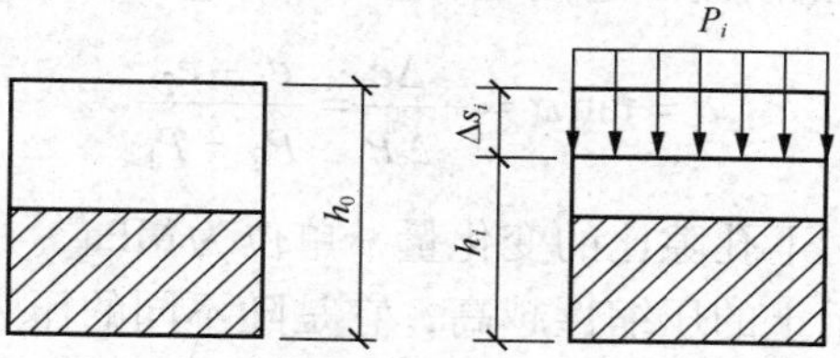

（a）加载前　（b）加载后

图2-12　侧限压缩试验土样变形示意图

用环刀切取土样，将环刀连同土样一同放入刚性护环内，其上、下面均放置透水石，以便土中水的排出。试验时，通过加压板向土样施加竖向压力。由于环刀和护环等刚性护壁的限制，土样在竖向压力作用下只能产生竖向变形而不能发生侧向变形，因此，将该试验称为侧限压缩试验，其主要目的是绘制压缩曲线，从而计算出侧限压缩性指标。

（2）压缩曲线。试验时，对土样分级施加竖向压力P_i，测定出对应于每级压力下土样稳定的压缩量Δs_i，从而计算出对应于压缩量Δs_i的孔隙比e_i，最后绘制压缩曲线。

如图2-12所示，设土样初始高度为h_0，土样受到P_i应力变形稳定后的高度为h_i，土样对应的压缩量为Δs_i，即$h_i = h_0 - \Delta s_i$。若土样初始孔隙比为e_0，压缩稳定后孔隙比为e_i。

在试验过程中，根据压缩的实质，故土粒体积V_s不变。在侧限条件下，土样的截面积A不变，根据孔隙比的定义：

$$V_0 = h_0 A = V_s + V_V = V_s(1 + e_0) \tag{2-24 a}$$

$$V_i = h_i A = V_s + V_{Vi} = V_s(1 + e_i) \tag{2-24 b}$$

将以上两式相除，即可得到对应于P_i应力，土样的孔隙比e_i：

$$e_i = e_0 - \frac{\Delta s_i}{h_0}(1+e_0) \tag{2-25}$$

利用上式，可计算出各级荷载作用下土样的孔隙比e_i，即可绘制出图2-13所示的压缩曲线，该曲线也称为e–P曲线。试验时，一般可按P = 50kPa、100kPa、200kPa、300kPa、400kPa五级加荷。

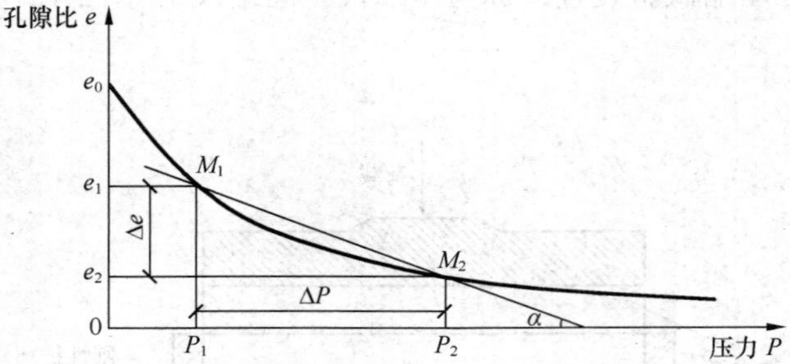

图2-13　压缩曲线（e–P曲线）

（3）压缩系数a。在压缩曲线中，压缩性不同的土体，压缩曲线的形状是不一样的。曲线越陡，说明在相同压力变化阶段，土的孔隙比的变化量越大，因此，土的压缩性就越高。当压力变化范围不大时，土的压缩曲线可近似用图2-13中的直线M_1M_2代替。当压力由P_1增至P_2时，孔隙比由e_1减小到e_2，压缩系数a近似地以直线M_1M_2的斜率表示。即

$$a = \tan\alpha = -\frac{\Delta e}{\Delta P} = \frac{e_1 - e_2}{P_2 - P_1} \tag{2-26}$$

压缩系数a表示单位压力下孔隙比的变化量，单位为MPa^{-1}。它是土的压缩性的重要指标之一。压缩系数a越大，表示土的压缩性越高，它是随不同的压力变化范围而变化的。《建筑地基基础设计规范》提出用P_1 = 100kPa，P_2 = 200kPa时相对应的压缩系数$a_{1\text{-}2}$来评价土的压缩性，具体规定如下：

$a_{1\text{-}2} < 0.1MPa^{-1}$时，为低压缩性土；

$0.1MPa^{-1} \leqslant a_{1\text{-}2} < 0.5MPa^{-1}$时，为中压缩性土；

$a_{1\text{-}2} \geqslant 0.5MPa^{-1}$时，为高压缩性土。

（4）压缩模量E_s。土体在完全侧限条件下，压应力的变化量ΔP与相应的压应变变化量$\Delta\varepsilon$之比，单位为MPa。

$$E_s = \frac{\Delta P}{\Delta \varepsilon} \tag{2-27}$$

若将$\Delta P = P_2 - P_1$，$\Delta\varepsilon = \dfrac{e_1 - e_2}{i + e_1}$代入式（2-27）中，可得

$$E_s = \frac{1+e_1}{a} \tag{2-28}$$

式中，a——相应于压应力变化阶段$P_1 \sim P_2$，土的压缩系数，MPa^{-1}；

e_1、e_2——相应于压应力P_1、P_2，土体的孔隙比。

由式（2-27）可知，压缩模量E_s与压缩系数a成反比，E_s越大，则a越小，此时土的压缩性就越低。

3．变形模量E_0

压缩系数与压缩模量均为土的侧限压缩性指标，由室内压缩试验测定。通过现场静荷载试验在无侧限条件下，可以得到土的变形模量E_0，单位为MPa。变形模量是指土体在无侧限条件下竖向压应力与相应应变之比。变形模量是在现场原位测定的，所以它能比较准确地反映土在天然状态下的压缩性。变形模量E_0与压缩模量E_s之间存在如下换算关系。

$$E_0 = \beta E_s \tag{2-29}$$

式中，β——关于土的泊松比μ的函数，$\beta = 1 - \frac{2\mu^2}{1-\mu}$，泊松比$\mu$可由表2-20所示查取。

表2-20　　土的泊松比μ的参考值

序号	土的种类与状态		μ
1	碎石土		0.15～0.20
2	砂土		0.20～0.25
3	粉土		0.25
4	粉质黏土	坚硬状态	0.25
		状态可塑	0.30
		软塑及流塑状态	0.35
5	黏土	坚硬状态	0.25
		可塑状态	0.35
		软塑及流塑状态	0.42

但式（2-29）只是说明变形模量E_0与压缩模量E_s之间存在的理论上的换算关系，由于土的泊松比μ不易精确确定、室内压缩试验的土样一般扰动较大等原因，因此，要得到能较好地反映土的压缩性的指标，应在现场进行静荷载试验。此时，可根据弹性力学公式来求出地基土的变形模量E_0。

$$E_0 = \omega(1-\mu^2)\frac{p_{cr}b}{s} \tag{2-30}$$

式中，ω——加压板的形状系数，正方形加压板$\omega = 0.88$；圆形加压板$\omega = 0.79$；

μ——土的泊松比，可由表2-21所示查取；

p_{cr}——土的临塑压力，由$p-s$曲线确定，kN/m²；

b——加压板的宽度或直径，mm；

s——$p-s$曲线中临塑压力p_{cr}对应的沉降量，mm。

【例2-5】某工程地基钻孔取样，进行室内压缩试验，土样的初始高度$h_0 = 20$mm，在$P_1 = 100$kPa作用下测得的压缩量$s_1 = 1.2$mm，在$P_2 = 200$kPa作用下的压缩量为$s_2 = 0.68$mm。若土样初始孔隙比为$e_0 = 1.2$，试土的压缩系数$a_{1\text{-}2}$、压缩模量$E_{s1\text{-}2}$，并评价土的压缩性。

解：根据式（2-25）计算在$P_1 = 100$kPa作用下，土的孔隙比e_1：

$$e_1 = e_0 - \frac{\Delta s_1}{h_0}(1+e_0) = 1.2 - \frac{1.2}{20}(1+1.2) = 1.068$$

在$P_2 = 200\text{kPa}$作用下的孔隙比e_2：

$$e_2 = e_0 - \frac{\Delta s_2}{h_0}(1+e_0) = 1.2 - \frac{1.2+0.68}{20}(1+1.2) = 0.9932$$

压缩系数$a_{1-2} = \dfrac{e_1 - e_2}{P_2 - P_1} = \dfrac{1.068-0.9932}{0.2-0.1} = 0.748\text{MPa}^{-1} > 0.5\text{MPa}^{-1}$

所以，该土样属于高压缩土。

压缩模量$E_{s1-2} = \dfrac{1+e_1}{a_{1-2}} = \dfrac{1+1.068}{0.748} = 2.76\text{MPa}$

4. 建筑物的沉降观测

建筑物的沉降观测能够反映出地基变形的实际情况以及地基变形对建筑物的影响程度。因此，沉降观测可验证工程设计与沉降计算的正确性，判别建筑施工质量，一旦发生工程事故后还可以作为分析原因和加固处理的依据。另外，通过对地基沉降计算值与实际观测值的对比，还可以了解沉降计算方法的准确性。

对于一级建筑物、高层建筑、重要的新型的或有代表性的建筑物、体型复杂、形式特殊或在构造上、使用中对不均匀沉降有严格限制的建筑物，大型高炉、平炉，以及软弱地基或地基软硬突变，存在故河道、池塘或局部基岩出露等建筑物，为保证建筑物的安全，应当在施工期间与竣工后使用期间系统地对建筑物进行沉降观测。

任务实施

步骤1：水准基点设置

水准基点的设置以保证水准基点的稳定可靠为原则，宜设置在基岩、压缩性较低的坚实土层或沉降稳定的老建筑上。水准基点的位置应靠近观测点并在建筑物产生的压力影响范围以外，对水准基点应妥善加以保护，使其不受外界影响和损害。在一个观测区，水准基点不应少于3个。

步骤2：观测点设置

观测点的布置应当能全面反映建筑物的变形，并结合建筑物的规模、型式和结构特征以及建筑场地的工程地质条件等情况综合确定。要求观测点便于观测且不易受到损坏。观测点一般设置在建筑物的角点、高低层交界处、沉降缝两侧或地质条件有明显变化的地方等，数量不少于6点。观测点的间距一般为8 ～ 12m。

步骤3：考虑沉降观测的技术要求

沉降观测的仪器采用精密水准仪。要求在灌筑基础时开始施测，施工期间的观测可根据施工进度确定。要求前密后稀，民用建筑一般每建完一层观测一次；工业建筑按不同荷载阶段分次观测，施工期间的观测不应少于4次。建筑物竣工后的观测一般前三个月每月观测一次，以后根据沉降速率每2 ～ 6个月观测一次，直至沉降稳定为止。沉降稳定的标准为半年沉降量不超过2mm。当建筑物出现严重裂缝或大量沉降时，应增加观测次数，采取有效措施，防止发生工程事故。

沉降观测的测量数据应当在每次观测后进行整理，计算出观测点在观测间隔时间内发生的沉降量，绘出每个观测点的沉降与时间关系的曲线，即$s \sim t$曲线，从而判断、分析建筑物的变形状况及发展趋势。

步骤4：对照建筑物的地基变形允许值，填写观测记录表

建筑物的地基变形允许值是依靠经验统计法，即对大量各类已有建筑物进行沉降观测和使用情况的调查，然后结合地基的类型，加以整理，提出各种变性特征的允许值。表2-21所示为《建筑地基基础设计规范》（GB 50007—2011）列出的建筑物地基变形允许值。表2-22所示为变形观测记录表。

表2-21 建筑物的地基变形允许值

<table>
<tr><th rowspan="2" colspan="2">变形特征</th><th colspan="2">地基土类别</th></tr>
<tr><th>中、低压缩性土</th><th>高压缩性土</th></tr>
<tr><td colspan="2">砌体承重结构基础的局部倾斜</td><td>0.002</td><td>0.003</td></tr>
<tr><td colspan="2">工业与民用建筑相邻柱基的沉降差
（1）框架结构
（2）砌体墙填充的边排柱
（3）当基础不均匀沉降时不产生附加应力的结构</td><td>$0.002l$
$0.0007l$
$0.005l$</td><td>$0.003l$
$0.001l$
$0.005l$</td></tr>
<tr><td colspan="2">单层排架结构（柱距为6m）柱基的沉降量/mm</td><td>（120）</td><td>200</td></tr>
<tr><td colspan="2">桥式吊车轨面的倾斜（按不调整轨道考虑）
纵向
横向</td><td colspan="2">0.004
0.003</td></tr>
<tr><td>多层和高层建筑的整体倾斜</td><td>$H_g \leqslant 24$
$24 < H_g \leqslant 60$
$60 < H_g \leqslant 100$
$H_g > 100$</td><td colspan="2">0.004
0.003
0.0025
0.002</td></tr>
<tr><td colspan="2">体形简单的高层建筑基础的平均沉降量/mm</td><td colspan="2">200</td></tr>
<tr><td>高耸结构基础的倾斜</td><td>$H_g \leqslant 20$
$20 < H_g \leqslant 50$
$50 < H_g \leqslant 100$
$100 < H_g \leqslant 150$
$150 < H_g \leqslant 200$
$200 < H_g \leqslant 250$</td><td colspan="2">0.008
0.006
0.005
0.004
0.003
0.002</td></tr>
<tr><td>高耸结构基础的沉降量/mm</td><td>$H_g \leqslant 100$
$100 < H_g \leqslant 200$
$200 < H_g \leqslant 250$</td><td colspan="2">400
300
200</td></tr>
</table>

注：① 本表数值为建筑物地基实际最终变形允许值。

② 有括号者仅使用于中压缩性土。

③ l为相邻柱基的中心距离（mm）；H_g为自室外地面起算的建筑物高度（m）。

④ 倾斜指倾斜方向两端点的沉降差与其距离的比值。

⑤ 局部倾斜指砌体承重结构沿纵向6～10m内基础两点的沉降差与其距离的比值。

表 2–22　　变形观测记录表

工程名称＿＿＿＿＿＿＿＿＿＿＿＿　　　　页数＿＿＿＿＿＿＿＿

观测点	次　数			次　数			次　数		
	日　期			日　期			日　期		
	工程情况			工程情况			工程情况		
	标高	沉降量/mm		标高	沉降量/mm		标高	沉降量/mm	
		本次	累计		本次	累计		本次	累计

观测者＿＿＿＿＿＿＿＿＿＿＿＿　　　　记录者＿＿＿＿＿＿＿＿

项目3　土的抗剪强度与地基承载力

任务　土的抗剪强度分析与承载力确定

任务引入

地基土作为一种材料，不可避免地存在着工程意义上的强度问题。建筑物由于土引起的事故中，一方面是沉降过大，或是差异沉降过大造成的；另一方面是由于土体的强度破坏而引起的。对于土工建筑物（如路堤、土坝等）来说，主要是后一个原因。例如暴雨过后的山体滑坡和泥石流，对山区附近的农田和房屋会产生相当大的破坏，同时也危及人民群众的生命安全。可以说，工程意义上土的强度特性，主要是指土的抗剪强度，对于土体的安全稳定性具有重要意义。

相关知识

1. 土的抗剪强度

土的抗剪强度，首先取决于其自身的性质，即土的物质组成、土的结构和土所处的状态等。土的性质与它所形成的环境和应力历史等因素有关，并取决于土当前所受的应力状态。

土的抗剪强度主要由黏聚力c和内摩擦角φ来表示，土的粘聚力c和内摩擦角φ称为土的抗剪强度指标。土的抗剪强度指标主要依靠土的室内剪切试验和土体原位测试来确定。测试土的抗剪强度指标时所采用的试验仪器种类和试验方法对土的抗剪强度指标的试验结果有很大影响。

（1）土的抗剪强度。1776年，法国学者库仑（C.A.Coulomb）根据一系列试验，提出了土体的抗剪强度表达式。

$$\tau_f = c + \sigma\tan\varphi \tag{2-31}$$

式中，τ_f——土的抗剪强度，kPa；

σ——破坏面上的正应力，kPa；

c——土的黏聚力，kPa，对于非黏性土，$c = 0$；

φ——土的内摩擦角，(°)。

由土的抗剪强度表达式可以看出，砂土的抗剪强度是由内摩阻力构成，而黏性土的抗剪强度则由内摩阻力和黏聚力两个部分构成。

内摩阻力包括土粒之间的表面摩擦力和由于土粒之间的连锁作用而产生的咬合力。咬合力是指当土体相对滑动时，将嵌在其他颗粒之间的土粒拔出所需的力。土越密实，连锁作用则越强。黏聚力包括原始黏聚力、固化黏聚力和毛细黏聚力。

（2）抗剪强度指标的测定方法。抗剪强度指标c、φ值是土体的重要力学性质指标，在确定地基土的承载力、挡土墙的土压力以及验算土坡稳定性等工程问题中，都要用到土体的抗剪强度指标。因此，正确地测定和选择土的抗剪强度指标是土工计算中十分重要的问题。

土体的抗剪强度指标是通过土工试验确定的。室内试验常用的方法有直接剪切试验、三轴剪切试验；现场原位测试的方法有十字板剪切试验和大型直剪试验。这部分内容可以进行单独学习。

（3）影响土的抗剪强度的因素。影响土的抗剪强度的因素是多方面的，主要的有下述几个方面。

① 土粒的矿物成分、形状、颗粒大小与颗粒级配。土的颗粒越粗，形状越不规则，表面越粗糙，φ越大，内摩擦力越大，抗剪强度也越高。黏土矿物成分不同，其黏聚力也不同。土中含有多种胶合物，可使c增大。

② 土的密度。土的初始密度越大，土粒间接触较紧，土粒表面摩擦力和咬合力也越大，剪切试验时需要克服这些土的剪力也越大。黏性土的紧密程度越大，黏聚力c值也越大。

③ 含水量。土中含水量的多少，对土抗剪强度的影响十分明显。土中含水量大时，会降低土粒表面上的摩擦力，使土的内摩擦角φ值减小；黏性土含水量增高时，会使结合水膜加厚，因而也降低了黏聚力。

④ 土体结构的扰动情况。如果黏性土的天然结构被破坏，其抗剪强度就会明显下降，施工时要注意保持黏性土的天然结构不被破坏，特别是开挖基槽更应保持持力层的原状结构，不扰动。

⑤ 孔隙水压力的影响。目前，为了近似地模拟现场可能受到的受剪条件，剪切试验按固结和排水条件的不同分为不固结不排水剪、固结不排水剪和固结排水剪3种基本试验类型。在试验中，采用快剪、固结快剪和慢剪3种试验方法。

2. 地基承载力的确定

地基承载力的确定主要包含下面4种。

① 按静载荷方法确定。

② 用理论公式计算。

③ 根据原位测试、室内试验成果并结合工程经验等综合确定。

④ 根据邻近条件相似建筑物经验确定。

而不同设计等级的建筑物，可按下面方法确定地基承载力特征值。

① 甲级建筑物：必须有静载荷试验资料，结合其他方法综合确定。

② 乙级建筑物：用静载荷试验以外的各种方法确定，必要时也应进行静载荷试验。

③ 丙级建筑物：用原位试验、经验等综合确定，必要时也应进行静载荷试验和用理论公式计算。

任务实施

按载荷试验确定地基承载力特征值，步骤如下。

步骤1：确定地基承载力特征值f_{ak}

由载荷试验数据可绘出描述土层荷载与变形关系的p–s曲线。由p–s曲线可按有关规定确定地基承载力特征值。同一土层参加统计的试验点不应少于3点，当试验实测值的极差不超过其平均值的30%时，取平均值作为土层的地基承载力特征值f_{ak}。

步骤2：地基承载力特征值的修正

当基础宽度大于3 m或埋置深度大于0.5 m时，从载荷试验或其他原位测试、经验值等方法确定的地基承载力特征值，应按下式修正：

$$f_a = f_{ak} + \eta_{b}\gamma (b-3) + \eta_d \gamma_m (d-0.5) \tag{2-32}$$

式中，f_a——修正后的地基承载力特征值；

f_{ak}——地基承载力特征值，按《建筑地基基础设计规范》（GB 50007—2011）中第5.2.3条的原则确定；

η_b、η_d——基础宽度和埋深的地基承载力修正系数，按基底下土的类别查表2-23所示取值；

γ——基础底面以下土的重度，地下水位以下取浮重度；

b——基础底面宽度，m。当基宽小于3m时按3m取值，大于6m时按6m取值；

γ_m——基础底面以上土的加权平均重度，地下水位以下取浮重度；

d——基础埋置深度，m。一般自室外地面标高算起。在填方整平地区，可自填土地面标高算起，但填土在上部结构施工后完成时，应从天然地面标高算起。对于地下室，如采用箱形基础或筏基时，基础埋置深度自室外地面标高算起；当采用独立基础或条形基础时，应从室内地面标高算起。

表2–23　承载力修正系数

土的类别		η_b	η_d
淤泥和淤泥质土		0	1.0
人工填土；e或I_L大于等于0.85的黏性土		0	1.0
红黏土	含水比$\alpha_w > 0.8$	0	1.2
	含水比$\alpha_w \leqslant 0.8$	0.15	1.4
大面积压实填土	压实系数大于0.95，黏粒含量$\rho_c \geqslant 10\%$的粉土	0	1.5
	最大干密度大于2.1t/m^{3}的级配砂石	0	2.0

续表

土的类别		η_b	η_d
粉土	黏粒含量$\rho_c \geq 10\%$的粉土	0.3	1.5
	黏粒含量$\rho_c < 10\%$的粉土	0.5	2.0
e及I_L均小于0.85的黏性土		0.3	1.6
粉砂、细砂（不包括很湿与饱和时的稍密状态）		2.0	3.0
中砂、粗砂、砾砂和碎石土		3.0	4.4

注：① 强风化和全风化的岩石，可参照所风化成的相应土类取值；其他状态下的岩石不修正。

② 地基承载力特征值按《建筑地基基础设计规范》（GB 50007—2011）附录D深层平板载荷试验确定时η_d取0。

项目4　场地的工程地质勘察

任务　工程地质勘察报告的识读与应用

任务引入

为保障地基基础的设计质量和促进后续基础施工的顺利开展，必须充分了解地基的特点，即地基的岩、土构成，各土层的物理、力学性质，地下水的赋存情况等。要获得这些资料，必须进行工程地质勘察。勘察工作结束后，工程技术人员要将外业工作所取得的记录和数据，连同室内试验的数据，进行整理、分析、检查校对并归纳总结，做出对建筑场地的工程地质评价。这些内容最后以图文并茂的形式，编撰成工程地质勘察报告。

相关知识

1. 地基勘察的基本方法

（1）工程地质测绘与调查。工程地质测绘与调查的目的是通过对场地的地形地貌、地层岩性、地质构造、地下水与地表水、不良地质现象进行调查研究与必要的测绘工作，为评价场地工程地质条件及合理确定勘探工作提供依据。

对建筑场地的稳定性进行研究是工程地质调查和测绘的重点问题。

常用的测绘方法是在地形图上布置一定数量的观察点或观察线，以便按点或沿线观察地质现象。观察点一般选择在不同地貌单元、不同地层的交界处以及对工程有意义的地质构造和可能出现不良地质现象的地段。观察线通常与岩层走向、构造线方向以及地貌单元轴线相垂直（例如横穿河谷阶地），以便能观察到较多的地质现象。有时为了追索地层界线或断层等构造线，观察线也可以顺着走向布置。观察到的地质现象应标示于地形图上。

（2）勘探工作。勘探是地基勘察过程中查明地下地质情况的一种必要手段，它是在地面的工程地质测绘和调查所取得的各项定性资料基础上，进一步对场地的工程地质条件进行定量的评价。

一般勘探工作包括坑探、钻探、触探和地球物理勘探等。

2. 岩土工程勘察的任务

（1）勘察场地的适宜性。岩土工程勘察首先要对场地的建筑适宜性做出结论。场地是指拟布置建（构）筑物及其附属设施的整个地带。场地的建筑适宜性主要决定于以下两个方面。

① 场地的稳定性是决定场地是否能建筑的先决条件。处于活动滑坡范围的场地，有活动性断裂通过的场地都是不稳定的场地，一般是不能进行建筑的，选址时应避开。即使场地范围内不存在上述不良地质因素；如果场地的周边有崩塌、滑坡、泥石流等发生的可能，对场地的安全构成严重威胁，这样的场地也是不宜建筑的。

② 场地开发利用的经济性，主要是要求根据地形、地质条件判断场地对拟建项目是否需要投入很多的治理费用。例如，土地平整、边坡支挡、地面排水、地基处理、抗震设防等都需要投入资金，不同的场地条件，这些费用的额度可能有很大的差别，必须从技术经济角度论证场地利用的合理性与可行性。

（2）勘察岩土层分布及性质。在解决场地建筑适宜性之后，勘察的第二项任务就是查明场地以至每个单体建（构）筑物所处部位的岩土层分布、性质，通过测试提供各层的承载力及压缩性等设计所需的计算参数，并对设计与施工应注意的事项提出建议。传统的工程地质勘察着重反映客观自然条件，而岩土工程勘察则强调勘察工作不仅要反映自然而且要研究并参与改造自然，即在场地整治、地基处理、施工方案等方面进行深入研究，提供具体意见，并在建设的全过程中提供服务。

任务实施

步骤1：岩土工程勘察的阶段划分、工作内容界定

（1）可行性研究勘察（选址勘察）。选址阶段主要是对若干参与被选的初选场址的建筑适宜性做出评价，为各场址的技术经济比较和选址决策提供地质方面的依据。这一阶段的工作通常以搜集资料及现场调查研究为主，必要时才进行少量勘探工作。

（2）初步勘察。初步勘察阶段的主要任务是针对已选定的场地进行不同地段的稳定性和地基岩土工程性质的评价，为确定建筑总平面、选择场地、地基整治处理措施提供资料。本阶段中，一般需进行一定数量的勘探工作，但勘探点比较稀疏。初勘的勘探点是按照垂直于地貌单元或地层走向的勘探线布设的。

（3）详细勘察。经过选址和初步勘察之后，场地工程地质条件已基本查明，详勘的任务在于针对具体建筑物地基或具体的地质问题，为进行施工图设计和施工提供可靠的依据或设计计算参数。因此必须查明建筑物范围内的地层结构、岩石和土的物理力学性质，对地基的稳定性及承载能力做出评价，并提供不良地质现象防治工作所需的计算指标及资料。此外，还要查明有关地下水的埋藏条件和腐蚀性、地层的透水性和水位变化规律等情况。

步骤2：勘察报告书的编制

一个单项工程的勘察报告书一般包括下列内容。

① 任务要求及勘察工作概况。

② 场地位置、地形地貌、地质构造、不良地质现象及地震设计烈度。

③ 场地的地层分布、岩石和土的均匀性、物理力学性质、地基承载力和其他设计指标。

④ 地下水的埋藏条件和腐蚀性以及土层的冻结深度。

⑤ 对建筑场地及地基进行综合的工程地质评价，对场地的稳定性和适宜性做出结论，指出存在的问题和提出有关地基基础方案的建议。

所附的图表有下列几种：勘探点平面布置图、工程地质剖面图、地质柱状图或综合地质柱状图、土工试验成果表、其他测试成果图表（如现场载荷试验、标准贯入试验、静力触探试验、旁压试验等）。对于地质条件简单和勘察工作量小且无特殊设计及施工要求的工程，勘察报告可以酌情简化。

步骤3：勘察报告书的常用图表的绘制与识读分析

（1）勘探点平面布置图。勘探点平面布置图是在建筑场地地形图上，把建筑物的位置以及各类勘探、测试点的编号、位置用不同的图例表示出来，并注明各勘探、测试点的标高和深度、剖面线及其编号等。

（2）钻孔柱状图。钻孔柱状图是根据钻孔的现场记录整理出来的，如图2-14所示。记录中除注明钻进的工具、方法和具体事项外，其主要内容是关于地层的分布（层面的深度，层厚）和地层的名称和特征的描述。

（3）工程地质剖面图。柱状图只反映场地某一勘探点处地层的竖向分布情况，剖面图则反映某一勘探线上地沿竖向和水平向的分布情况。由于勘探线的布置常与主要地貌单元或地质构造轴线相垂直，或与建筑物的轴线相一致，故工程地质剖面图是勘察报告的最基本的图样。

剖面图的垂直距离和水平距离可采用不同的比例尺。绘图时，首先将勘探线的地形剖面线画出，标出勘探线上各钻孔中的地层层面，然后在钻孔的两侧分别标出层面的高程和深度，再将相邻钻孔中相同的土层分界点以直线相连。

（4）综合地质柱状图。为了简明扼要地表示所勘察的地层的层次及其主要特征和性质，可将该区地层按新老次序自上而下以1∶200～1∶50的比例绘成柱状图。图上注明层厚、地质年代，并对岩石或土的特征和性质进行概括的描述。

（5）土工试验成果总表。土的物理力学性质指标是地基基础设计的重要依据，应将土的试验和原位测试所得的成果汇总列表表示。

步骤4：勘察报告的分析与应用

（1）地基持力层选择。通过勘察报告的阅读，在熟悉场地各土层的分布和性质（层次/状态/压缩性和抗剪强度/上层厚度/埋深及其均匀程度等）的基础上，初步选择适合上部结构特点和要求的土层作为持力层，经过计划或方案比较后做出最后决定。根据勘察资料的分析，合理地确定地基土的承载力是选择地基持力层的关键，而地基承载力实际上取决于许多因素。必要时，可以通过多种测试手段，并结合实践经验适当予以增减，这样做，有时会取得很好的实际效果。

（2）场地稳定性的评价。地质条件复杂的地区，综合分析的首要任务是评价场地的稳定性，然后才是地基土（岩）的承载力和变形问题。场地的地质构造（断层、褶皱等）、不良地质现象（泥石流、滑坡、崩塌、岩溶、塌陷等）都会影响场地的稳定性。必须查明其分布规律、具体条件、危害程度。

在断层、向斜、背斜等构造地带和地震区修建建筑物，必须慎重对待，对于选址勘察中指明宜避开的危险场地，则不宜进行建筑。但对于已经判明为相对稳定的构造断裂地带，还是可以选作建筑场地的。实际上，有的厂房大直径钻孔桩可直接支撑在断层带岩层上。在不良地质现象发育且对场地稳定性有直接危害或潜在威胁的地区，如不得不在其中较为稳定的地段进行建筑，也需事先采取有力措施，以免中途改变场地或花费极高的处理费用。

孔号：*K*-1　　　　孔口高程 785.02

地质年龄	地层的埋藏深度/m		土层厚度/m	土层底部的绝对标高	岩石描述	柱状图 比例尺 1:100	水位和测量日期		土样位置(m)
	从	到					出现的	稳定的	
dl.*Q*	0	0.5	0.5	784.52	含腐植质的褐灰色耕土层 - 粉质黏土				1.0
	0.5	2	1.5	783.02	褐灰色粉质亚黏土，含有砾石和小卵石（达 30%），夹有干砂窝子矿				2.1
	2	5	3	780.02	粗砂、混杂有黏土颗粒，带大量砾石、小卵石、碎石（达 30%）		2.45 22 −92	2.42 4 −92	4.0
	5	6	1	779.02	尺寸在5～7cm的卵石，夹有砾石、碎石和各种粒径的砂土；含水层				6.1
	6	7	1	778.02	粗砂、小卵石、砾石和碎石（达30%）的黏土层				7.1
T_r	7	9	2	776.02	黄色的硬粒土，有单独的砂窝子矿，包含砾石和卵石（达10%）				8.0 9.1
	9	10	1	775.02	黄灰色亚黏土，包含有砂石和卵石（达20%），高含水量				10.4
	10	13	3	772.02	黄色黏土，有单独的砂窝子矿，包含砾石、卵石和碎石（达10%）		13.0		12.0
	13	15	2	770.02	各种粒径的砂土，褐灰色，含有结晶岩的砾石、卵石以及碎石（达30%）含水层				15.1
	15	19	4	776.02	黄灰色黏土，有大量的砾石、小卵石和砂窝子矿，在深度16m以内很湿，从深度16m开始无砾石和卵石，稍湿的				

图 2-14　钻孔柱状图

单元小结（思维导图）

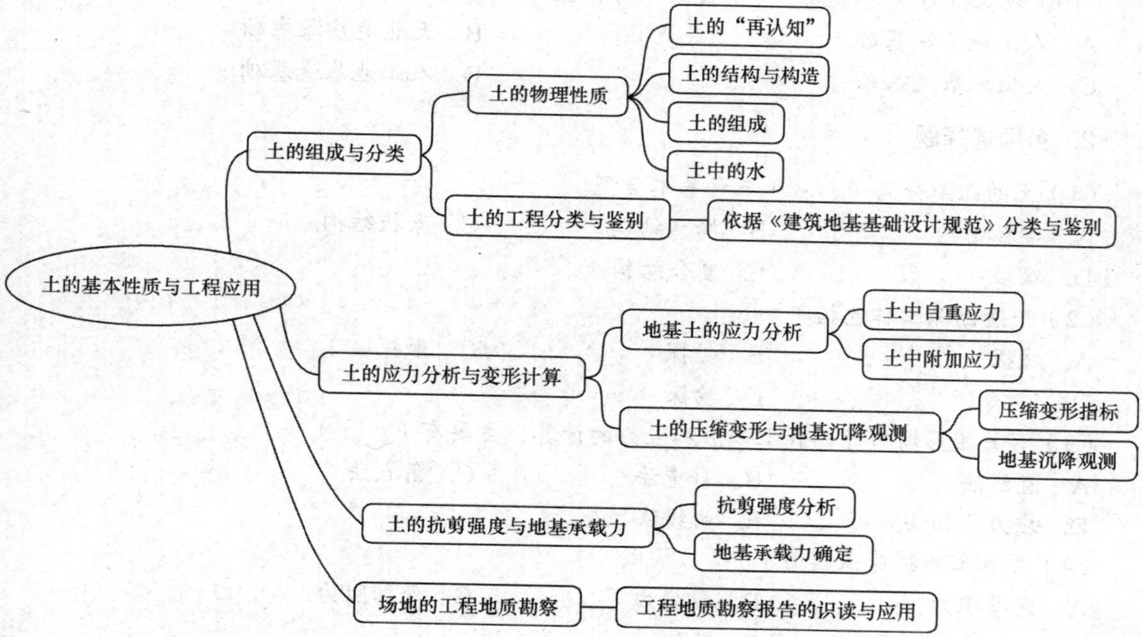

基本技能训练

1. 单项选择题

（1）土壤通常被视为（　　）。

A. 三相混合体系　　B. 固体颗粒　　C. 液相　　D. 固体与液体混合相

（2）土中各个粒组的相对含量，称为（　　）。

A. 组成结构　　B. 颗粒级配　　C. 颗粒组成　　D. 比重

（3）环刀法测定的是（　　）。

A. 有效密度　　B. 干密度　　C. 天然密度　　D. 相对密度

（4）可在试验室内用比重瓶测定的是（　　）。

A. 有效密度　　B. 天然密度　　C. 干密度　　D. 相对密度

（5）（　　）可作为砂土湿度划分的标准。

A. 饱和度　　B. 颗粒级配　　C. 密度　　D. 比重

（6）由建筑荷载等其他外载，在建筑修建前后在地基中产生的应力的增加值称为（　　）。

A. 抗剪强度　　B. 正应力　　C. 附加应力　　D. 自重应力

（7）工程地质（　　）只反映场地某一勘探点处地层的竖向分布情况。

A. 剖面图　　B. 柱状图　　C. 详图　　D. 钻孔图

（8）基础埋置深度，一般自（　　）标高算起。

A. 室外地面　　B. 室内地面　　C. 正负零标高　　D. 基础顶部

（9）（　　）阶段以勘探、原位测试和室内土工试验为主。

A. 实地考察　　B. 详细勘察　　C. 初步勘察　　D. 工程验收

（10）地基持力层选择（　　）最为经济合理。

A. 人工地基深基础　　B. 天然地基深基础

C. 天然地基浅基础　　D. 人工地基浅基础

2. 多项选择题

（1）土的组织分为（　　）三种基本类型。

A. 单粒结构　　B. 蜂窝结构　　C. 絮状结构

D. 双粒　　E. 复合结构

（2）一般勘探工作包括（　　）。

A. 坑探　　B. 钻探　　C. 触探

D. 遥探　　E. 物探

（3）有关矩形均布外荷载土体附加应力的计算，主要有（　　）。

A. 直线法　　B. 自重法　　C. 角点法

D. 应力叠加法　　E. 曲线法

（4）黏性土的抗剪强度由（　　）构成。

A. 内摩阻力　　B. 黏聚力　　C. 外摩阻力

D. 正应力　　E. 其他

（5）有关沉降观测正确的是（　　）。

A. 民用建筑一般每建完一层观测一次　　B. 工业建筑按不同荷载阶段分次观测

C. 工业建筑施工期间的观测不应少于4次　　D. 每天必须观测

E. 需要记录表格

（6）观测点的布置应当能全面反映建筑物的变形，观测点的间距可以是（　　）m。

A. 8　　B. 9　　C. 10

D. 14　　E. 12

3. 计算题

在一击实试验中，击实筒体积1000cm^3，测得湿土质量为1.95kg，取一质量为17.48g的湿土，烘干后质量为15.03g，计算含水量、天然重度和干重度。

职业资格拓展训练——岩土勘察报告实例

1. 工程概况

新天地小区三期工程位于A市经济开发区，北临人民路，南临长江路，西临嵩山路，东临泰山路。该项目由B房地产开发有限公司投资建设，区建筑设计有限公司规划设计，C建筑设计院有限公司承担岩土工程勘察工作，勘察阶段为一次性详细勘察。

该地块总建设用地面积为78600m^2，地上总建筑面积为269662.36m^2，地下总建筑面积为71126.68m^2。包括8号楼、9号楼、10号楼、11号楼、12号楼、13号楼、14号楼及其附属商业、裙房、地下室。根据该项目进度分批提供勘察报告，本次勘察包括各楼及其附属商业裙房、地下室。

2. 本次勘察的任务和要求

（1）查明拟建场地内土层的结构、分布情况、工程特性，分析和评价地基土的稳定性、均匀性和承载力。

（2）查明拟建场地内有无暗河等对建筑物有不良影响的埋藏物及其分布范围，并提供其防治工程所需的设计参数。

（3）查明地下水的埋藏情况、水位变化幅度等，并判定地下水、土对建筑材料的腐蚀性。

（4）评价土的类型、场地类别及场地的地震效应。

（5）评价高层住宅可能的基础形式，提供经济合理的地基基础方案建议及相关的岩土设计参数；并查明可供选择的桩端持力层的埋藏情况及分布规律；提供桩基设计参数，估算单桩竖向承载力，并进行沉（成）桩可行性分析。

（6）提供基坑工程支护及降水设计、施工所需岩土参数，并对其方案的选型提出建议。

（7）对需进行沉降计算的建筑物提供地基变形计算参数，并预测建筑物的变形特征。

3. 勘察依据

（1）勘察合同。

（2）建设单位提供的总平面图、设计单位提供的勘察要求。

（3）《岩土工程勘察规范》（GB 50021—2001）（2009年版）。

（4）《高层建筑岩土工程勘察规程》（JGJ 72—2004）。

（5）《建筑地基基础设计规范》（GB 50007—2011）。

（6）《建筑抗震设计规范》（GB 50011—2010）。

（7）《建筑桩基技术规范》（JGJ 94—2008）。

（8）《土工试验方法标准》（GB/T 50123—1999）。

（9）《建筑基坑支护技术规程》（JGJ 120—2012）。

（10）《建筑工程地质勘探与取样技术规程》（JGJ/T 87—2012）。

（11）《静力触探技术标准》（CECS04—1988）。

4. 勘察工作量及工作方法

本工程高层住宅拟采用桩筏基础，故详勘勘探孔间距控制在30m以内。高层住宅勘探孔沿拟建物周边布置。具体布孔位置详见《勘探点平面布置图》。主楼桩基方案比选，预制桩可能考虑短桩方案以较稳定的⑤3层粉砂为桩端持力层或长桩方案以⑧1层粉砂夹粉质黏土、⑧3层粉砂夹粉土或⑩层黏土作为桩端持力层，本次勘察主楼控制性孔深60m，一般性孔深45m左右。考虑到地下车库单柱荷载较大，采用桩基础且需设置抗拔桩的原因，本次勘察地下车库孔深定为25m。具体方法及工作量如表2-24所示。

表2-24　勘察方法及勘察工作量一览表

勘察项目	工作量	工作方法	工作目的
取土钻孔	16个孔，进尺794m，取原状土样456件	泥浆护壁，回旋钻进，全断面取芯	1. 取土样和标准贯入试验 2. 土层的描述和分层 3. 分析沉桩可行性

续表

勘察项目		工作量	工作方法	工作目的
原位测试	静力触探试验	78个孔，进尺1897m	采用15cm²双桥探头，LMC-D310型内存式微机自动记录，贯入速度1.2m/min	1. 土层的划分 2. 估算桩基参数 3. 分析沉桩可行性
	波速测试	15个孔，共276m	采用XG-Ⅰ悬挂式波速测井仪，孔内激振，每米采集一次数据	确定各土层的剪切波速，判定土的类型及场地类型
室内试验	土工试验	常规435件	根据《土工试验方法标准》（GB/T 50123—1999）	提供土的物理力学性质指标
		固结快剪117件		
		颗分231件		
		三轴29件		
	水土分析	地下水7组	根据《土工试验方法标准》（GB/T 50123—1999）	判别水、土对建筑材料的腐蚀性

5. 场地工程地质条件

拟建场地为厂房，勘察期间建筑物已陆续拆除，场地地面标高4.30～5.00m，平均地面标高4.70m。在地貌上本场地属长江三角洲冲积平原。据区域地质资料，本区所处大地构造位置位于扬子板块下扬子印支期前陆褶皱冲断带。区域地层属于下扬子地区江南地层小区，基岩上覆盖着160～220m厚的第四系冲积层。本次勘察查明，在钻探所达深度范围内，场地地层属第四系全新统（Q4）及上更新统（Q3）、中更新统（Q2）长江下游三角洲冲积层，自上而下可分为14个工程地质单元层，各土层在场地内的分布情况如图2-15所示。

6. 水文地质条件

属亚热带季风气候，四季分明，温暖湿润，热量丰富，雨量充沛，无霜期长，常年平均气温16.5℃，常年降水量平均为1270mm。冬季因低温土壤冻结现象时有发生，冻结的最大深度为13cm。气候特点为冬季偏北风占多，受北方大陆冷空气侵袭干燥寒冷，夏季偏南风占多，受海洋季风的影响，炎热湿润，春夏之交多梅雨，夏末秋初有台风，干燥冷暖适量，春夏秋冬四季分明。从气象、水文资料的总体分析，市区丰水期为每年的7～8月，枯水期为当年的12月至翌年的3月。

上层滞水埋藏于①层填土中，其主要补给源为大气降水、人工用水、地表迳流，以蒸腾越流方式排泄，本次勘察期间测得上层滞水水位埋深为0.40～0.80m，相当于黄海标高3.90～4.30m。根据邻近场区勘察成果，上层滞水水位年变化幅度在0.50m左右。

为判别场地地下水对建筑材料的腐蚀性，本次勘察分别在1-3#孔、5-4#孔中取上层滞水，2-3#孔、8-4#孔取微承压水水样进行水质分析，结果见《水质分析报告》。

7. 场地和地基的地震效应

属于抗震设防烈度7度区，设计基本地震加速度值为0.10g，设计地震分组为第一组。根据《建筑抗震设防分类标准》（GB 50223—2008）规定，本工程建筑抗震设防类别为标准设防分类（丙类）。

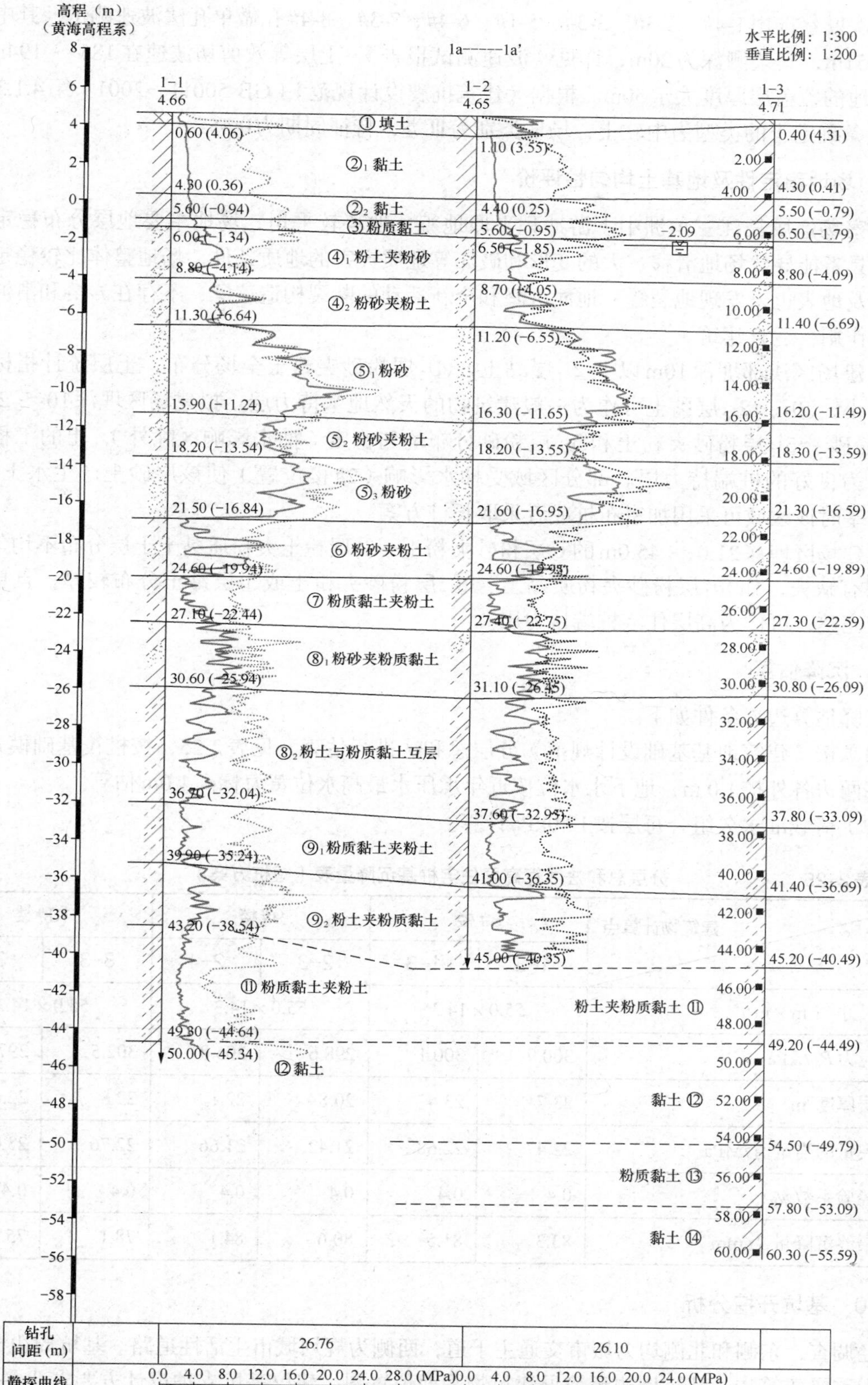

图2-15　工程地质剖面图

本次勘察选用1-4#、2-3#、3-3#、5-1#、6-4#、7-3#、8-4#孔做单孔法波速测试，其中7-3#孔测深51m，其余测深为20m，详见《波速测试报告》。土层等效剪切波速在185～194m/s之间，场地的覆盖层厚度大于50m。根据《建筑抗震设计规范》（GB 50011—2001）第4.1.3条及第4.1.6条确定土的类型为中软土，场地类别为Ⅲ类，特征周期为0.45s。

8. 场地稳定性及地基土均匀性评价

勘察场地属长江三角洲中下游冲积平原地貌，地势较平坦，场地主要地层分布稳定、均匀，不具备能导致场地滑移、大的变形和破坏等地质灾害的地质条件，场地整体比较稳定。场地周边及地表也未发现地裂缝、地面沉降和全新活动的断裂构造迹象，不存在岩溶和滑波等不良地质作用，适宜建筑。

拟建场区浅部埋深10m以上②$_1$层黏土～④$_2$层粉砂夹粉土全场分布，土层统计指标离散性也较小，②$_1$、②$_2$层黏土可作为一般建筑物的天然地基持力层。拟建场区埋深10～21m的⑤$_1$层粉砂、⑤$_2$层粉砂夹粉土和⑤$_3$层粉砂分布均匀稳定（抽水影响区除外），土的工程性质较好，为良好的桩端持力层。部分区域受抽水影响（2#楼位置）使该层砂土产生水土流失，采用桩基时该区域可采用加密布桩或者采取长桩方案。

拟建场区埋深21.0～45.0m的⑥层粉砂夹粉土～⑪层粉土夹粉质黏土土层分布不均匀，部分土层有缺失，如⑧$_1$层粉砂夹粉质黏土、⑧$_3$层粉砂夹粉土或⑩层黏土分布较厚，且单栋下分布较完整，可作为高层住宅桩端持力层。

9. 沉降估算

沉降估算边界条件如下。

（1）按《建筑地基基础设计规范》分层总和法进行估算，见表2-25，按桩筏基础模式，建筑基底两边各外扩1.0 m，地下水水位按近年承压水最高水位黄海标高1.0m估算。

（2）荷载准永久组合每层按12.0kPa计算。

表2-25　　分层总和法估算高层住宅桩基沉降量表（短桩方案）

项目 \ 建筑物计算点	8#楼		9#楼		10#楼	
	1–3	1–3	2–3	2–4	3–3	3–4
基础尺寸 /（m × m）	55.0 × 14.3		55.0 × 14.3		55.0 × 14.3	
附加应力 P_0 / kPa	300.9	300.1	298.6	305.0	302.5	297.3
压缩层厚度 /m	23.7	23.4	20.8	22.1	22.8	22.6
压缩模量的当量值 /MPa	22.47	22.68	21.42	21.66	22.76	23.0
沉降经验系数 ψ_P	0.4	0.4	0.4	0.4	0.4	0.4
桩基最终沉降量 S / mm	83.3	81.5	80.6	84.1	78.1	75.6

10. 基坑开挖分析

经调查，东侧和北侧均为城市交通主干道，西侧为规划城市生活性道路。基坑周边50 m范围内无重要建筑物。基坑周边环境见建筑物平面位置图。建议基坑支护设计方要求业主提供周边环境详细资料，并到现场核实。根据室内土工试验，提供基坑支护设计参数推荐值见表2-26。

表2–26　　　　　　　　　　基坑支护设计参数推荐值表

层号	土名	含水量 w/%	重度 γ (kN/m^3)	直剪固快标准值		钻孔灌注桩		地层渗透性
				内聚力 C_c/kPa	内摩擦角 φ_c/°	桩端土端阻力标准值 q_{pk}/kPa	桩周土摩擦力标准值 q_{sik}/kPa	
①	填土	31.2	18.5	29.0	4.5		70	上层滞水含水层
②$_1$	黏土	24.8	20.1	65.9	15.8		80	隔水层 2×10^{-6}cm/s
②$_2$	黏土	24.8	20.1	66.1	16.1		62	隔水层 2×10^{-6}cm/s
③	粉质黏土	30.8	19.1	27.7	18.6		68	隔水层 10×10^{-6}cm/s
④$_1$	粉土	32.0	18.9	18.0	30.5		58	承压水含水层，综合渗透系数3.20m/d
④$_2$	粉土夹粉砂	31.3	18.9	15.4	33.0		50	

11. 结论及建议

（1）场地内无不良地质作用，适宜本工程建设。

（2）本工程工程重要性等级为一级，场地复杂程度等级为二级，地基复杂程度等级为二级，岩土工程勘察等级及地基基础设计等级均为甲级。

（3）本场地抗震设防烈度为7度，设计基本加速度为0.10g，设计地震分组为第一组，场地内无液化土层，场地位于可进行建设的一般场地。拟建场地地基土属中软土，建筑场地类别为Ⅲ类。特征周期为0.45s。

（4）场地内地下水、土对砼及砼结构中的钢筋均具微腐蚀性。地下室抗浮设计水位按4.50m计算。

（5）地基基础方案建议。根据地区类似工程经验，推荐采用短桩方案，桩型采用HKFZ-AB-500（300）或PHC AB600(125)-C80，以⑤3层粉砂为桩端持力层，桩长15.0m。其中9#楼抽水影响区处建议以⑧3粉砂夹粉土为桩端持力层，桩长28m，按HKFZ-AB-500（300）估算的单桩竖向承载力约为2501kN。纯地下车库部分如自重不能满足抗浮要求，则需打抗拔桩，以⑤1层粉砂为桩端持力层。商业、小区变可采用天然地基与相邻高层住宅设后浇带连接。

（6）应采用合理的基坑开挖施工顺序，基坑支护在具备有效放坡空间的地段可采用放坡（或分级放坡）和土钉支护，必要时局部可采用钢管超前支护、钢板桩或排桩的支护方式；上层滞水可通过坑外设截水沟及坑 内设集水井抽排；经验算基坑抗渗流稳定性满足要求，可不降水开挖（基坑内开挖较深电梯井位置可局部采用井点降水）。应特别注意两层地下室、高层住宅和商业公辅配套基础开挖施工顺序，地基承载力修正应考虑邻近大面积开挖的地下室的不利影响。较深的地下室对较浅的产生地基侧限的永久性削弱。为了避免浅基础产生地基稳定问题以及超载对较深的地下室侧墙产生过大的附加侧压力，设计时应仔细验算其稳定性，必要时采取措施避免不利影响。

（7）注意做好拟建建筑物的变形观测、坑壁及周围建筑物、道路、管线在基坑开挖、支护过程中的监测工作，采用信息化施工，同时通过监测信息来确定后浇带的浇筑时间。

学习单元3

挡土墙工程与土压力分析

学习目标

(1) 掌握挡土墙的形式、种类与构造特点。

(2) 掌握土压力的分类，熟悉在不同理论指导下各类土压力的计算方法。

(3) 通过学习挡土墙的工程应用案例，熟悉其施工方法、工艺、流程及特点。

项目1　挡土墙认知

任务　挡土墙形式确定与构造分析

任务引入

挡土墙是用来支撑天然边坡、挖方边坡或人工填土边坡的构筑物，以保持土体的稳定性。它广泛应用于房屋建筑、铁路、公路桥梁以及水利工程中。例如，地下室的外墙，重力式码头的岸壁，桥梁接岸的桥台等都支持着侧向土体。常见的情形之一为墙背填土对挡土墙会产生土压力，当土压力超过了当土墙的抗滑、抗倾覆承载力极限时，挡土墙会发生坍塌，而使墙后的土体失去稳定性，导致土体滑坡。

常见的中小水利工程中，如河岸护坡（见图3-1）、土坡挡土墙（见图3-2），可以就地取材采用块石建成，重大工程可采用素混凝土或钢筋混凝土材料构成挡土墙。

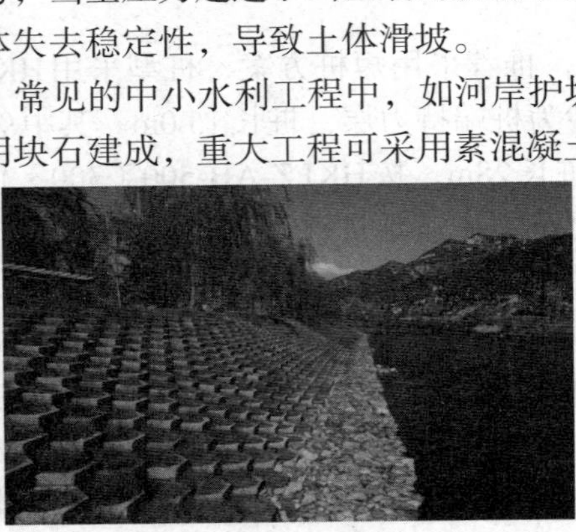

图3-1　河岸护坡

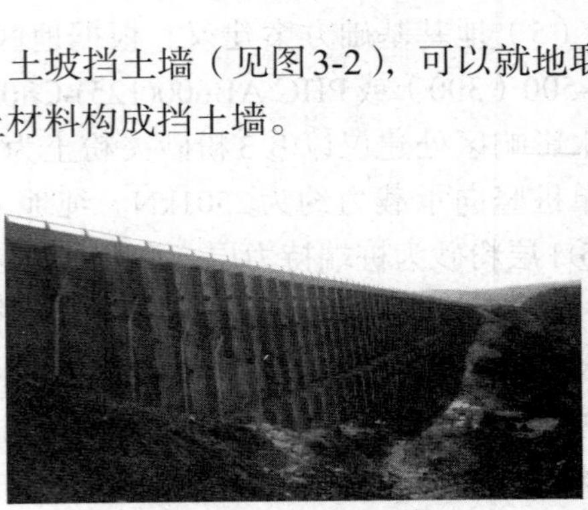

图3-2　土坡挡土墙

相关知识

1. 挡土墙的形式与种类

挡土墙根据不同的用途和工程特点，可分为不同的结构类型，如图3-3所示。

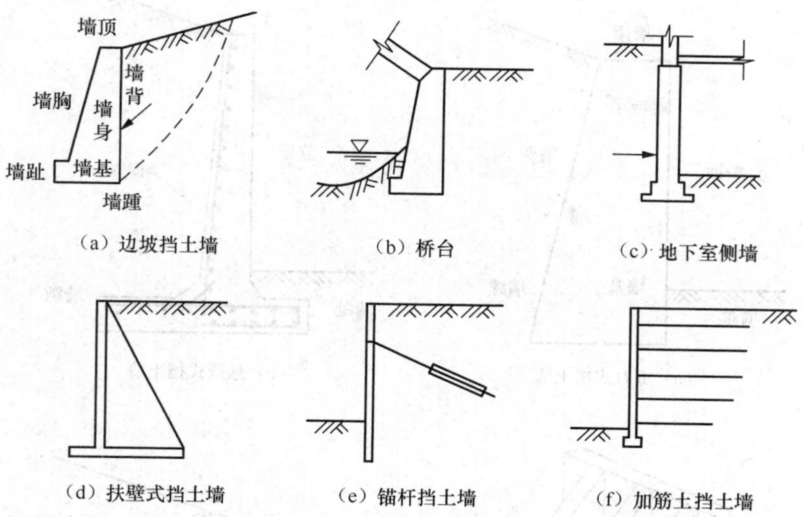

图3-3　挡土结构物的类型

2. 挡土墙的构造

在挡土墙横断面中，与被支撑土体直接接触的部位称为墙背；与墙背相对的、临空的部位称为墙面；与地基直接接触的部位称为基底；与基底相对的、墙的顶面称为墙顶；基底的前端称为墙趾；基底的后端称为墙踵。

挡土墙的形式很多，常用形式的挡土墙如图3-4（a）～（e）所示。

（1）重力式挡土墙。它是一种应用比较广的形式，依靠挡土墙自身的重量保持墙体的稳定，墙体必须做成厚而重的实体。墙身断面较大，一般多用毛石、砖、素混凝土等材料筑成，常用于墙高小于6m、地层稳定、开挖土石方时不会危及相邻建筑物安全的地段。挡土墙的前缘称为墙趾，后缘称为墙踵；填土面称为墙背，正面称为墙面。

（2）悬臂式挡土墙。采用钢筋混凝土材料建成。挡土墙的截面尺寸较小，重量较轻，墙身的稳定是靠墙踵悬臂以上土重来保持，墙身内需配钢筋来承担墙身所受的拉应力。悬臂式挡土墙适用于墙高超过5m、地基土质较差、缺乏当地材料，以及工程比较重要等场合，如市政工程、厂矿仓库中多采用悬臂式挡土墙。

（3）扶壁式挡土墙。它是一种钢筋混凝土薄壁式挡土墙，其主要特点是构造简单、施工方便，墙身断面较小，自身质量轻，可以较好地发挥材料的强度性能，能适应承载力较低的地基。适用于缺乏石料及地震高发地区。一般在较高的填方路段采用来稳定路堤，以减少土石方工程量和占地面积。扶壁式挡土墙适用6～12m高的填方边坡，可有效地防止填方边坡的滑动。

（4）锚杆式挡土墙。锚杆式挡土墙由预制的钢筋混凝土立柱、墙面板、钢拉杆和锚定板组成，在现场拼装而成。这种形式的挡土墙具有结构轻、柔性大、工程量少、造价低、施工方便等优点，常用在临近建筑物的基础开挖，铁路两旁的护坡、路基、桥台等处。

（5）加筋土挡土墙。国内外近十几年来采用了该形式，加筋土挡土墙需要大量的镀锌铁皮、扁钢等。近年来土工合成材料在日本、法国、意大利、德国等广泛地应用于土坝、围堰中，起到护坡的作用。

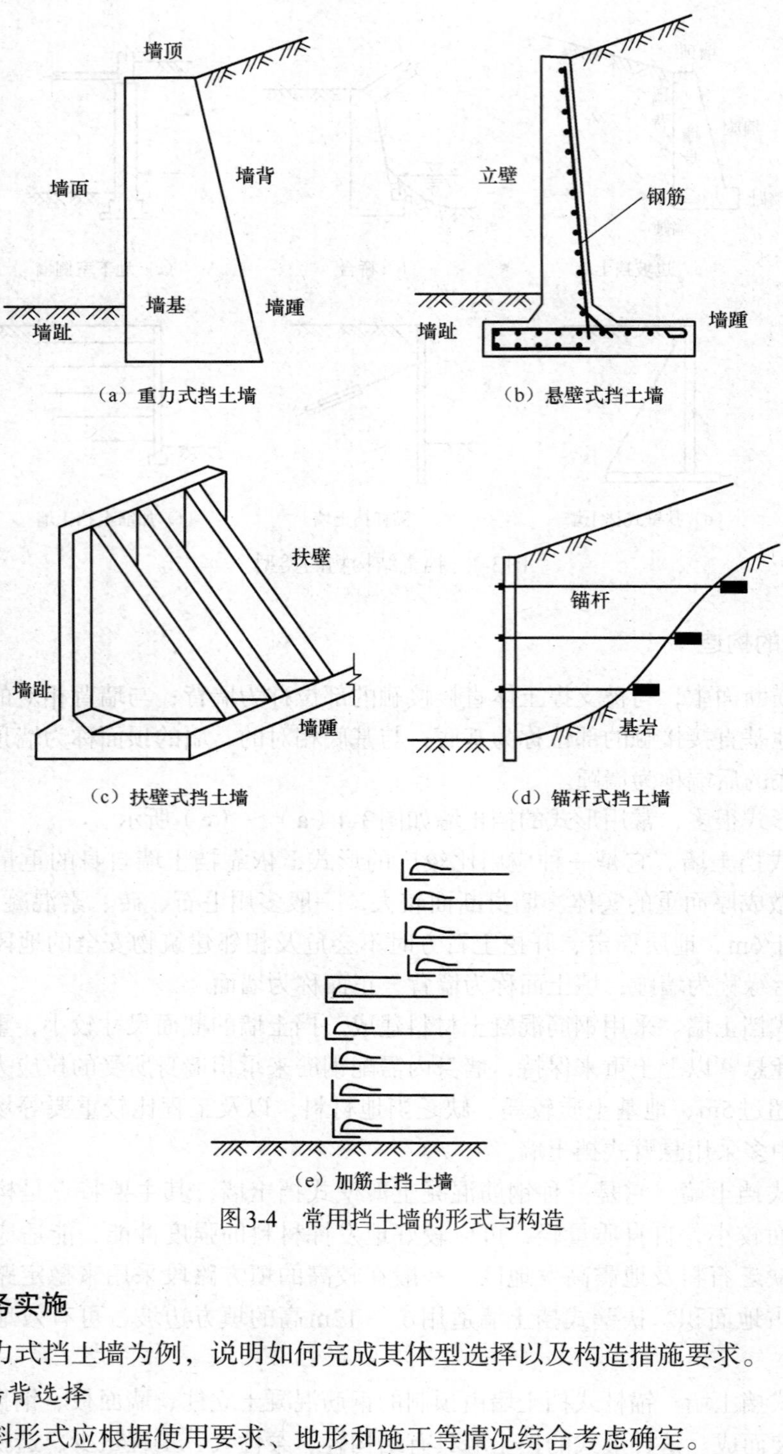

图3-4　常用挡土墙的形式与构造

任务实施

下面以重力式挡土墙为例，说明如何完成其体型选择以及构造措施要求。

步骤1：墙背选择

墙背的倾斜形式应根据使用要求、地形和施工等情况综合考虑确定。

就墙背所受的土压力而言，仰斜墙较为合理，在工程护坡时采用较多；如果在开挖临时边坡以后筑墙，采用仰斜墙可与边坡紧密贴合，而俯斜墙则须在墙背回填土，因此仰斜墙比较合理；如果在填方地段筑墙，仰斜墙填土的夯实比俯斜墙或直立墙困难，此时，俯斜墙和直立墙比较合理。

从墙前地形的陡缓看，当较为平坦时，用仰斜墙较为合理。如墙前地形较陡，则宜用直立墙，因为俯斜墙的土压力较大，而用仰斜墙时，为了保证墙趾与墙前土坡面之间保持一定距离，就要加高墙身，使砌筑工程量增加。重力式挡土墙的三种情况如图3-5所示。

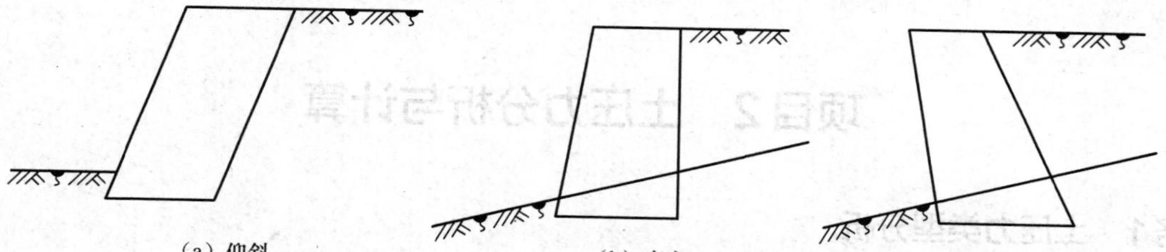

图3-5 重力式挡土墙的三种情况

步骤2：墙面坡度的选择

当墙前地面较陡时，墙面坡可取1∶0.2～1∶0.05，也可采用直立的截面。在墙前地形较为平坦时，对于中、高挡土墙，墙面坡度可较缓，但不宜缓于1∶0.4，以免增高墙身或增加开挖宽度。仰斜墙背坡度越缓，土压力越小，但为了避免施工困难，仰斜墙背坡度一般不宜缓于1∶0.25，墙面坡应尽量与墙背坡平行。

步骤3：埋置深度的选择

重力式挡墙的基础埋置深度，应根据地基承载力、水流冲刷、岩石裂隙发育及风化程度等因素进行确定。在特强冻胀、强冻胀地区应考虑冻胀的影响。在土质地基中，基础埋置深度不宜小于0.5m；在软质岩地基中，基础埋置深度不宜小于0.3m。

步骤4：伸缩缝构造措施

应每隔10～20m设置一道伸缩缝。当地基有变化时宜加设沉降缝。在拐角处应采取加强的构造措施。

步骤5：排水构造措施

由于排水不良，大量雨水经墙后填土下渗，结果使墙后土的抗剪强度降低，有的还受水的渗流或静水压力影响，因土压力过大或因地基软化，结果造成挡土墙的破坏。为防止大量的水渗入墙后，山坡处的挡土墙应在坡下设置截水沟，拦截地表水；同时在墙后填土表面宜铺筑夯实的黏土层，防止地表水渗入墙后，如图3-6所示。

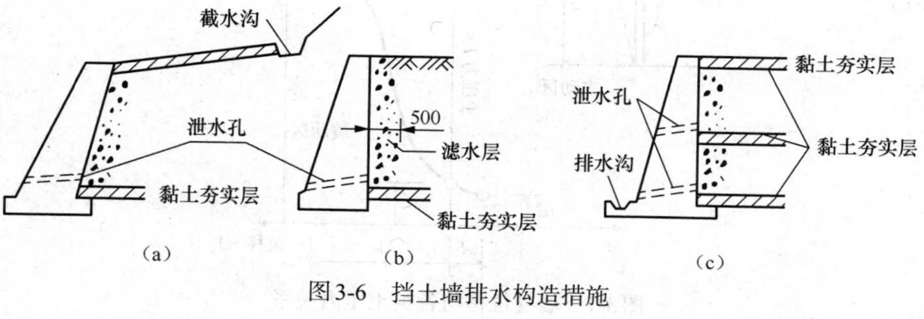

图3-6 挡土墙排水构造措施

步骤6：回填土施工质量要求

回填土料应尽量选择透水性较大的土，例如砂土、砾石、碎石等，因为这类土的抗剪强度较稳定，易于排水。填土时应分层夯实。不应采用淤泥，耕植土、膨胀性黏土等作为填料，填土料中不应夹杂有大的冻结土块、木块或其他杂物。对于重要的、高度较大的挡土墙，用黏土作回填土料是不合适的，因为黏土的性能不稳定，在干燥时体积收缩，而在雨季时膨胀，交错收缩与膨胀可在挡土墙上产生较大的侧压力。这种侧压力可使挡土墙外移，甚至使挡土墙失去作用。

项目2　土压力分析与计算

任务1　土压力类型分析

任务引入

土压力是指挡土墙后的填土因自重或外荷载作用，从而对墙背产生的侧向压力。挡土墙是防止土体坍塌的构筑物，在房屋建筑、水利工程、铁路工程以及桥梁中得到广泛的应用。由于土压力是挡土墙的主要外荷载，因此，设计挡土墙时首先要确定土压力的性质、大小、方向和作用点。土压力的计算比较复杂，它随挡土墙可能位移的方向分为主动土压力、被动土压力和静止土压力。此外，土压力的大小还与墙后填土的性质、墙背倾斜方向等因素有关。

相关知识

根据墙的位移情况和墙后土体所处的应力状态，土压力可分为以下3种。墙身位移与各类土压力的关系如图3-7所示。

（1）静止土压力：当挡土墙静止不动，土体处于弹性平衡状态时，土对墙的压力称为静止土压力，用E_0表示。

（2）主动土压力：当挡土墙向离开土体方向偏移至土体达到极限平衡状态时，作用在墙上的土压力称为主动土压力，用E_a表示。

（3）被动土压力：当挡土墙向土体方向偏移至土体达到极限平衡状态时，作用在挡土墙上的土压力称为被动土压力，用E_p表示。

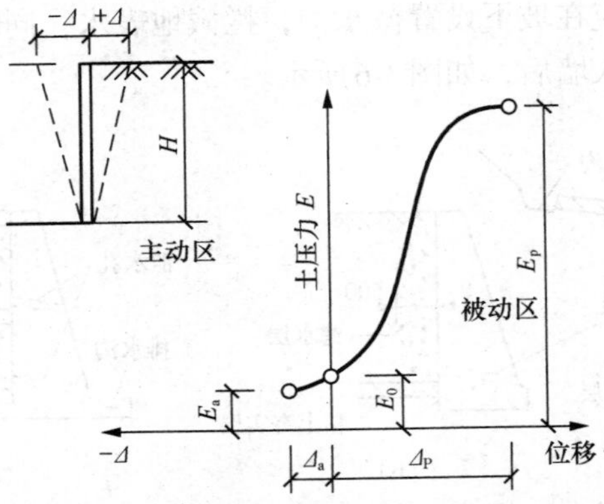

图3-7　墙身位移与各类土压力关系

任务实施

步骤1：分析各类土压力产生的原因

（1）静止土压力。当挡土墙的刚度很大，它在土压力作用下不产生移动或转动，墙后的土体则处于弹性平衡静止状态，此时作用在墙背上的土压力称为静止土压力。例如地下室外墙受到的土压力，如图 3-8 所示。

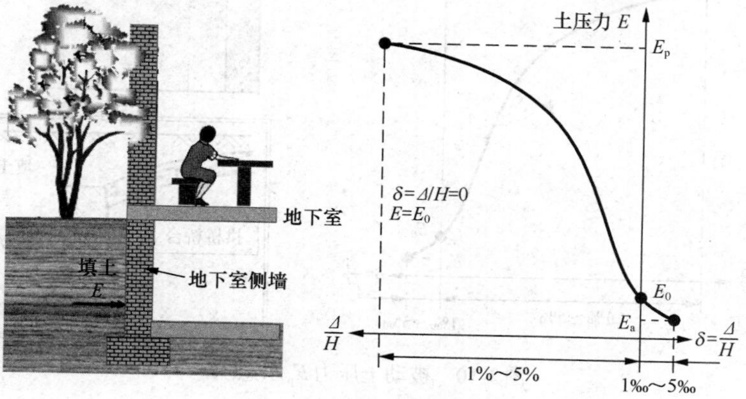

图 3-8　静止土压力 E_0 示意图

（2）主动土压力。挡土墙在墙后土体的推力作用下，向前移动，墙后土体随之向前移动。土体内摩擦阻力发挥作用，使作用在墙背上的土压力减小。当墙向前位移达到主动极限平衡状态时，墙背上作用的土压力减至最小。此时作用在墙背上的最小土压力称为主动土压力，如图 3-9 所示。

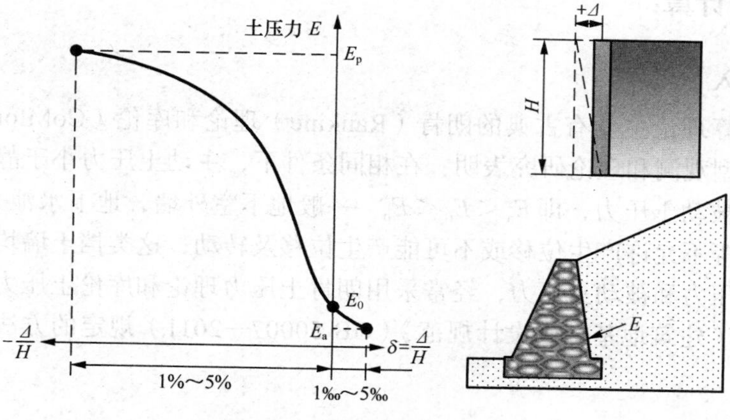

图 3-9　主动土压力 E_a 示意图

（3）被动土压力。挡土墙在较大的外力作用下，向后移动推向填土，则填土受墙的挤压，使作用在墙背上的土压力增大，当墙向后移动达到被动极限平衡状态时，墙背上作用的土压力增至最大。此时作用在墙背上的最大土压力称为被动土压力，如图 3-10 所示。

步骤 2：识别影响土压力的因素

影响土压力的因素归纳起来有以下几个方面。

（1）挡土墙的位移。挡土墙的位移（或转动）方向和位移量的大小，是影响土压力的最主要的因素，产生被动土压力的位移量大于产生主动土压力的位移量。

（2）挡土墙的形状。挡土墙剖面形状包括墙背为竖直或倾斜、墙背为光滑或粗糙等情况，不同的情况土压力的计算公式不同，计算结果也不一样。

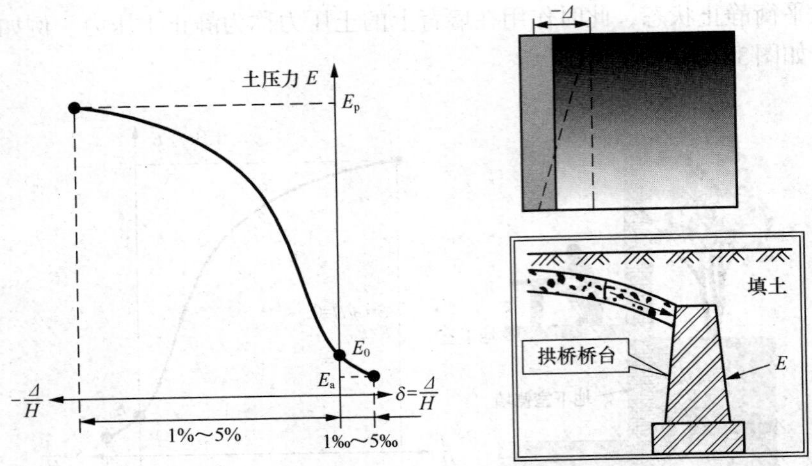

图3-10　被动土压力E_p示意图

（3）填土的性质。挡土墙后填土的性质，包括填土的松密程度，即重度、干湿程度等；土的强度指标内摩擦角和黏聚力的大小；以及填土的形状（水平、上斜或下斜）等，都将影响土压力的大小。

（4）挡土墙的建筑材料，如采用素混凝土和钢筋混凝土可以认为墙的表面光滑，无摩擦力；砌石挡土墙就必须考虑有摩擦力的影响，土压力的大小和方向都不同。

任务2　土压力计算

任务引入

土压力的计算理论主要有古典的朗肯（Rankine）理论和库伦（CoMlomb）理论。挡土墙模型实验、原型观测和理论研究表明：在相同条件下，主动土压力小于静止土压力，而静止土压力又小于被动土压力，即$E_a < E_0 < E_p$。一般地下室外墙，地下水池、岩基上挡土墙、拱座和船闸边墙等不允许产生位移或不可能产生位移及转动，这类挡土墙均按静止土压力计算。计算主动土压力和被动土压力，经常采用朗肯土压力理论和库伦土压力理论的两种不同计算方法，以及《建筑地基基础设计规范》（GB 50007—2011）规定的方法，下面分别予以介绍。

相关知识

1. 静止土压力计算

建筑物地下室的外墙、地下水池的侧壁、涵洞的侧壁以及不产生任何位移的挡土构筑物，其侧壁所受到的土压力可按静止土压力计算。

静止土压力的计算公式为

$$\sigma_0 = \sigma_{cx} = K_0 \sigma_{cz} = K_0 \gamma z \tag{3-1}$$

$$E_0 = \frac{1}{2} \times K_0 \gamma h \times h \times 1 = \frac{1}{2} \gamma h^2 K_0 \tag{3-2}$$

静止土压力强度沿墙高呈三角形分布，如图3-11所示。

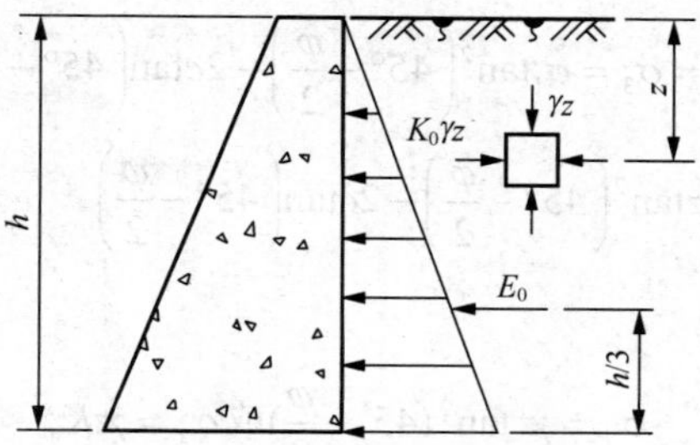

图3-11　墙背竖直时的静止土压力示意图

2. 朗肯土压力计算

（1）计算原理。朗肯土压力理论的基本假设条件如下。

① 挡土墙为刚体。

② 挡土墙背垂直、光滑，其后土体表面水平并无限延伸，其上无超载。

在挡土墙后土体表面下深度为Z处取一微单元体（见图3-12），微单元的水平和竖直面上的应力为

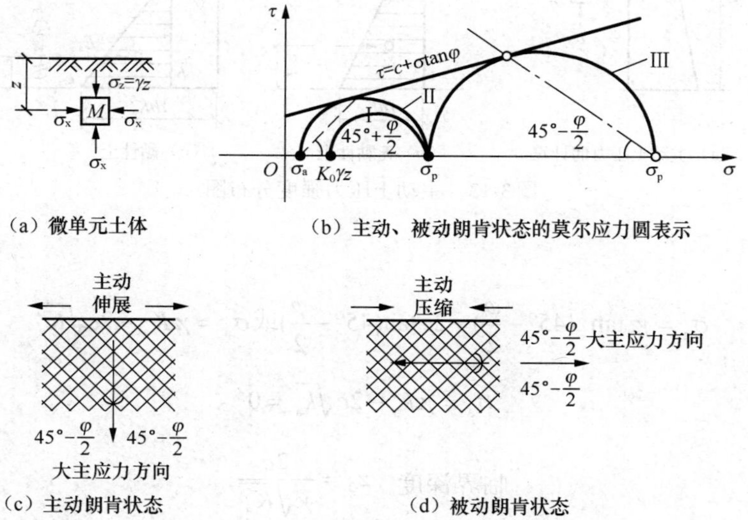

图3-12　半无限体的极限平衡状态示意图

$$\sigma_1=\sigma_{cz}=\gamma z \tag{3-3}$$

$$\sigma_3=\sigma_{cx}=K_0\gamma z \tag{3-4}$$

当挡土墙前移，使墙后土体达极限平衡状态时，此时土体处于主动朗肯状态，σ_{cx}达到最小值，此时的应力状态如图3-12（b）中的莫尔应力圆Ⅱ，称为朗肯主动土压力σ_a；当挡土墙后移，使墙后土体达极限平衡状态时，此时土体处于朗肯被动状态，σ_{cx}达到最大值，此时的应力状态如图3-12（b）中的莫尔应力圆Ⅲ，称为朗肯被动土压力σ_p。

（2）朗肯主动土压力计算公式。

$$\begin{aligned}\sigma_a = \sigma_3 &= \sigma_1 \tan^2\left(45° - \frac{\varphi}{2}\right) - 2c\tan\left(45° - \frac{\varphi}{2}\right) \\ &= \gamma z \tan^2\left(45° - \frac{\varphi}{2}\right) - 2c\tan\left(45° - \frac{\varphi}{2}\right)\end{aligned} \quad (3\text{-}5)$$

① 无黏性土。

$$\sigma_a = \gamma z \tan^2(45° - \frac{\varphi}{2}) \text{或} \sigma_a = \gamma z K_a \quad (3\text{-}6)$$

$$K_a = \tan^2(45° - \frac{\varphi}{2}) \quad (3\text{-}7)$$

$$E_a = \frac{1}{2}\gamma h^2 \tan^2(45° - \frac{\varphi}{2}) \text{或} E_a = \frac{1}{2}\gamma h^2 K_a \quad (3\text{-}8)$$

E_a作用方向水平，作用点距墙基$h/3$，如图3-13所示。

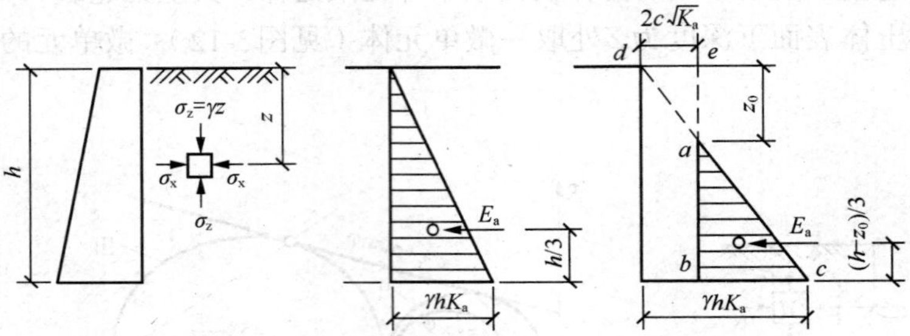

（a）主动土压力的计算　（b）无黏性土　（c）黏性土

图3-13　主动土压力强度分布图

② 黏性土。

$$\sigma_a = \gamma z \tan^2(45° - \frac{\varphi}{2}) - 2c\tan(45° - \frac{\varphi}{2}) \text{或} \sigma_a = \gamma z K_a - 2c\sqrt{K_a} \quad (3\text{-}9)$$

$$\sigma_a = \gamma z k_a - 2c\sqrt{k_a} = 0 \quad (3\text{-}10)$$

$$\text{临界深度} \quad z_0 = \frac{2c}{\gamma\sqrt{K_a}} \quad (3\text{-}11)$$

$$E_a = \frac{1}{2}(h - z_0)(\gamma h K_a - 2c\sqrt{K_a}) = \frac{1}{2}\gamma h^2 K_a - 2ch\sqrt{K_a} + 2\frac{c^2}{\gamma} \quad (3\text{-}12)$$

E_a的作用方向水平，作用点距墙基（$h - z_0$）/ 3处。

（3）朗肯被动土压力计算公式。

① 被动土压力计算公式。当墙体在外荷载作用下向土体方向位移达极限平衡状态时（见图3-14），由极限平衡条件可得大主应力与小主应力的关系为

$$\text{无黏性土：} \sigma_1 = \sigma_3 \tan^2\left(45° + \frac{\varphi}{2}\right) \quad (3\text{-}13)$$

$$\text{黏性土：} \sigma_1 = \sigma_3 \tan^2\left(45° + \frac{\varphi}{2}\right) + 2c\tan\left(45° + \frac{\varphi}{2}\right) \quad (3\text{-}14)$$

因此，朗肯被动土压力的计算公式为

$$无黏性土：\sigma_p = \gamma z\tan^2\left(45° + \frac{\varphi}{2}\right) 或 \sigma_p = \gamma zK_p \quad (3\text{-}15)$$

$$黏性土：\sigma_p = rz\tan^2\left(45° + \frac{\varphi}{2}\right) + 2c\tan\left(45° + \frac{\varphi}{2}\right) 或 \sigma_p = \gamma zK_p + 2c\sqrt{K_p} \quad (3\text{-}16)$$

K_p为被动土压力系数，其计算公式为

$$K_p = \tan^2\left(45° + \frac{\varphi}{2}\right) \quad (3\text{-}17)$$

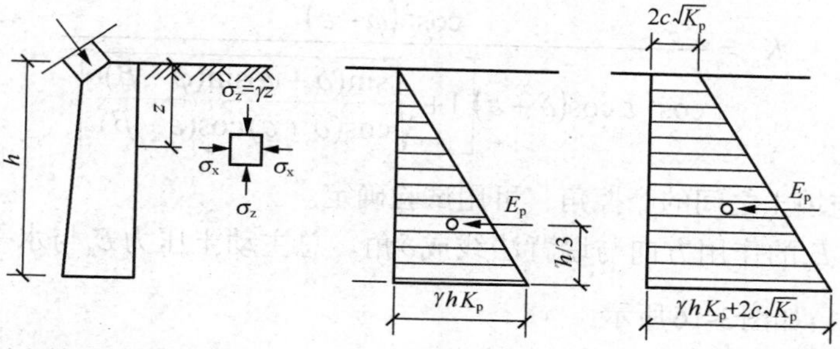

（a）被动土压力的计算 （b）无黏性土 （c）黏性土

图3-14 被动土压力强度分布图

② 被动土压力分布。无黏性土的被动土压力强度沿墙高呈三角形分布，黏性土的被动土压力强度沿墙高呈梯形分布，如图3-14所示。作用在单位墙长上的总被动土压力E_p，同样可由土压力实际分布面积计算。E_p的作用方向水平，作用线通过土压力强度分布图的形心。

3. 库伦土压力计算

（1）基本原理。库仑理论研究对象如图3-15所示。

① 墙背俯斜，倾角为ε（墙背俯斜为正，反之为负）。

② 墙背粗糙，墙与土间摩按角为δ。

③ 填土为理想散粒体，黏聚力$c = 0$。

④ 填土表面倾斜，坡角为β。

（2）库仑理论的基本假定如下。

① 挡土墙向前（或向后）移动（或转动）。

② 墙后填土沿墙背AB和填土中某一平面BC同时向下（或向上）滑动，形成土楔体$\triangle ABC$。

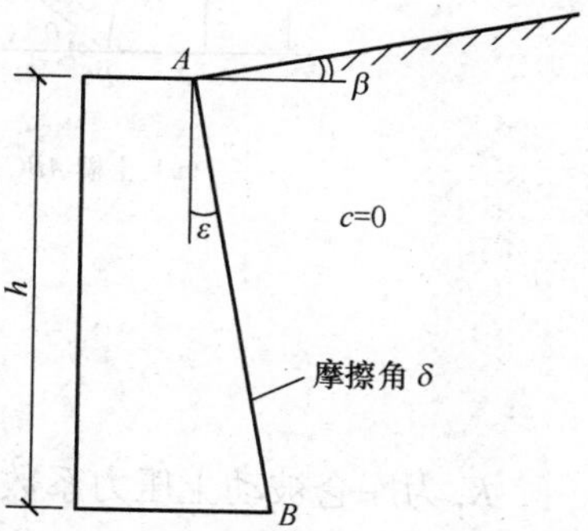

图3-15 库伦理论研究对象示意图

③ 土楔体处于极限平衡状态，不计本身压缩变形。

④ 土楔体$\triangle ABC$对墙背的推力即为主动力压力E_a（或被动力压力E_p）。

（3）无黏性土压力计算。

① 主动土压力计算。

$$E_a = \frac{1}{2}\gamma h^2 K_a \quad (3\text{-}18)$$

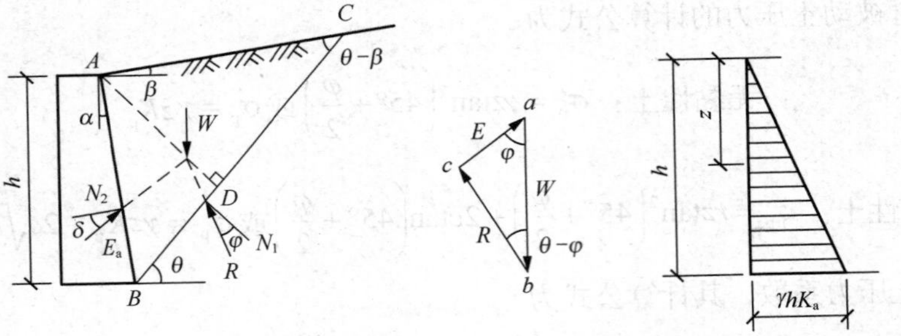

（a）土楔 ABC 上的作用力　（b）力矢三角形　（c）主动土压力分布图

图3-16　库伦理论主动土压力示意图

$$K_a=\frac{\cos^2(\varphi-\varepsilon)}{\cos^2\varepsilon\cos(\delta+\varepsilon)\left[1+\sqrt{\dfrac{\sin(\delta+\varphi)\sin(\varphi-\beta)}{\cos(\delta+\varepsilon)\cos(\varepsilon-\beta)}}\right]^2} \tag{3-19}$$

式中，δ——墙背与填土之间的摩擦角，可用试验确定。

总主动土压力E_a的作用方向与墙背法线成δ角。总主动土压力E_a与水平面成（$\delta+\varepsilon$）角，其作用点距墙基$\dfrac{h}{3}$，如图3-16所示。

② 无黏性土被动土压力，如图3-17所示。

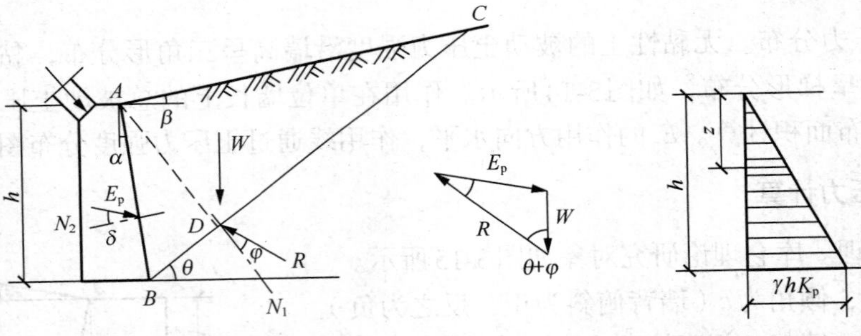

（a）土楔 ABC 上的作用力　（b）力矢三角形　（c）被动土压力分布图

图3-17　库伦理论被动土压力示意图

$$E_p=\frac{1}{2}\gamma h^2K_p \tag{3-20}$$

K_p为库仑被动土压力系数，其值为

$$K_p=\frac{\cos^2(\varphi+\varepsilon)}{\cos^2\varepsilon\cos(\varepsilon-\delta)\left[1-\sqrt{\dfrac{\sin(\varphi+\delta)\sin(\varphi+\beta)}{\cos(\varepsilon-\delta)\cos(\varepsilon-\beta)}}\right]^2} \tag{3-21}$$

总被动土压力E_p的作用方向与墙背法线顺时针成δ角，作用点距墙基$\dfrac{h}{3}$处。

4. 按照规范规定进行计算

对于墙后为黏性土的土压力计算可选用《建筑地基基础设计规范》（GB 50007—2011）所

推荐的公式，如图3-18所示。

$$E_a = \psi_c \frac{1}{2} \gamma h^2 K_a \tag{3-22}$$

式中，E_a——总主动力土压力；

ψ_c——主动力土压力系数，土坡高度小于5m时宜取1.0，高度为5～8m时宜取1.1；高度大于8m时宜取1.2；

γ—— 填土的重度；

h——挡土结构的高度；

K_a——主动土压力系数。

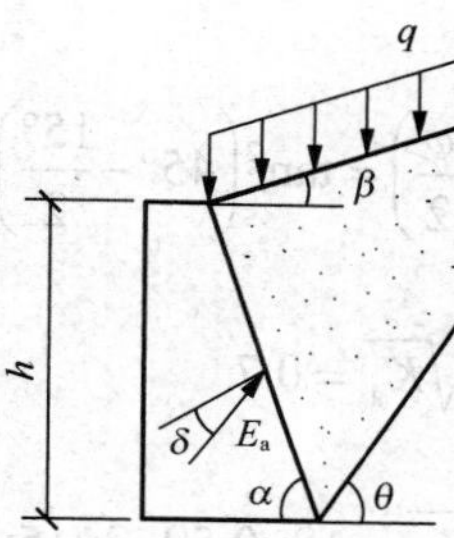

图3-18　计算简图

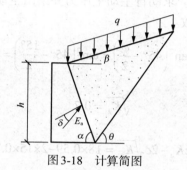

$$K_a = \frac{\sin(\alpha+\beta)}{\sin^2\alpha \sin^2(\alpha+\beta-\varphi-\delta)} \{K_q[\sin(\alpha+\beta)\sin(\alpha-\delta)+\sin(\varphi+\delta)\sin(\varphi-\beta)]$$

$$+2\eta\sin\alpha\cos\varphi\cos(\alpha+\beta-\varphi-\delta)-2[K_q\sin(\alpha+\beta)\sin(\varphi-\beta)$$

$$+\eta\sin\alpha\cos\varphi)(K_q\sin(\alpha-\delta)\sin(\varphi+\delta)+\eta\sin\alpha\cos\varphi]^{\frac{1}{2}}\} \tag{3-23}$$

$$K_q = 1+\frac{2q}{rh}\frac{\sin\alpha\cos\beta}{\sin(\alpha+\beta)}$$

$$\eta = \frac{2c}{\gamma h} \tag{3-24}$$

《建筑地基基础设计规范》推荐的公式具有普遍性，但计算K_a较烦琐。对于高度小于或等于5m的挡土墙，排水条件良好（或按规定设计了排水措施）。填土符合规范的质量要求时，其主动土压力系数可按规范查相关表格得出。

任务实施

步骤1：静止土压力计算

[例3-1] 已知某挡土墙高4.0m，墙背垂直光滑，墙后填土面水平，填土重力密度为$\gamma=18.0\text{kN/m}^3$，静止土压力系数$K_0=0.65$，试计算作用在墙背的静止土压力大小及其作用点，并绘出土压力沿墙高的分布图。

解：按静止土压力计算公式，墙顶处静止土压力强度为

$$\sigma_{01} = \gamma z K_0 = 18.0\times 0\times 0.65 = 0\text{kPa}$$

墙底处静止土压力强度为

$$\sigma_{02} = \gamma z K_0 = 18.0 \times 4 \times 0.65 = 46.8\text{kPa}$$

$$E_0 = \frac{1}{2} \times 46.8 \times 4 = 93.6\text{kN/m}$$

土压力沿墙高分布的计算简图如图3-19所示。

土压力合力E_0的大小可通过三角形面积求得：静止土压力E_0的作用点离墙底的距离为：$h/3 = 4/3 = 1.33\text{m}$。

步骤2：按照朗肯土压力公式计算

[例3-2] 有一挡土墙高6m，墙背竖直、光滑，墙后填土表面水平，填土的物理力学指标$c = 15\text{kPa}$，$\varphi = 15°$，$\gamma = 18\text{kN/m}^3$。求朗肯主动土压力并绘出主动土压力分布图。

解：（1）计算主动土压力系数。

$$K_a = \tan^2\left(45° - \frac{\varphi}{2}\right) = \tan^2\left(45° - \frac{15°}{2}\right) = 0.59$$

$$\sqrt{K_a} = 0.7$$

（2）计算主动土压力。

$$z = 0\text{m} \quad \sigma_{a_1} = \gamma z K_a - 2c\sqrt{K_a} = 18 \times 0.59 - 2 \times 15 \times 0.77 = -23.1\text{kPa}$$

$$z = 6\text{m} \quad \sigma_{a_2} = \gamma z K_a - 2c\sqrt{K_a} = 18 \times 6 \times 0.59 - 2 \times 15 \times 0.77 = 40.6\text{kPa}$$

（3）计算临界深度z_0。

$$z_0 = \frac{2c}{\gamma\sqrt{K_a}} = \frac{2 \times 15}{18 \times 0.77} = 2.16\text{m}$$

（4）计算总主动土压力E_a。

$$E_a = \frac{1}{2} \times 40.6 \times (6 - 2.16) = 78\text{kN/m}$$

E_a的作用方向水平，作用点距离墙基$\frac{6-2.16}{3} = 1.28\text{m}$。

（5）主动土压力分布计算简图如图3-20所示。

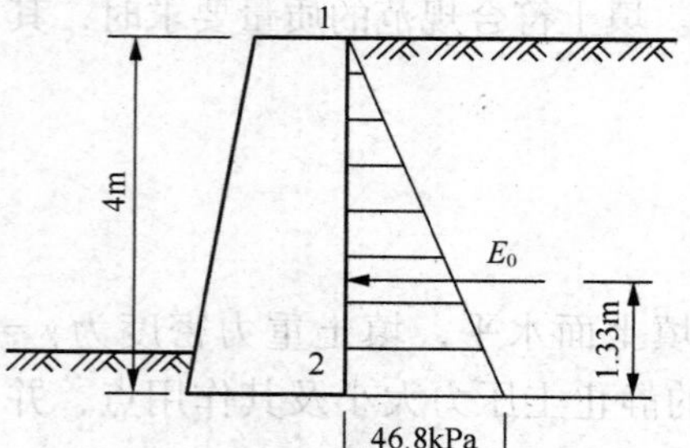

图3-19 计算简图

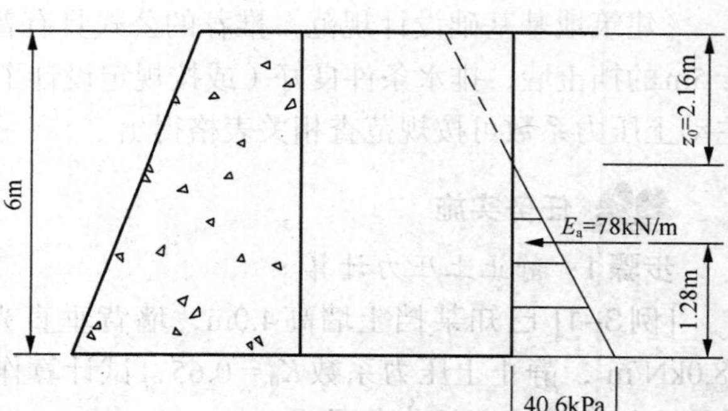

图3-20 计算简图

步骤3：按照库伦土压力公式计算

[例3-3] 挡土墙高6m，墙背俯斜$\varepsilon = 10°$，填土面坡角$\beta = 20°$，填土重度$\gamma = 18kN/m^3$，$\varphi = 30°$，$C = 0$，填土与墙背的摩擦角$\delta = 10°$，按库仑土压力理论计算主动土压力。

解：由$\varepsilon = 10°$、$\beta = 20°$、$\delta = 10°$、$\varphi = 30°$，查表得$K_a = 0.534$。

主动土压力强度为

$$Z = 0m\text{时}，P_a = 18 \times 0 \times 0.534 = 0$$

$$Z = 6m\text{时}，P_a = 18 \times 6 \times 0.534 = 57.67kPa$$

总主动土压力为

$$E_a = \frac{1}{2} \times 57.67 \times 6 = 173.02kN/m$$

E_a作用方向与墙背法线成10° 夹角，E_a的作用点距墙基$\frac{4}{3} = 1.33m$处，如图3-21 所示。

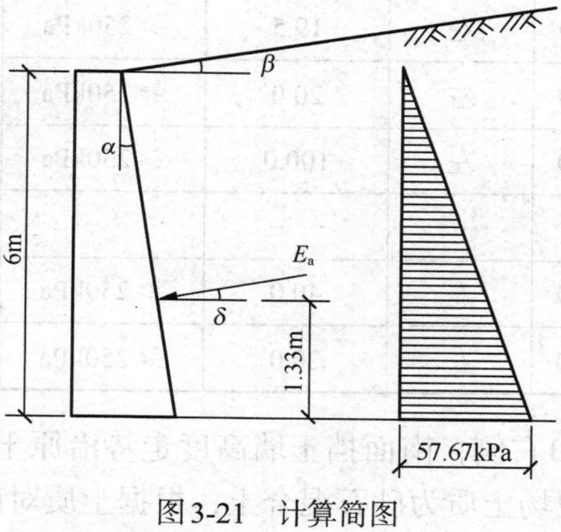

图3-21　计算简图

步骤4：按照《规范》方法计算土压力

[例3-4] 某挡土墙高度5m，墙背倾斜$\varepsilon = 20°$，墙后填土为粉质黏土，$\gamma_d = 17kN/m^3$，$\omega = 10°$，$\varphi = 30°$，$\delta = 15°$，$\beta = 10°$，$C = 5kPa$。挡土墙的排水措施齐全。按《规范》方法计算作用在该挡土墙上的主动土压力。

解：由$\gamma_d = 17kN/m^3$，$\omega = 10°$

土的重度$\gamma = \gamma_d (1 + \omega) = 17 (1 + 10\%) = 18.7kN/m^3$

$h = 5m$，$\gamma_d = 17kN/m^3$，排水条件良好查《规范》的主动土压力系数表，可得$K_a = 0.52$，$\psi_C = 1.1$，$E_a = \psi_C \frac{1}{2} \gamma h^2 K_a = 1.1 \times \frac{1}{2} \times 18.7 \times 5^2 \times 0.52 = 133.7kN/m$

E_a作用方向与墙背法线成15° 角，其作用点距墙基$5m/3 = 1.67m$处。

工程案例——某挡土墙施工方案

1. 工程概况

本合同段的挡墙皆为重力式挡墙，除K15 + 540 ～ K15 + 580左侧、K15 + 840 ～ K15 +

997.5左侧、K15 + 500 ~ K15 + 540右侧为路肩重力式挡土墙外，其余均为路堤重力式挡土墙。墙身高度0.90 ~ 4.04m；总墙长为2587.5m（见表3-1）；M7.5浆砌片（块）石基础、墙身为5442.20m^3。

挡土墙基础及墙体采用M7.5浆砌片（块）石砌筑，M10砂浆抹面、勾缝。设计要求地基承载力不小于250kPa，一般每10 ~ 15m设置一道沉降缝，伸缩缝宽2cm，采用沥青麻絮，在挡墙内、外、顶三面嵌塞。

墙身外露部分在地面（或常水位）30cm以上交错设置泄水孔，每隔2 ~ 3m设一个，墙高6m以上者，视具体情况增设泄水孔排数，呈梅花状设置，泄水孔口设30cm厚砂砾反滤层，反滤层下设一层胶泥层，以免积水渗入基础。

表3-1　重力式挡土墙工程一览表

序号	起讫桩号	位置	墙长/m	地基承载力	设计种类	墙身高度/m
1	K11 + 560 ~ K11 + 580	左	20.0	≥250kPa	路堤墙	1.43 ~ 1.50
2	K11 + 680 ~ K11 + 700	左	19.5	≥250kPa	路堤墙	1.14 ~ 1.64
3	K12 + 000 ~ K12 + 020	左	20.0	≥250kPa	路堤墙	1.00 ~ 1.58
4	K13 + 720 ~ K13 + 820	左	100.0	≥250kPa	路堤墙	1.00 ~ 1.58
……	……	……	……	……	……	……
27	K15 + 540 ~ K15 + 580	左	40.0	≥250kPa	路肩墙	2.00 ~ 4.04
28	K15 + 640 ~ K15 + 660	左	20.0	≥250kPa	路堤墙	1.29 ~ 1.50

在K15 + 500 ~ K15 + 540右侧，南面挡土墙高度走势沿原土坡走势，即高度在1 ~ 4m，长达66m，如图3-22所示。现场土质为砂石混合土，根据土质对南面土坡取1 : 0.35坡度进行放坡，南面土坡需开挖约705方（包括挡土墙基槽），需回填土方约330；东面地堑回填面积为135，回填土方为243方。

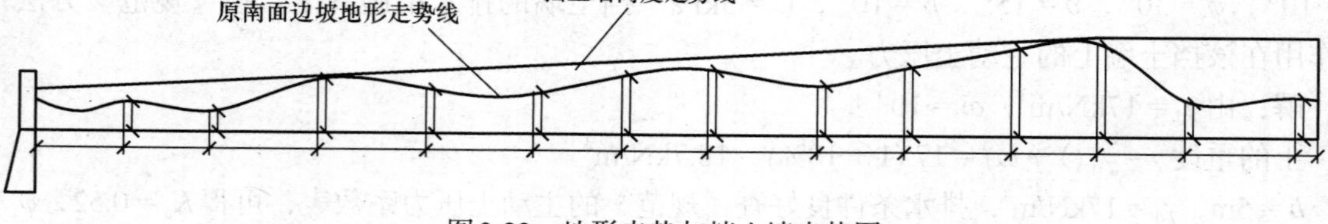

图3-22　地形走势与挡土墙走势图

2. 挡土墙施工工艺及方法

（1）施工工艺。施工工艺流程框图如图3-23所示。

（2）施工方法。

① 施工测量。利用施工控制桩，按地质和开挖深度正确放出基坑开挖位置。

② 基坑开挖。在岩体较为破碎或土质松软、有水地段，挡土墙施工安排在旱季施工，并按结构要求适当分段，集中施工。

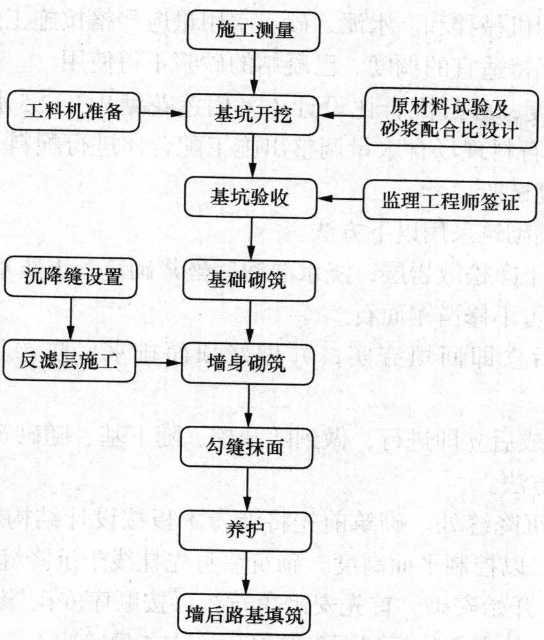

图3-23　施工工艺流程

开挖至基底设计高程以上，保留20cm，采用人工清挖，找平至设计标高。基坑挖至标高后及时核对基底地质情况，墙基位于斜坡时其埋入深度和距地面水平距离符合设计要求；采用倾斜基底时准确挖凿，不得用填补方法筑成斜面；挡墙开挖后及时砌筑、回填，减少基坑暴露时间。

有水地段做好排水措施，开挖至施工过程中，保持基底干槽施工。在基础范围外挖通长排水沟，设集水井，将基坑槽内的水由排水沟排至集水井内，由ϕ50潜水泵抽排水。

③ 基坑验收。挡墙基坑开挖后，必须采用轻便触探仪进行地基承载力的检测，若与设计要求的承载力有出入，应进行相应变更处理（设计要求基底实地承载力为250kPa）。

自检合格后，向监理工程师报检，经验收合格后方可进入下道工序——基础砌筑。

④ 基础、墙身砌筑。

（a）结构尺寸如图3-24所示。

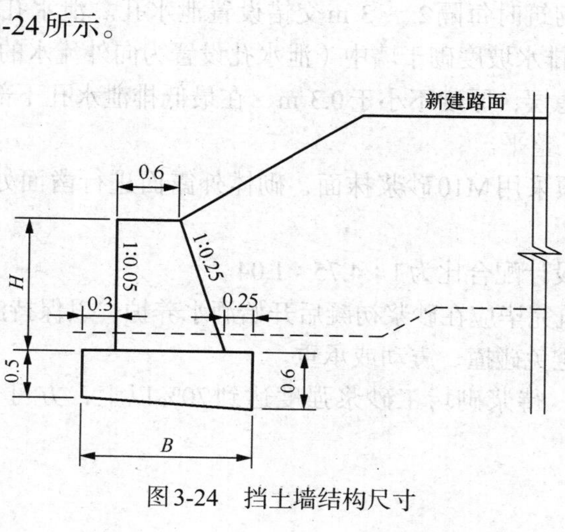

图3-24　挡土墙结构尺寸

（b）砂浆拌和。采用机械拌和。水泥、砂、水用量应严格按施工配合比准确计量，灰浆搅拌均匀，应随拌随用，保持适宜的稠度。已凝结的砂浆不得使用。

水泥砂浆要达到强度，经过配合比设计（采用莲花塘P.C 32.5水泥），砌筑用M7.5为1∶5.24∶1.15。施工中按砂石料现场含水量调整出施工配合比进行配料，拌和均匀，并按规定取样制作砂浆试件以做强度试验。

（c）砌筑方法。基础砌筑采用以下方法。

- 石质基底应清理干净松散岩层，浇水湿润后坐浆砌筑；土质基底直接坐浆砌筑。
- 地面线以下部分可不修凿镶面石。
- 基础砌出地面后立即回填夯实，并做好顶面排水、防渗设施，以防基底被浸泡、软化。
- 基础应在开挖完成后立即进行，做到随开挖、随下基、随砌筑。

墙身砌筑采用以下方法。

砌体分段位置设于沉降缝处。砌筑前先将沥青木板按设计结构断面和坡度置于沉降缝位置，计算层数选好用料，以控制平面高度。砌筑墙身先挂线于沉降缝木板上（根据选好的用料高度），从砌体转角部分开始安砌，首先安砌角石，再按顺序安砌镶面石。镶面石采用一顺一丁或两顺一丁方式砌筑，外圈定位行列石砌筑好后，方能填筑腹石。填筑腹石时先在圈内低部铺浆，然后选择石头进行试放，以较大石料的大面为底，较宽砌缝用小石块填塞。试放好后用小锤击打石料挤浆，将砌缝砂浆挤紧，不留孔隙。砌筑时注意砌缝的互拉交错、交搭，砂浆密实，砌缝应符合下列规定。

- 定位砌块表面缝宽度不超过4cm。砌体表面占三块相邻石料相切的内切圆直径不大于7cm，两层间错缝不得小于8cm。
- 填腹部分的砌缝宜小，在较宽砌缝中可用小石块塞填。
- 块石砌筑可不按同一厚度分层，但每砌成70～120cm的高度应找平一次。段内两段相接外的竖向错缝，不得小于8cm。

（d）沉降缝设置。基础、墙身沉降缝按设计要求（一般为10～15m）设置，缝宽2～3cm，横向贯通，竖直，缝宽一致，不得有相互咬合或挤压现象，采用沥青麻絮，在挡墙内、外、顶三面填塞密实。

（e）泄水孔设置。砌筑时每隔2～3 m交错设置泄水孔。泄水孔安设可用ϕ5mmPVC管（或打通竹管）按泄水孔排水坡度砌于墙中（泄水孔设置为向外流水的斜坡，严禁倒坡）。墙背泄水孔的进水侧设置反滤层，厚度不小于0.3 m，在最低排泄水孔下部，设黏土隔水层，黏土隔水层以人工进行夯实、整平。

（f）勾缝抹面。墙顶采用M10砂浆抹面，砌体外露面进行凿面处理，勾凹缝，做到内实外美。

勾缝、抹面用M10设计配合比为1∶4.75∶1.04。

（g）养护。砌体砌筑完毕应在砂浆初凝后开始洒水养护，以保持湿润为准，常温下养护期不小于8d，养护期间应避免碰撞、震动或承重。

（h）墙后路基填筑。待浆砌圬工砂浆强度达到70%以上，方可分层填筑夯实墙后路基。按路基填方标准执行。

3. 材料要求（略）

4. 工程施工工期

计划2014年5月28日开工，控制在2015年1月底前完成。

挡土墙完工后，方可进行其墙后路基填筑，所以必须尽快施工，以为路基填筑做准备。

5. 主要劳动力计划

主要劳动力计划如表3-2所示。

表3–2　主要劳动力计划表

序　号	工　种	人　数
1	砌筑工	30
2	普工	10

机械设备清单如表3-3所示。

表3–3　主要机械一览表

序号	机械设备名称	数量	性能参数	新旧程度	设备进场时间
1	水准仪	1	NA828	80%	X+0
2	经纬仪	1	T2	70%	X+0
3	反铲挖土机	1	PC200	全新	X+0
4	机动翻斗车	5	1.5T	70%	X+0
5	电动立式打夯机	2	YS30L	60%	X+1
6	半自动强制式搅拌机	1	500L	全新	X+4
7	自卸汽车	6	8t	60%	X+1

6. 施工管理机构（略）

7. 工期保证措施（略）

8. 质量保证措施（略）

9. 安全保证措施（略）

10. 水土保持与环境保护措施（略）

挡土墙砌筑施工图如图3-25所示。

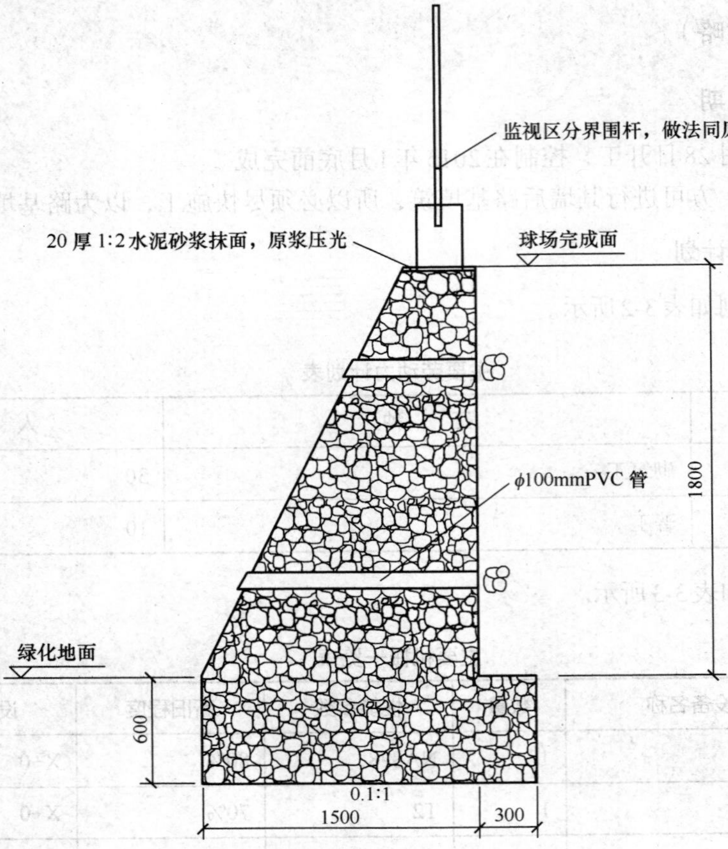
监视区分界围杆，做法同原有栏杆
20 厚 1:2 水泥砂浆抹面，原浆压光
球场完成面
ϕ100mmPVC 管
1800
绿化地面
600
0.1:1
1500
300

图3-25　挡土墙砌筑施工图

单元小结（思维导图）

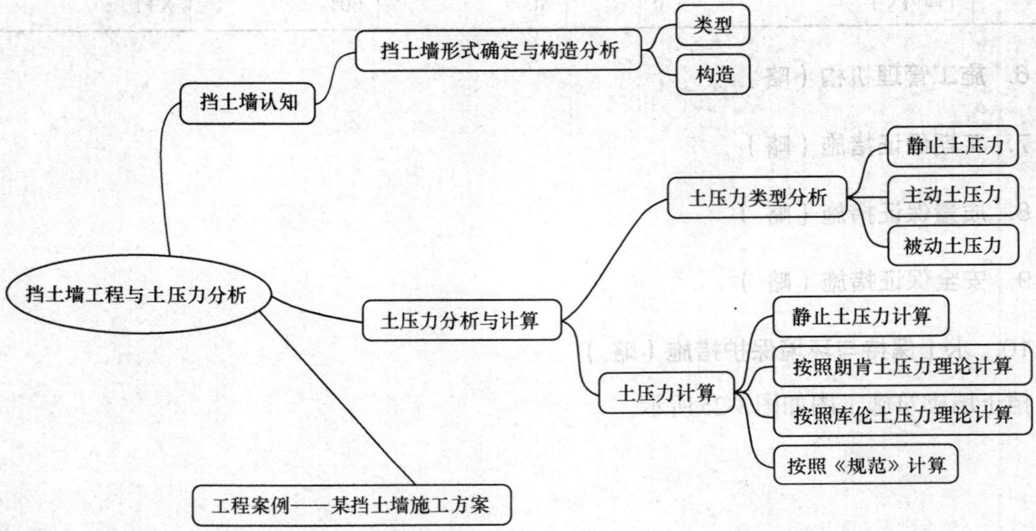
挡土墙工程与土压力分析
挡土墙认知
挡土墙形式确定与构造分析
类型
构造
土压力分析与计算
土压力类型分析
静止土压力
主动土压力
被动土压力
土压力计算
静止土压力计算
按照朗肯土压力理论计算
按照库伦土压力理论计算
按照《规范》计算
工程案例——某挡土墙施工方案

基本技能训练

1. 单项选择题

（1）有关挡土墙的说法不正确的是（ ）。

A. 支撑天然边坡 B. 用于挖方边坡

C. 只适合中小构筑物 D. 保持土体稳定性

（2）挡土墙基底的前端称为（ ）。

A. 墙背 B. 墙趾 C. 墙裙 D. 墙踵

（3）墙高超过5m、地基土质较差、缺乏当地材料的场合下，可以采用（ ）挡土墙。

A. 锚杆式 B. 自由式 C. 悬臂式 D. 重力式

（4）选择挡土墙的墙背，如墙前地形较陡，则宜用（ ）。

A. 向斜 B. 俯斜 C. 仰斜 D. 直立墙

（5）重力式挡墙的基础埋置深度可以是（ ）m。

A. 0.6 B. 0.2 C. 0.1 D. 0.4

（6）挡土墙施工时，应每间隔（ ）m设置一道伸缩缝。

A. 8 B. 9 C. 15 D. 25

（7）回填土料不宜采用（ ）。

A. 砂石 B. 含水量大的黏土 C. 碎石 D. 砾石

（8）关于各类土压力，下面正确的是（ ）。

A. $E_a < E_0 < E_p$ B. $E_0 < E_a < E_p$ C. $E_a < E_p < E_0$ D. $E_p < E_a < E_0$

（9）有关库仑理论研究对象，正确的是（ ）。

A. 挡土墙为刚体 B. 黏聚力 $c=0$

C. 墙背俯斜 D. 墙面光滑

（10）朗肯土压力理论的基本假设条件正确的是（ ）。

A. 墙背后土体超载 B. 墙背不垂直

C. 墙背光滑 D. 墙背后土体表面水平无限延伸

2. 多项选择题

（1）挡土墙土压力分为（ ）基本类型。

A. 静止土压力 B. 主动土压力 C. 被动土压力

D. 平衡土压力 E. 极限土压力

（2）有关静止土压力说法正确的是（ ）。

A. 墙体静止 B. 不发生转动 C. 处于平衡状态

D. 土体处于极限状态 E. 土体处于弹性平衡状态

（3）影响土压力大小的因素归纳起来有（ ）。

A. 位移 B. 形状 C. 填土性质

D. 挡土墙材料 E. 土壤应力

（4）有关被动土压力分布，下面正确的是（ ）。

A. 无黏性土的被动土压力强度沿墙高呈三角形分布

B. 黏性土的被动土压力强度沿墙高呈梯形分布构成

C. 都是三角形　　　　　　D. 都是梯形　　　　E. 都是矩形

（5）有关库仑理论的基本假定正确的是（　　）。

A. 挡土墙向前（或向后）移动（或转动）

B. 墙后填土形成土楔体△*ABC*

C. 土楔体处于极限平衡状态，不计本身压缩变形

D. 土楔体△*ABC*对墙背的推力即为静止压力

E. 挡土墙处于正常使用状态

职业资格拓展训练

1. 案例概况

2014年7月10日，某工地已完工挡土墙外侧挖探坑，发生倒塌，一人死亡。

事情经过：一路基长40余m，属高边坡刷坡段，路基左侧挡土墙高10余m，挡墙外侧松散土堆积达4～5m厚，同样属于坡体状态且高低不平，未进行任何修整。此挡墙由施工单位承包给一包工队承建并已建成。由于包工头怀疑验收方量不实，擅自在挡土墙外侧最低洼处挖探坑（$2m^2$左右）以重新复核方量。开挖时未采取任何支护措施，在挖至3m左右深时突然发生倒塌，一人被埋坑内死亡。

2. 调查原因

经调查，施工单位施工日志填写不全，一人当值时脱岗办私事。监理单位填写记录为空白，且未对施工现场进行巡查，对违反强制性标准的行为没有及时发现。

3. 分析提问

对于上述事故，施工方、监理方应该承担什么责任？

学习单元4

浅基础工程施工

学习目标

（1）熟悉浅基础的类型与构造特点。

（2）了解浅基础前期的设计要求与计算方法。

（3）掌握各类浅基础的施工方法、工艺、流程及特点。

项目1　浅基础工程施工准备

任务1　浅基础认知

任务引入

浅基础一般指基础埋深小于5m，或者基础埋深小于基础宽度，且只需排水、挖槽等普通施工即可建造的基础。浅基础深度较浅，用料较省，无需复杂的施工设备，在开挖基坑、必要的基坑支护和排水疏干后对地基不加处理即可修建，其工期短、造价低，广泛用于多层民用建筑及施工中的塔吊基础工程中。对于即将从事一线施工与技术咨询服务人员来说，掌握浅基础的类型、材料的选用，常见的构造要求与施工工艺及特点，都是至关重要的。在建筑识图与构造、建筑CAD等前期课程中，已经介绍了有关浅基础的基本形式与构造，本单元将进一步深入学习，图4-1和图4-2分别为浅基础中的钢筋混凝土柱下独立基础与钢筋混凝土联合基础。

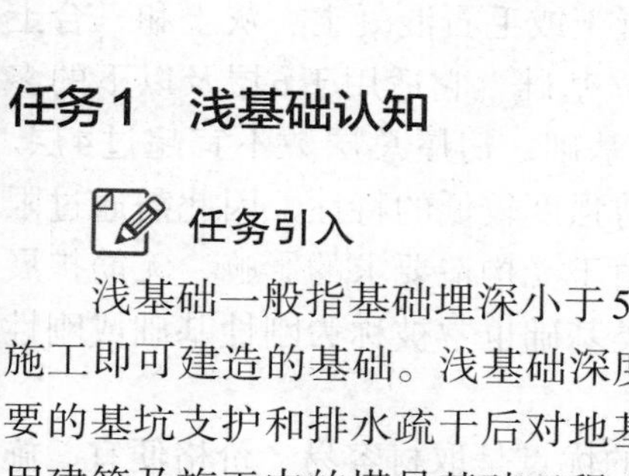

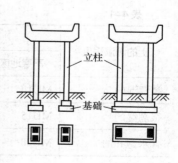

图4-1　钢筋混凝土柱下独立基础

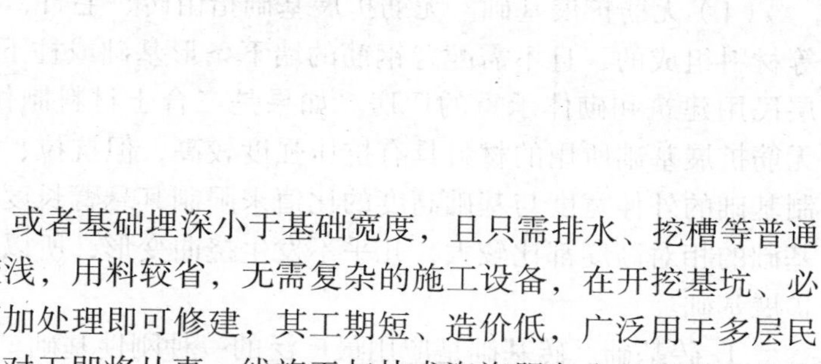

图4-2　钢筋混凝土联合基础

相关知识

在工程实践中，基础可分为浅基础和深基础两大类。一般将设置在天然地基上、埋置深度（见图4-3）小于5m且用常规方法施工的基础称为浅基础。因在天然地基上修建浅基础，施工简单，造价低，而人工地基施工复杂，造价较高，因此，在保证建筑物安全和正常使用的条件下，应首先选用天然地基上浅基础的方案。根据基础的材料、构造类型和受力特点不同，可以将浅基础分为以下几种类型。

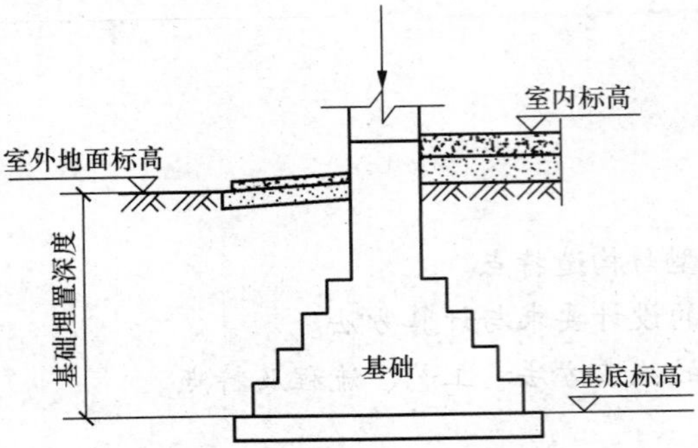

图4-3　基础埋深示意图

（1）无筋扩展基础。无筋扩展基础指由砖、毛石、混凝土或毛石混凝土、灰土和三合土等材料组成的，且不需配置钢筋的墙下条形基础或柱下独立基础。它适用于6层及以下的多层民用建筑和砌体承重的厂房。如果是三合土材料制作的基础，房屋总层数不宜超过4层。无筋扩展基础所用的材料具有抗压强度较高，但抗拉、抗剪强度较低的特性，因此需通过限制基础的外伸宽度与基础高度的比值来限制其悬臂长度。由于受构造要求的影响，无筋扩展基础的相对高度都比较大，几乎不发生挠曲变形，所以此类基础也常被称为刚性基础或刚性扩展基础。

① 砖基础。砖基础是应用最广泛的一种刚性基础。它的优点是取材容易、价格便宜、施工简便。砖基础砖砌体具有一定的抗压强度，但抗拉强度和抗剪强度较低，为保证耐久性，砖基础所用材料的最低强度等级应符合表4-1所示的要求。地下水位以下或地基土潮湿时应采用水泥砂浆砌筑。砖基础底面以下一般设垫层，其剖面做成阶梯形，通常称大放脚（见图4-4）。通常采用等高式或不等高式两种形式。等高式大放脚是每两匹砖一收，每次收进1/4砖长加灰缝；而不等高式是两匹一收与一匹一收相互间隔。

表4-1　砖基础所用砖、石料及砂浆的最低强度等级

土的潮湿程度	黏土砖		混凝土砌块	石材	混合砂浆	水泥砂浆
	严寒地区	一般地区				
稍潮湿的	MU10	MU10	MU5	MU20	M5	M5
很潮湿的	MU15	MU10	MU7.5	MU20	—	M5
含水饱和的	MU20	MU15	MU7.5	MU30	—	M7.5

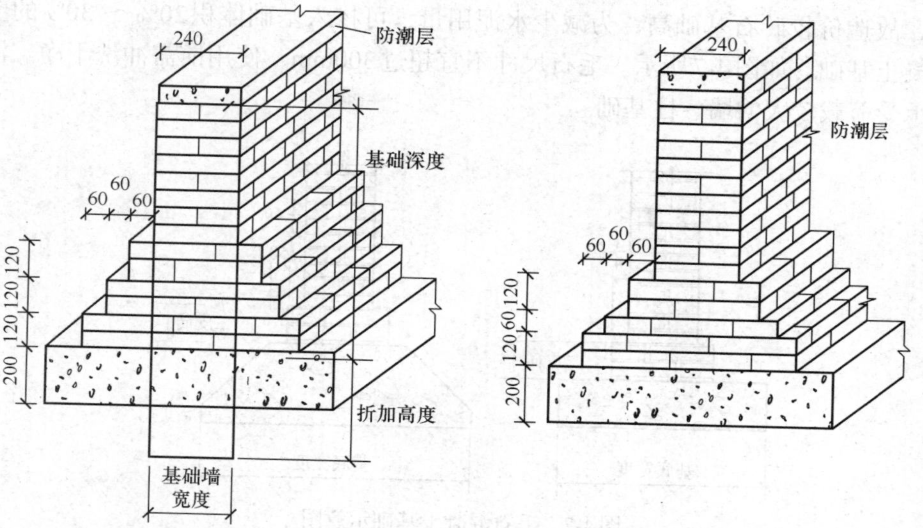

（a）等高式大放脚　　（b）不等高式大放脚

图 4-4　砖基础大放脚示意图

② 毛石基础。毛石基础是选用未经风化的硬质岩石砌筑而成的。毛石和砂浆的强度等级应符合表4-1的要求。由于毛石尺寸差异较大，为保证砌筑质量，每一阶梯宜用三排或三排以上的毛石，石块应错缝搭砌，缝内砂浆应饱满，如图4-5所示。阶梯形毛石基础每一阶伸出宽度不宜大于200mm，且台阶高度不宜小于400mm，毛石基础剖面示意图如图4-6所示。毛石基础的抗冻性较好，在寒冷潮湿地区可用于6层及6层以下建筑物基础。毛石基础易于就地取材、价格低，但施工过程中劳动强度大。

图 4-5　施工人员填充围墙的毛石基础

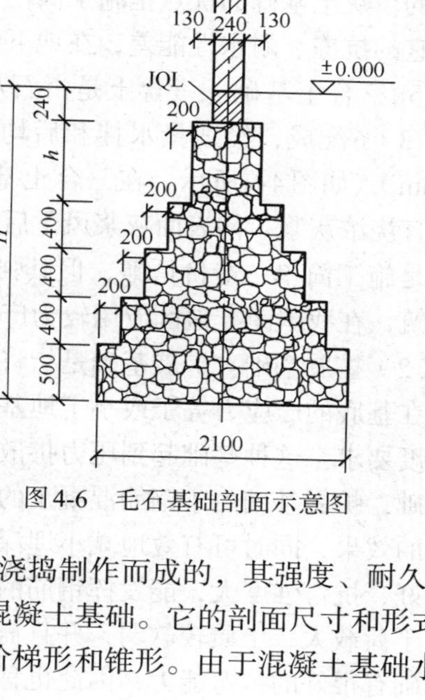

图 4-6　毛石基础剖面示意图

③ 混凝土和毛石混凝土基础。混凝土基础是用混凝土浇捣制作而成的，其强度、耐久性、抗冻性都较好，当荷载大或位于地下水位以下时，常采用混凝土基础。它的剖面尺寸和形式除了满足刚性角要求以外，不受材料规格限制，基本形式有阶梯形和锥形。由于混凝土基础水泥

用量较大，故造价较砖石基础高，为减少水泥用量，可掺入基础体积20%～30%的毛石，做成毛石混凝土基础，如图4-7所示。毛石尺寸不宜超过300mm，使用前需冲洗干净。混凝土基础常用于承受荷载较大的墙、柱基础。

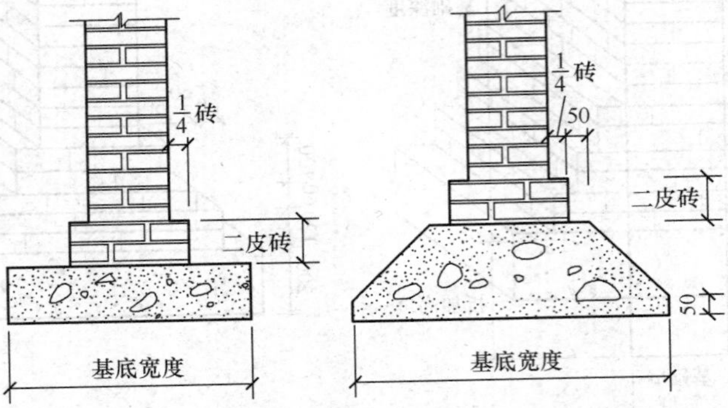

图4-7　毛石混凝土基础示意图

④ 灰土基础。为了节约砖石材料，常在砖石大放脚下面做一层灰土垫层，这个垫层习惯上称为灰土基础（见图4-8）。灰土是经过熟化后的石灰粉和黏性土按一定比例加适量水拌和，在基槽内部分层铺设，夯实而成，配合比为3∶7或2∶8，一般多采用3∶7，即3份石灰粉掺人7份黏性土（体积比），通常称为三七灰土。灰土基础适用于5层和5层以下、土层比较干燥、地下水位较低的民用建筑。根据经验，3层及3层以上多采用三步灰土，厚450mm（灰土分层夯实，先虚铺220～250mm，然后每层夯实后为厚150mm，通称一步）；3层以下多采用二步灰土，厚300mm。

值得注意的是，灰土强度在一定范围内随含灰量的增加而增加。但超过限度后，灰土的强度反而会降低。这是因为消石灰在钙化过程中会析水，增加了消石灰的塑性。灰土作为建筑材料，在中国有悠久历史，公元6世纪南北朝时期，南京西善桥的南朝大墓封门前地面即是灰土夯成的。灰土基础的优点是施工简便、造价较低、就地取材，可以节省水泥、砖石等材料。缺点是它的抗冻、耐水性能差，在地下水位线以下或很潮湿的地基上不宜采用。

⑤ 三合土基础。三合土是由石灰、砂和骨料（碎石、碎砖或矿渣等）按体积比1∶2∶4或1∶3∶6配成，经适量水拌和后均匀铺入槽内，并分层夯实而成（每层虚铺220mm，夯至150mm），如图4-9所示。在三合土基础上砌大放脚，三合土铺至设计标高后，最后一遍夯打时，宜浇浓灰浆。待表面灰浆风干后，再铺上一层很薄的砂子，最后整平夯实。三合土基础的优点是施工简单、造价低廉，但其强度较低，故一般用于地下水位较低的4层及4层以下的民用建筑，在我国南方地区应用较为广泛，如图4-9所示。

（2）扩展基础。扩展基础是指将上部结构传来的荷载，通过向侧边扩展成一定底面积，使作用在基底的压应力等于或小于地基土的允许承载力，而基础内部的应力应同时满足材料本身的强度要求。这种基础起到压力扩散的作用，如柱下钢筋混凝土独立基础和墙下钢筋混凝土条形基础。扩展基础由于钢筋混凝土的抗弯性能好，可以充分放大基础底面尺寸，达到减小地基应力的效果，同时可有效地减小埋深，节省材料和土方开挖量，加快工程进度。这种基础整体性较好，抗弯强度大，能发挥钢筋的抗拉性能及砼的抗压性能，在基础设计中广泛采用，特别适用于荷载大、土质较软弱，并且需要基底面积较大而又必须浅埋的情况。由于钢筋混凝土扩展基础有很好的抗弯能力，因此也称为柔性基础。

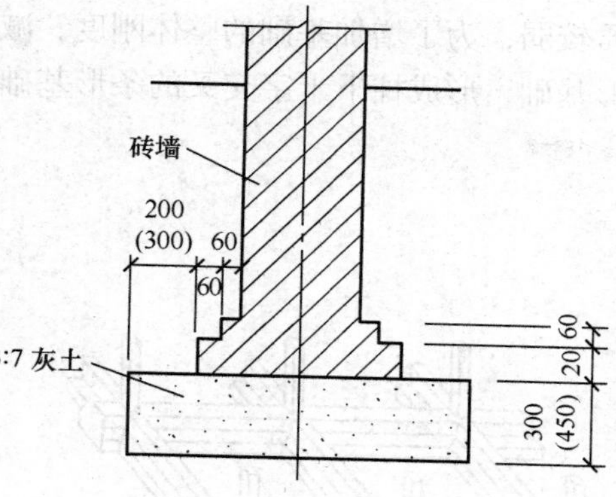

图 4-8　灰土基础示意图

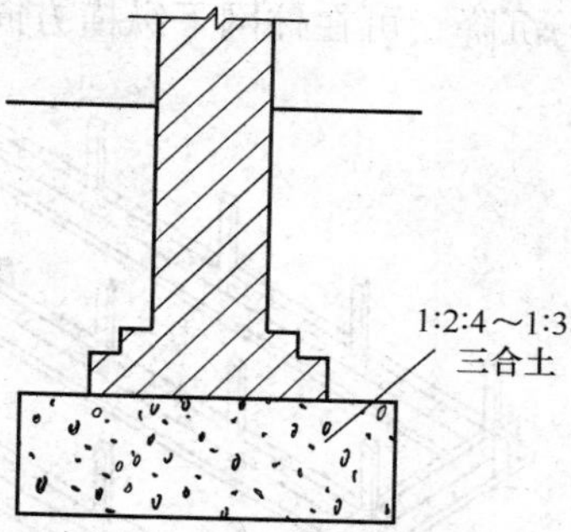

图 4-9　三合土基础示意图

① 墙下钢筋混凝土条形基础。条形基础是承重墙下基础的主要形式。当上部结构荷载较大而地基土质又较软弱时，可采用墙下钢筋混凝土条形基础。这种基础一般做成无肋式，如图 4-10（a）所示；如果地基土质分布不均匀，在水平方向压缩性差异较大，为了减少基础的不均匀沉降，增加基础的整体刚度，可做带肋式条形基础，如图 4-10（b）所示。

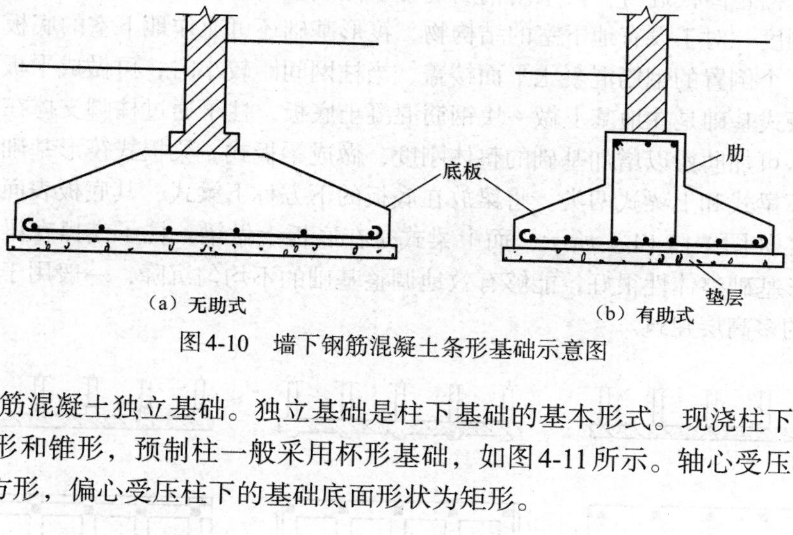

（a）无肋式　　（b）有肋式

图 4-10　墙下钢筋混凝土条形基础示意图

② 柱下钢筋混凝土独立基础。独立基础是柱下基础的基本形式。现浇柱下独立基础的界面可做成阶梯形和锥形，预制柱一般采用杯形基础，如图 4-11 所示。轴心受压柱下的基础底面形状一般为方形，偏心受压柱下的基础底面形状为矩形。

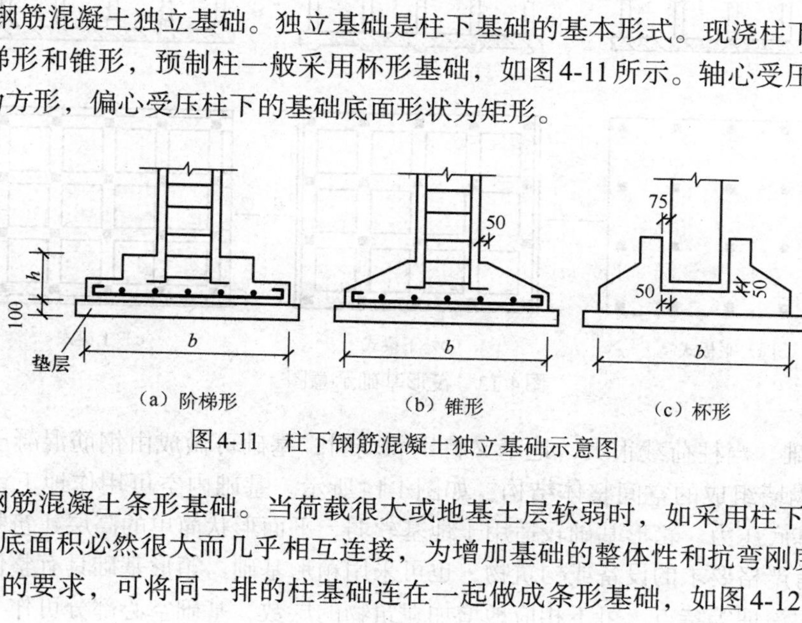

（a）阶梯形　　（b）锥形　　（c）杯形

图 4-11　柱下钢筋混凝土独立基础示意图

③ 柱下钢筋混凝土条形基础。当荷载很大或地基土层软弱时，如采用柱下钢筋混凝土独立基础，基础底面积必然很大而几乎相互连接，为增加基础的整体性和抗弯刚度并方便施工，满足上部结构的要求，可将同一排的柱基础连在一起做成条形基础，如图 4-12 所示。这种基

础常在框架结构中采用。荷载较大的高层建筑，如土质较弱，为了增加基础的整体刚度，减少不均匀沉降，可在柱网下纵横方向设置钢筋混凝土条形基础，形成柱下十字交叉的条形基础。

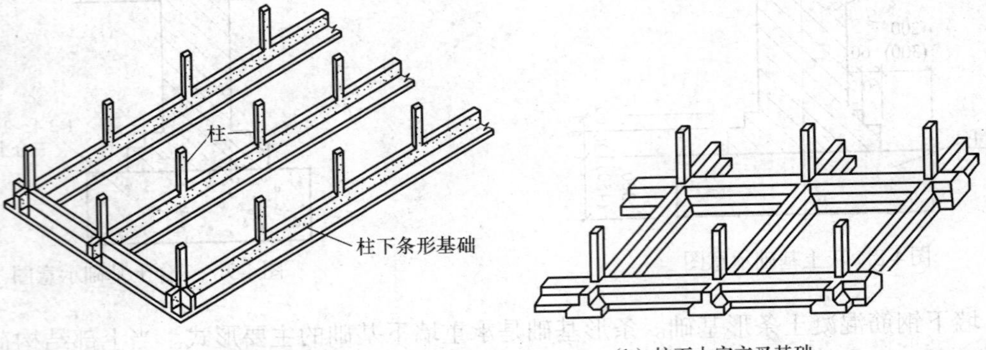

（a）柱下条形基础　（b）柱下十字交叉基础

图4-12　柱下钢筋混凝土条形基础示意图

④ 筏形基础。当建筑物上部荷载较大，但是地基很软弱时，采用十字形基础仍不能满足要求；或相邻基槽距离很近时，可采用钢筋混凝土做成整块的筏形基础，以扩大基底面积，增强基础的整体刚度。对于设有地下室的结构物，筏形基础还可兼作地下室的底板。筏形基础的设计，可视为一个倒置的钢筋混凝土平面楼盖，当柱网间距较小时，可做成平板式，如图4-13（a）所示。平板式基础是在地基上做一块钢筋混凝土底板，柱子通过柱脚支撑在底板上；当柱网间距较大时，可加肋梁以增加基础的整体刚度，做成梁板式。梁板式筏形基础按梁板的位置不同又可分为下梁式和上梁式两类。将梁放在底板的下方称下梁式，其底板表面平整，可作建筑物底层地面，如图4-13（b）所示；而上梁式是在底板上做梁，柱子支撑在梁上，如图4-13（c）所示。筏形基础整体性很好，能够有效地调整基础的不均匀沉降，一般用于地质土层差而上部荷载较大的多高层建筑。

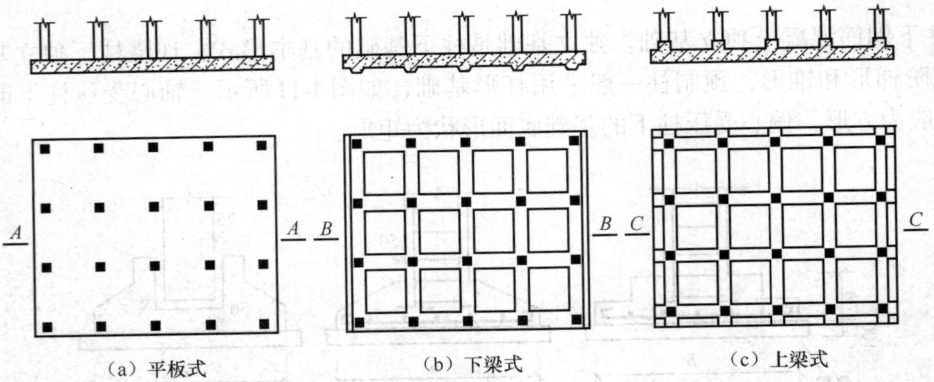

（a）平板式　（b）下梁式　（c）上梁式

图4-13　筏形基础示意图

⑤ 箱形基础。当柱荷载很大，地基又特别软弱时，基础可做成由钢筋混凝土顶板、底板和纵横交叉的隔墙组成的空间整体结构，如图4-14所示。基础内空可用作地下室，与实体基础相比可减少基底压力。箱形基础较适用于地基软弱、平面形状简单的高层建筑物基础。某些对不均匀沉降有严格要求的设备或构筑物，也可采用箱形基础。箱形基础具有整体性好、抗弯刚度大，且空腹深埋等特点，可不相应地增加建筑物的层数，基础空心部分可作为地下室，可

以减少基底的附加应力，从而减少地基的变形。

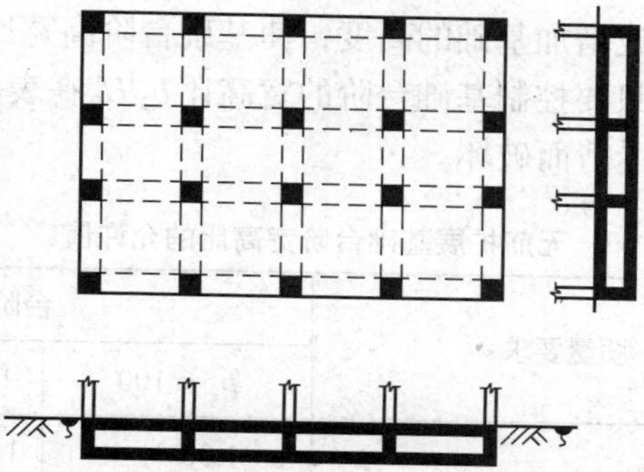

图4-14　箱形基础

除上述基础类型外，在实际工程中还有一些不常见的浅基础形式．如壳体基础、圆板基础、圆环形基础等，如图4-15所示。

图4-15　风机圆环形基础

任务实施

步骤1：确定无筋扩展基础台阶的宽高比

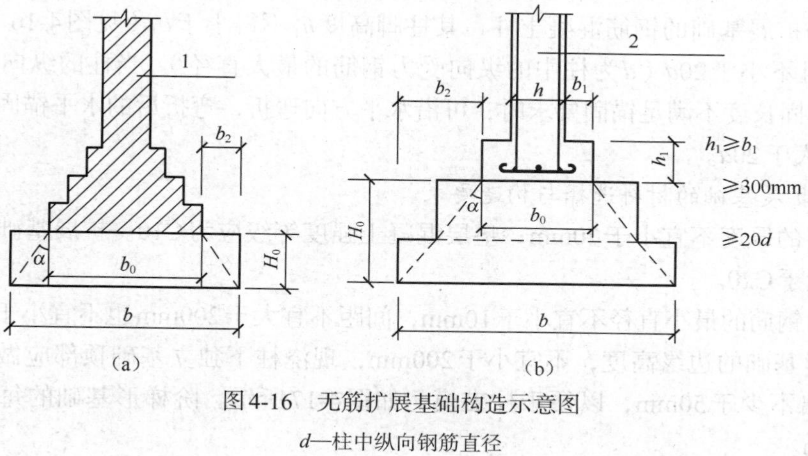

图4-16　无筋扩展基础构造示意图

d—柱中纵向钢筋直径

无筋扩展基础的材料抗拉、抗剪强度低，而抗压性能相对较高。因此，在地基反力作用下，基础挑出部分同悬臂梁一样向上弯曲。显然，基础外伸悬臂越长，基础内力就越大。所以必须减少外伸悬臂的长度或增加基础的高度，使基础台阶高宽比b_2/H_0减小，如图4-16所示。根据大量试验和实践表明，只要控制基础台阶的宽高比b_2/H_0在表4-2所示允许值范围以内，就可以保证基础不会因受弯、受剪而破坏。

表4-2　无筋扩展基础台阶宽高比的允许值

基础材料	质量要求	台阶宽高比的允许值		
		$p_k \leqslant 100$	$100 < p_k \leqslant 200$	$200 < p_k \leqslant 300$
混凝土基础	C15混凝土	1 : 1.00	1 : 1.00	1 : 1.25
毛石混凝土基础	C15混凝土	1 : 1.00	1 : 1.25	1 : 1.50
砖基础	砖不低于Mu10 砂浆不低于M5	1 : 1.50	1 : 1.50	1 : 1.50
毛石基础	砂浆不低于M5	1 : 1.50	1 : 1.50	
灰土基础	体积比为3：7或2：8的灰土，其最小干密度： 粉 ± 1.55t/m³； 粉质黏土1.50t/m³； 黏土1.45t/m³	1 : 1.25	1 : 1.50	
三合土基础	体积比为1：2：4～1：3：6（石灰：砂：骨料），每层约虚铺220mm，夯至150mm	1 : 1.50	1 : 2.00	

注：1. p_k为荷载效应标准组合时基础底面处的平均压力值（kPa）。

2. 阶梯形毛石基础的每阶伸出宽度，不宜大于200mm。

3. 当基础由不同材料叠加组成时，需对接触部分做抗压验算。

4. 基础底板处的平均压力值超过300kPa的混凝土基础，需进行抗剪验算。

步骤2：无筋扩展基础的钢筋混凝土柱的钢筋选择

采用无筋扩展基础的钢筋混凝土柱，其柱脚高度h_1不得小于b_1（见图4-16（b）），并不应小于300mm且不小于$20d$（d为柱中的纵向受力钢筋的最大直径）。当柱的纵向受力钢筋在柱脚内的竖向锚固长度不满足锚固要求时，可沿水平方向弯折，弯折后的水平锚固长度不应小于$10d$，也不应大于$20d$。

步骤3：扩展基础的材料选择与构造要求

（1）垫层的厚度不宜小于70mm；垫层混凝土强度等级应为C10。扩展基础底板混凝土强度等级不应低于C20。

（2）受力钢筋的最小直径不宜小于10mm，间距不宜大于200mm也不宜小于100mm。

（3）锥形基础的边缘高度，不宜小于200mm，现浇柱下独立基础顶部应做成平台，每边从柱边缘放出不少于50mm，以便于柱支模，如图4-17所示。阶梯形基础的每阶高度，宜为300～500mm。

（4）柱下钢筋混凝土独立基础平行于基础长短边方向，均应配置受力钢筋（见图4-18）。墙下钢筋混凝土条形基础平行基础短边方向应设置受力钢筋，纵向平行长边方向应设置分布钢筋（见图4-19）。分布钢筋的直径不应小于8mm，间距不应大于300mm，每延米分布钢筋的面积应不小于受力钢筋面积的1/10。钢筋保护层的厚度当有垫层时不宜小于40mm，无垫层时不宜小于70mm。

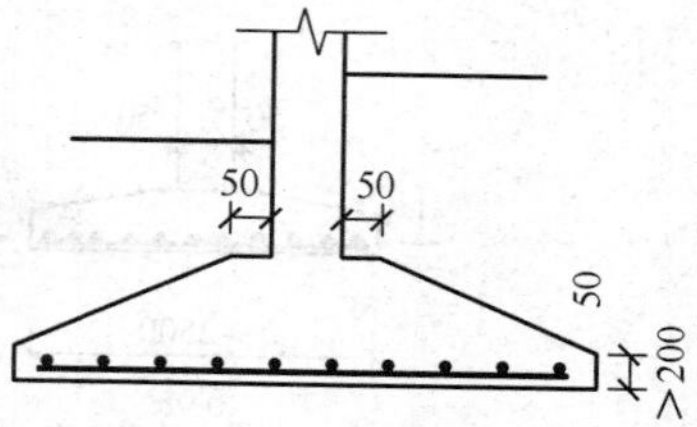

图4-17　现浇柱锥形基础形式

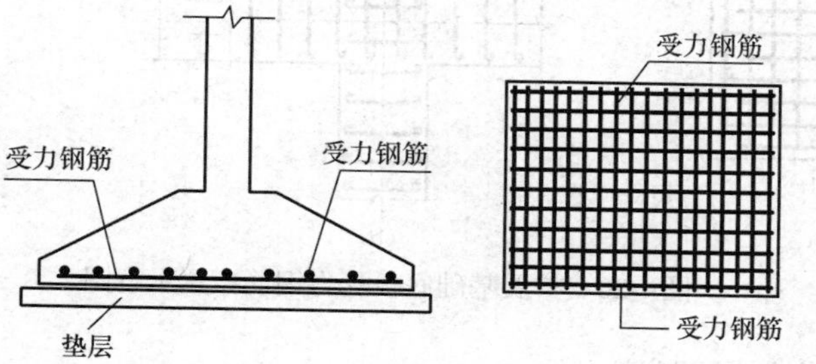

图4-18　柱下钢筋混凝土独立基础钢筋布置图

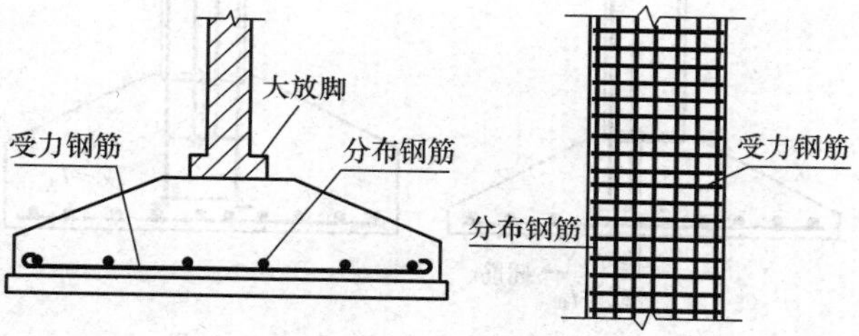

图4-19　墙下钢筋混凝土条形基础钢筋布置图

（5）柱下钢筋混凝土独立基础的边长和墙下钢筋混凝土条形基础的宽度大于或等于2.5m时，底板受力钢筋的长度可取边长或宽度的0.9倍，并宜交错布置，如图4-20（a）所示。钢筋混凝土条形基础底板在T形及十字形交接处，底板横向受力钢筋则仅沿一个主要受力方向通长布置，另一方向的横向受力钢筋可布置到主要受力方向底板宽度1/4处，如图4-20（b）所示；在拐角处底板横向受力钢筋应沿两个方向布置，如图4-20（c）所示。

（6）现浇柱的基础插筋，其数量、直径和钢筋种类应与柱内纵向受力钢筋相同。插筋的锚固长度应满足上述要求，插筋的下端宜做成直钩放在基础底板钢筋网上，如图4-21（a）所示。当符合下列条件之一时，可仅将四角的插筋伸至底板钢筋网上，其余插筋锚固在基础顶面下l_a或l_{aE}（有抗震要求时）处，如图4-21（b）所示。

钢筋混凝土柱和剪力墙纵向受力钢筋在基础内的锚固长度l_a应根据钢筋在基础内的最小保护层厚度，按《混凝土结构设计规范》（GB 50010—2010）的有关规定确定。

有抗震设防要求时，纵向受力钢筋最小锚固长度l_{aE}应按下式计算。

一、二级抗震等级：$l_{aE}=1.15l_a$；

三级抗震等级：$l_{aE}=1.05l_a$；

四级抗震等级：$l_{aE}=l_a$。

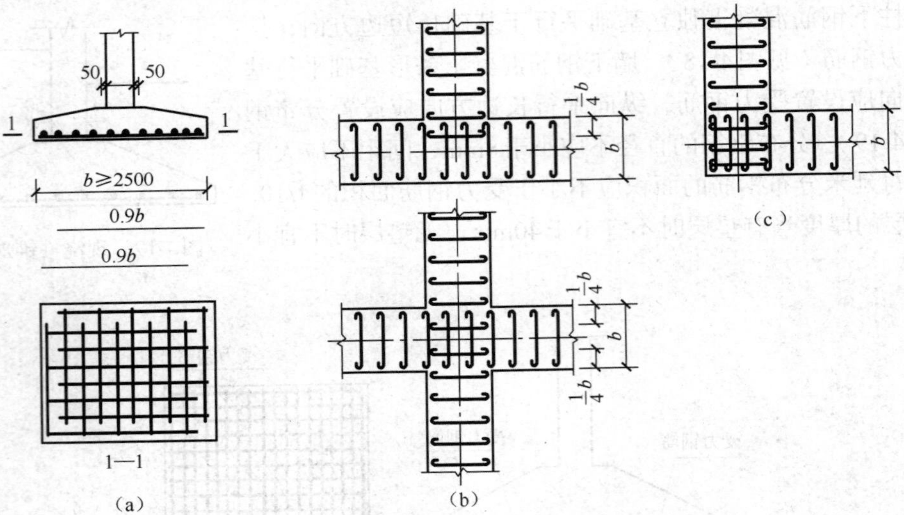

图4-20　扩展基础底板受力钢筋布置示意图

式中，l_a——受拉钢筋的锚固长度。

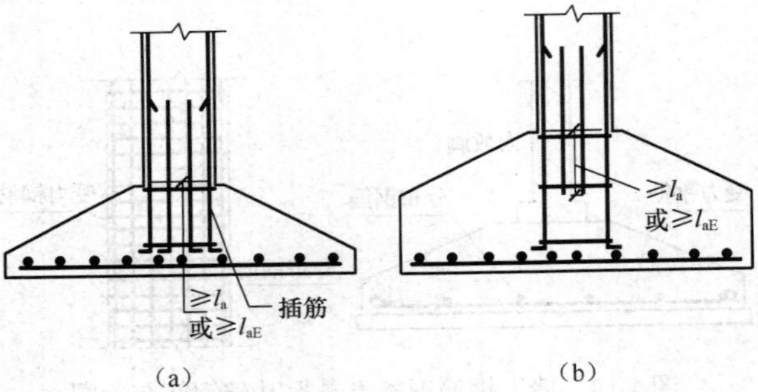

图4-21　现浇柱基础插筋示意图

任务2　浅基础前期设计要求与计算分析

任务引入

基础在上部结构传来的荷载及地基反力作用下产生内力，同时地基在基底压力作用F_k下产生附加应力和变形。所以基础设计不仅要使基础本身满足强度、刚度和耐久性的要求，还要满足地基对承载力和变形的要求，即地基应具有足够的强度和稳定性，并不至于在后续的施工与使用过程中产生过大的沉降和不均匀沉降。因此，在浅基础施工准备之前，必须对前期的设计要求与计算分析有所了解。

相关知识

1. 基础设计流程分析

地基基础设计的步骤和内容如图4-22所示，整个设计过程是一个反复试算的过程，在设计内容与步骤中，如有不满足要求的情况，需对基础设计进行调整，如改变基础埋深、加大基础底面尺寸或改变基础类型和结构等，直至满足要求为止。

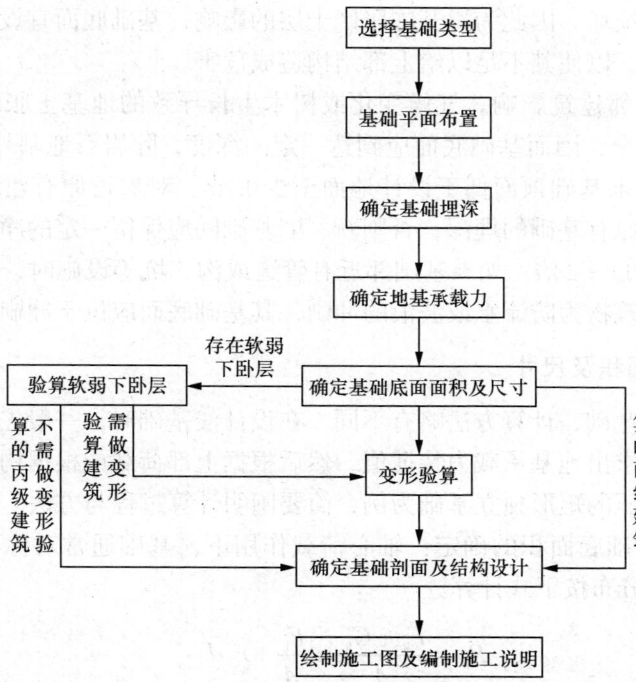

图 4-22　地基基础设计流程

2. 基础埋置深度分析

基础埋置深度一般是指基础底面距室外设计地面的距离。在满足地基稳定和变形的条件下，基础应尽量浅埋。确定基础埋置深度时应综合考虑如下因素。

（1）工程地质条件。地基土的工程地质条件是基础埋置深度的重要影响因素。在工程上，直接支撑基础的土层称为持力层，其下的各土层为下卧层。当上层土的承载力高于下层土的承载力时宜取上层土作为持力层，对于上层土较软的地基土，视上层土厚度考虑是否挖除软土将基础放于好土层中，或采用人工地基，或选择其他基础形式。

当土层分布明显不均匀、建筑物各部分荷载差别较大时，同一建筑物可采用不同的基础埋深来调整不均匀沉降。对于持力层顶面倾斜的墙下条形基础可做成台阶状。

（2）水文地质条件。有潜水存在时，基础底面应尽量埋置在潜水位以上。若基础底面必须埋置在地下水位以下时，除应考虑施工时的基坑排水、坑壁围护（地基土扰动）等问题外，还应考虑地下水对混凝土的腐蚀性、地下水的防渗以及地下水对基础底板的上浮作用。

（3）建筑物用途及荷载的影响。基础埋置深度首先决定于建筑物的用途，如有无地下室、设备基础和地下沟管等，基础的形式和构造也会对基础埋深产生一定影响。因而，基础埋深要结合建筑设计标高的要求确定。另外，建筑物荷载的性质也影响基础埋置深度的选择，如荷载较大的高层建筑和对不均匀沉降要求严格的建筑物，往往为减小沉降而把基础埋置在较深的良好土层上，这样，基础埋置深度相应较大。此外，承受水平荷载较大的基础，应有足够大的埋深，以保证地基的稳定性。

（4）地基冻融条件。季节性冻土是冬季冻结、天暖解冻的土层。冬季土体中水冻结后，发生体积膨胀，而产生冻胀。位于冻胀区的基础在受到大于基底压力的冻胀力作用下，会被上抬，而冻土层解冻融解时，地基土又发生融陷，建筑物随之下沉。冻胀和融陷是不均匀的，往往会造成建筑物的开裂损坏。因此为避开冻胀区土层的影响，基础底面宜设置在冻结线以下或在其下留有少量冻土层，以使其不足以给上部结构造成危害。

（5）基础构造及相邻建筑影响。气候变化或树木生长导致的地基土胀缩以及其他生物活动有可能危害基础的安全，因而基础底面应到达一定的深度，除岩石地基外，不宜小于0.5m。为了保护基础，一般要求基础顶面低于设计地面至少0.1m。对靠近原有建筑物基础修建的新基础，其埋深不宜超过原有基础的埋深，否则新、旧基础间应保留一定的净距，其值一般取相邻两个基础底面高差的1～2倍。如果基础邻近有管道或沟、坑等设施时，基础底面应低于这些设施的底面。临水建筑物为防流水或波浪的冲刷，其基础底而应位于冲刷线以下。

3. 确定基础底面面积及尺寸

对于不同类型的浅基础，计算方法略有不同。在设计浅基础时，一般先确定基础的埋置深度，选定地基持力层并求出地基承载力特征值，然后根据上部荷载或根据构造要求确定基础底面尺寸。下面以轴心受压的矩形独立基础为例，简要阐明计算过程与方法。

轴心荷载作用下基础底面积的确定：轴心荷载作用下，基础通常对称布置，如图4-23所示。基底压力P为均匀分布按下式计算。

$$P_k = \frac{F_k + G_k}{A} = \frac{F_k}{A} + r_G \overline{d} \tag{4-1}$$

式中，F_k——相应荷载效应标准组合时，上部结构传至基础顶面处的竖向力；

G_k——基础及基础上覆土自重；

A——基础底面面积；

r_G——基础和基础上土的平均重度；

$\overline{d}$——室内外地面至基础地面的平均深度。

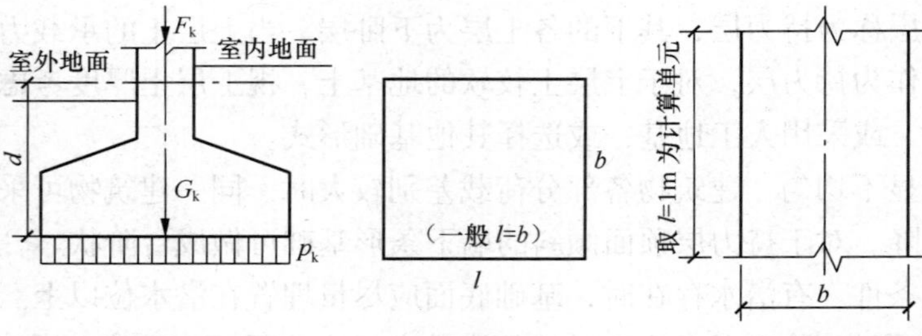

（a）剖面　（b）独立基础　（c）条形基础

图4-23　轴心受压基础

由持力层承载力的要求，得

$$\frac{F_k}{A} + r_G \overline{d} \leqslant f_a \tag{4-2}$$

由此可得矩形基础底面面积为

$$A \geqslant \frac{F_k}{f_a - r_G \overline{d}} \tag{4-3}$$

对于条形基础，可沿基础长度的方向取l = 1m为计算单元进行计算，荷载同样是单位长度的荷载，则基础宽度为

$$b \geqslant \frac{F_k}{f_a - r_G \overline{d}} \tag{4-4}$$

式（4-3）和式（4-4）中的地基承载力特征值，在基础底面积未确定以前可先只考虑对深度的修正，初步确定基底尺寸以后，再将宽度修正项加上，重新确定承载力特征值。直至设计出最佳基础底面尺寸。

4. 验算基底压力与沉降验算

（1）地基承载力设计要求建筑物基础设计时，要求基底压力满足下列要求。

当轴心荷载作用时，如图4-24（a）所示：

$$P_k \leqslant f_a \tag{4-5}$$

当有偏心荷载作用时，如图4-24（b）所示，除应满足式（4-5）要求外，还需满足以下要求：

$$P_{k_{max}} \leqslant 1.2 f_a \tag{4-6}$$

式中，P_k——相应于荷载效应标准组合时，基础底面处的平均压力值；

$P_{k_{max}}$——相应于荷载效应标准组合时，基础底面边缘的最大压力值；

f_a——修正后的地基持力层承载力待征值。

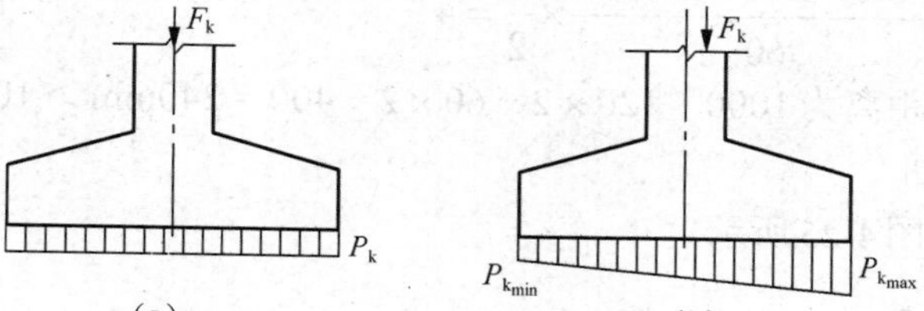

图4-24 基底压力分布图

（2）地基变形设计要求建筑物的地基变形计算值，不应大于地基变形允许值，即

$$s \leqslant [s] \tag{4-7}$$

式中，s——建筑物的地基变形计算值（地基最终变形量）；

$[s]$——建筑物的地基变形允许。

任务实施

下面以墙下条形基础为例，说明浅基础的设计过程。

[例4-1] 某教学楼承重墙厚240mm，地质剖面图如下地基土第一层为杂填土厚度为0.5m，重度$r = 16\text{kN/m}^3$；第二层土为粉质黏土，厚5m，重度$r = 17.8\text{kN/m}^3$，地基承载力特征值$f_{ak} = 150\text{kPa}$，孔隙比$e = 0.6$，液性指数$I_L = 0.5$，地下水位于天然地面以下1m深度处，已知墙体上部结构传来的竖向轴心荷载$F_K = 200\text{kN/m}$，室内外地面高差为0.3m，试设计该承重墙下的条形基础。

步骤1： 确定地基持力层承载力

选择粉质黏土层作为持力层，考虑到地下水的情况初步确定埋深为1m，先不考虑承载力宽度修正，由$e = 0.6$、$I_L = 0.55$，查表得承载力修正系数$\eta = 0.3$、$\eta_d = 1.6$，则

$$f_a = f_{ak} + \eta_b r(b-3) + \eta_d \gamma_m (d-0.5)$$
$$= 150 + 0 + 1.6 \times \frac{16 \times 0.5 + 17.8 \times 0.5}{0.5 + 0.5} \times (1 - 0.5)$$
$$= 163.5\text{kPa}$$

步骤2：确定基础宽度

$$b \geqslant \frac{F_k}{f_a - r_G \bar{d}} = \frac{200}{163.5 - 20 \times \frac{1+1.3}{2}} = 1.43\text{m}$$

取基础宽度 $b = 1.5$m。

步骤3：选择基础材料，并确定基础剖面尺寸

选择基础材料，并确定基础剖面尺寸基础采用C15的素混凝土，厚度为400mm，基础与墙体之间砌筑MU10砖M5砂浆砌筑的大放脚，采用二一间隔收。素混凝土层设计：

$$P_k = \frac{F_k + G_k}{b} = \frac{200 + 20 \times 1.5 \times 1.15}{1.5} = 156.3\text{kPa}$$

查表4-2得混凝土底板的宽高比允许值 $b_2/H_0 = 1/1.0$，根据素混凝土层厚度为400mm，因此混凝土层到大放脚边缘的距离400mm，$b_2 = 390$mm。

所需台阶数为 $n = \frac{1500 - 240 - 2 \times 390}{60} \times \frac{1}{2} = 4$

大放脚顶面距地面距离为1000 － 120 × 2 － 60 × 2 － 400 = 240mm ＞ 100mm，满足要求。

步骤4：绘制施工图

条形基础施工图如图4-25所示。

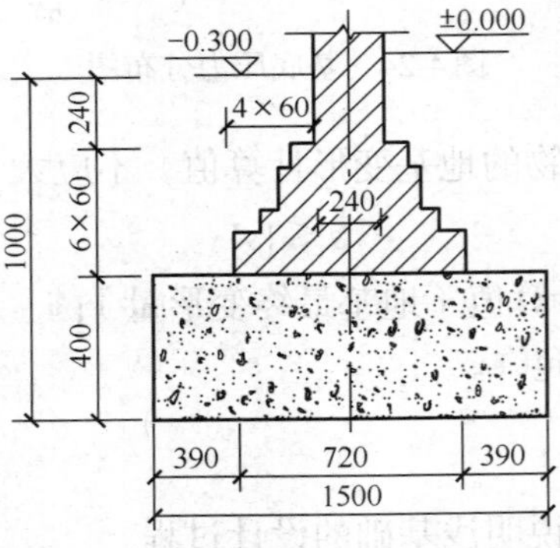

图4-25 条形基础施工图

项目2 浅基础施工

任务1 无筋扩展基础施工

任务引入

无筋扩展基础的所用材料，一般是砖、毛石、混凝土和毛石混凝土等，它们的抗压性能相

对较高，但是抗拉、抗剪强度偏低。在施工中，要遵循其材料的各自施工流程、工艺及特点。下面以无筋扩展基础中的砖基础为例，说明相关的施工步骤。

相关知识

1. 施工依据

《建筑工程施工质量验收统一标准》（GB 50300—2013）。

《砌体工程施工质量验收规范》（GB 50203—2011）。

《砌体结构设计规范》（GB 50003—2011）。

《多孔砖砌体结构技术规范》（JGJ 137—2001）。

《建筑地基基础工程施工质量验收规范》（GB 50202—2013）。

《砌筑砂浆配合比设计规程》（JGJ 98—2010）。

2. 施工准备

（1）材料及主要机具。

① 砖：砖的品种、强度等级须符合设计要求，并应规格一致。有出厂证明、试验单。

② 水泥：一般采用32.5号矿渣硅酸盐水泥和普通硅酸盐水泥。

③ 砂：中砂，应过5mm孔径的筛。配制M5以下的砂浆，砂的含泥量不超过10%；M5及其以上的砂浆，砂的含泥量不超过5%，并不得含有草根等杂物。

④ 掺合料：石灰膏，粉煤灰和磨细生石灰粉等，生石灰粉熟化时间不得少于7d。

⑤ 其他材料：拉结筋、预埋件、防水粉等。

⑥ 主要机具：应备有砂浆搅拌机、大铲、刨锛、托线板、线坠、钢卷尺、灰槽、小水桶、砖夹子、小线、筛子、扫帚、八字靠尺板、钢筋卡子、铁抹子等。

（2）作业条件。

① 基槽：混凝土或灰土地基均已完成，并办完隐检手续。

② 已放好基础轴线及边线；立好皮数杆（一般间距15 ～ 20m，转角处均应设立），并办完预检手续。

③ 根据皮数杆最下面一层砖的底标高，拉线检查基础垫层表面标高，如第一层砖的水平灰缝大于20mm时，应先用细石混凝土找平，严禁在砌筑砂浆中掺细石代替或用砂浆垫平，更不允许砍砖找平。

④ 常温施工时，砖必须在砌筑的前一天浇水湿润，一般以水浸入砖四边1.5cm左右为宜。

⑤ 砂浆配合比已经试验确定，现场准备好砂浆试模（6块为一组）。

任务实施

步骤1：抄平弹线

为了使各段砖基底面标高符合设计要求，砌筑前应在基坑或基槽底面定出基底标高；并采用水泥砂浆或C10的细石混凝土找平。根据施工图样要求，弹出墙身轴线、基础宽度线及预留洞口位置线。

步骤2：摆砖样

摆砖样是指在基面上，按基础长度和组砌方式先用砖块试摆，核对所弹的门洞位置线及窗口、附墙垛的墨线是否符合所选用砖型的模数，对灰缝进行调整，以使每层砖的砖块排列和灰缝均匀，并尽可能减少砍砖。

步骤3：立皮数杆

皮数杆是一种标志杆。立皮数杆的目的是控制每皮砖砌筑时的竖向尺寸，并使铺灰、砌砖的厚度均匀，保证砖缝水平。皮数杆上除画有每皮砖和灰缝的厚度外，还画出了门窗洞、过梁、楼板等的位置和标高，用于控制墙体各部位构件的标高。皮数杆长度应有一层楼高（不小于2m），一般立于墙的转角处或内外墙交接处，立皮数杆时，应使皮数杆上的±0.000线与房屋的标高起点线相吻合。

步骤4：盘角、挂线

砌筑前应先盘角，即对照皮数杆的砖层和标高，先砌转角。每次盘角砌筑的高度不超过五皮砖，并按“三皮一吊，五皮一靠”的原则随时检查，把砌筑误差消除在操作过程中。如发现偏差应及时修整，根据盘角将准线挂在墙侧，作为墙身砌筑的依据。每砌一皮，准线向上移动一次。砌筑一砖厚及以下者，可采用单面挂线；砌筑一砖半厚及以上者，必须双面挂线。每皮砖都要拉线看平，使水平缝均匀一致，平直通顺。

步骤5：砌筑

① 采用三一法、挤浆法、满口灰法砌筑。

② 随时检查，消除误差（“三皮一吊”“五皮一靠”）。

③ 预埋管、件、线、拉接筋等应随砌随埋（水、配合）。

④ 灌缝：下班前应将最上一皮砖的竖缝用砂浆灌满、刮平，并清除多余灰浆。

⑤ 弹线：墙身砌到一定高度（一般是一步架高）后，应弹出水平控制线。即在墙身砌到一定高度后，应根据基准面标高，用水准仪（也可用连通器）在相应部位处弹出水平标志线，以控制墙体细部标高及指导上部楼（地）面、圈梁等的施工。

步骤6：土方回填

基础砌至防潮层时，须用水平仪找平，并按设计铺设防水砂浆（掺加水泥重量3%的防水剂）防潮层。砌完基础应及时清理基槽（坑）内杂物积水，在两侧同时回填土，并分层夯实。

任务2　墙下钢筋混凝土条形基础施工

任务引入

土方开挖完毕后，经质监站及有关单位验槽符合设计要求后，方可进行砼基础及钢筋砼条形基础的施工。首先进行测量放线，定出钢筋砼条形基础的位置，垫层施工完毕后应复核检查垫层标高，然后再在垫层上弹出钢筋砼条形基础的模板位置线，经检查模板位置线准确无误后，再绑扎条形基础的钢筋。钢筋绑扎完毕，经校核、检查合格后进行砼基础的支模工作，支模完毕经现场自检合格后应会同建设单位、质监站进行检查验收，验收合格后方能浇筑砼基础。砼浇筑完毕应立即进行养护。

相关知识

1．墙下钢筋混凝土条形基础构造分析

钢筋混凝土基础是以钢筋受拉，混凝土受压的基础，又称为“柔性基础”。墙下钢筋混凝土条形基础（见图4-26和图4-27）具有良好的抗弯和抗剪性能。相同条件下基础高度小，适于荷载大或土质软的情况下采用。基础底板的受力如同一个倒置的悬臂板，如图4-28和图4-29所示。

图4-26　墙下钢筋混凝土条形基础现场示意图

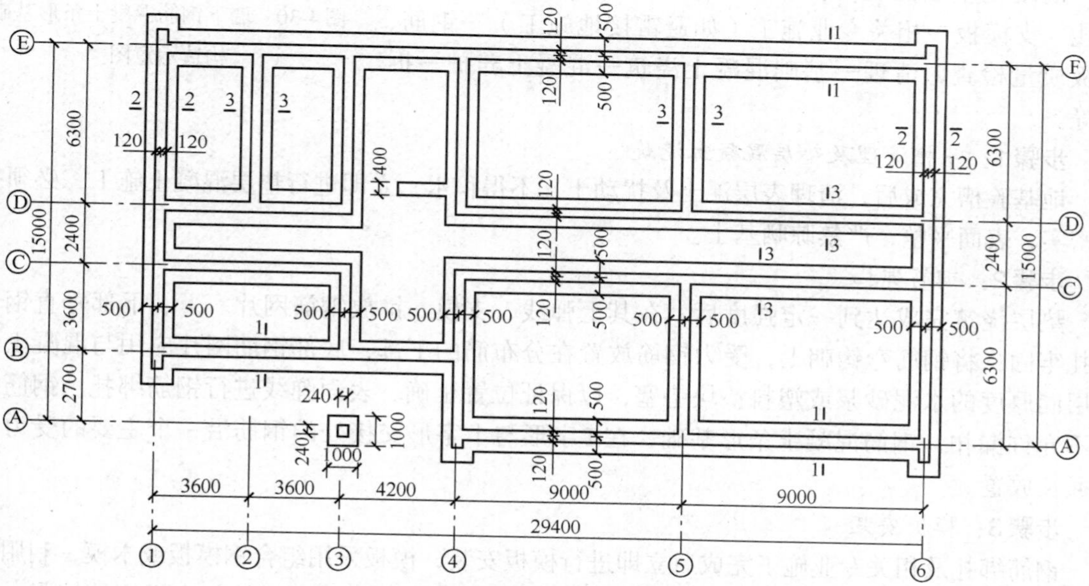

图4-27　墙下钢筋混凝土条形基础平面图

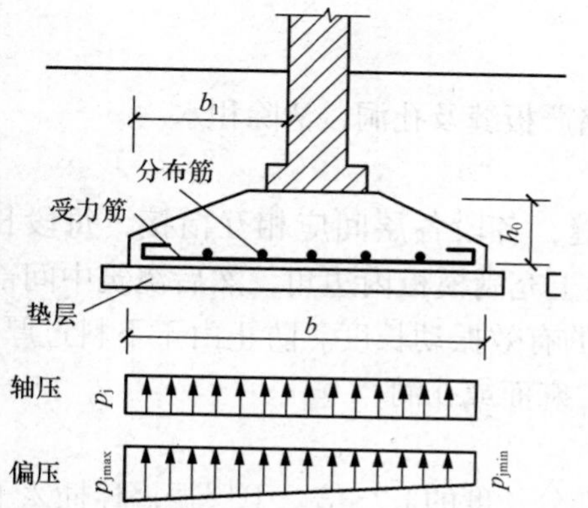

图4-28　墙下钢筋混凝土条形基础结构分析图

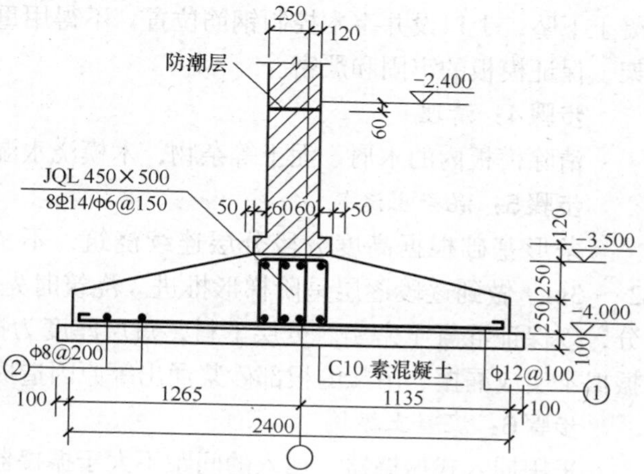

图4-29　墙下钢筋混凝土条形基础构造详图

2. 墙下钢筋混凝土条形基础常见的构造要求

墙下钢筋混凝土条形基础构造示意图如图4-30所示。

（1）基础高度＞250mm时，采用锥形；基础高度≤250mm时，采用平板式。

（2）横向受力钢筋：直径$\phi 8 \sim \phi 16$mm，间距@100～300mm。

（3）纵向分布钢筋（构造筋）：沿b方向，6～8，间距：@100～300mm。

（4）基础底板的混凝土保护层：有垫层≥35mm；无垫层≥70mm。

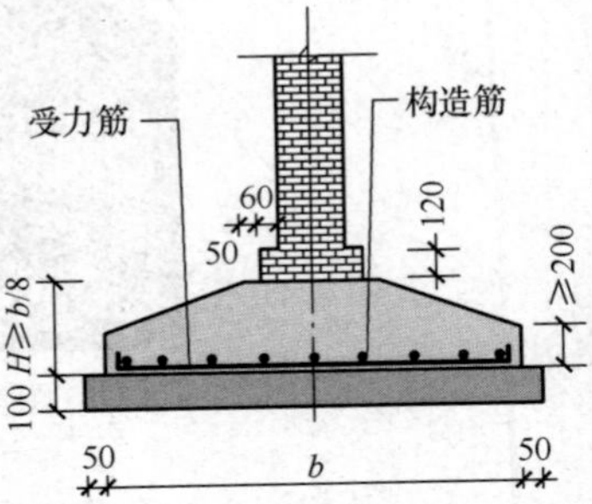

图4-30　墙下钢筋混凝土条形基础构造示意图

任务实施

钢筋混凝土条形基础施工工艺流程为：基槽清理、验槽→混凝土垫层浇筑、养护→抄平、放线→基础底板钢筋绑扎、支模板→相关专业施工（如避雷接地施工）→钢筋、模板质量检查，清理→基础混凝土浇筑→混凝土养护→拆模等。

步骤1：基槽清理及垫层混凝土浇筑

地基验槽完成后，清理表层浮土及扰动土，不得积水，立即进行垫层混凝土施工，必须振捣密实，表面平整，严禁晾晒基土。

步骤2：钢筋绑扎

垫层浇筑完成达到一定强度后，在其上弹线、支模、铺放钢筋网片。上、下部垂直钢筋绑扎牢固，将钢筋弯钩朝上，受力钢筋放置在分布筋的下部，底部钢筋网片应用与混凝土保护层同厚度的水泥砂浆或塑料垫块垫塞，以保证位置正确，表面弹线进行钢筋绑扎。钢筋绑扎不允许漏扣，钢筋混凝土条形基础，在T字形与十字形交接处的钢筋沿一个主要的受力方向通长放置。

步骤3：模板安装

钢筋绑扎及相关专业施工完成后立即进行模板安装，模板采用组合钢模板或木模，利用钢管或木方加固。锥形基础坡度大于30°时，采用斜模板支护，利用螺栓与底板钢筋控紧，防止上浮，模板上部设透气及振捣孔；坡度小于等于30°时，利用钢丝网（间距30cm），防止混凝土下坠，上口设井字木控制钢筋位置。不得用重物冲击模板，不准在吊帮的模板上搭设脚手架，保证模板的牢固和严密。

步骤4：清理

清除模板内的木屑、泥土等杂物，木模浇水湿润，堵严板缝及孔洞，清除积水。

步骤5：混凝土浇筑

条形基础根据高度分段分层连续浇筑，不留施工缝，各段各层间应相互衔接，每段长2～3m，做到逐段逐层呈阶梯形推进。浇筑时先使混凝土充满模板内边角，然后浇筑中间部分，以保证混凝土密实。分层下料，每层厚度为振动棒的有效振动长度。防止由于下料过厚、振捣不实或漏振、吊帮的根部砂浆涌出等原因造成蜂窝、麻面或孔洞。

步骤6：混凝土振捣

采用插入式振捣器，插入的间距不大于振捣器作用部分长度的1.25倍。上层振捣棒插入下层3～5cm并应尽量避免碰撞预埋件、预埋螺栓，防止预埋件移位。

步骤7：混凝土振捣

混凝土浇筑后，表面比较大的混凝土，使用平板振捣器振一遍，然后用木杆刮平，再用木抹子搓平。收面前必须检查混凝土表面标高，若不符合要求，则立刻整改。

步骤8：混凝土养护

已经浇筑完的混凝土，在常温下，应在12h左右覆盖养护和浇水。一般常温养护不得少于7d。特种混凝土养护的时间不得少于14d。

步骤9：模板拆除

在模板拆除前，应派专人检查混凝土强度。侧面模板在混凝土强度保证其棱角不因拆模而受损坏时，方可进行拆模。应采用撬棍从一侧顺序拆除，不得采用大锤砸或撬棍乱撬，以免造成混凝土棱角破坏。

任务3　柱下钢筋混凝土独立基础施工

任务引入

钢筋混凝土独立基础是柱基础的主要形式，通常有现浇柱钢筋混凝土基础和预制柱钢筋混凝土基础两种形式。现浇柱下钢筋混凝土基础，可做成阶梯形或锥形，如图4-31（a）、（b）所示。预制柱下钢筋混凝土基础可做成杯形基础，如图4-31（c）所示。

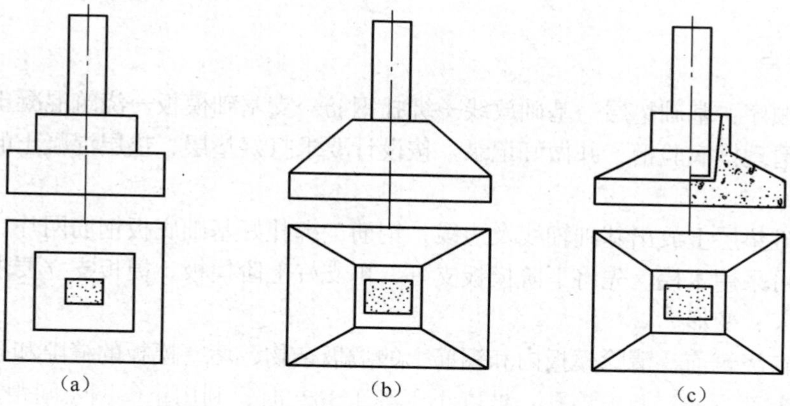

图4-31　柱下钢筋混凝土独立基础分类示意图

相关知识

1．材料与构造要求

基础垫层厚度不宜小于70mm，垫层混凝土强度等级为C15。基础混凝土强度等级不宜小于C20。锥形基础边缘的高度小宜小于200mm；阶梯形基础，每阶高度宜为300 ～ 500mm。底板受力钢筋直径宜小于10mm，间距不宜大于200mm，也不宜小于100mm。当有垫层时底板钢筋保护层厚度为40mm，无垫层时为70mm。当基础的边长尺寸大于2.5m时，受力钢筋的长度可缩短10%。现浇柱下独立基础构造示意图如图4-32所示。

现浇柱的插筋数目与直径同柱内要求，插筋的锚固长度及与柱的搭接长度应满足《混凝土结构设计规范》（GB 50010—2010）的规定。插筋的下端应做成直钩，放在底板钢筋上面。

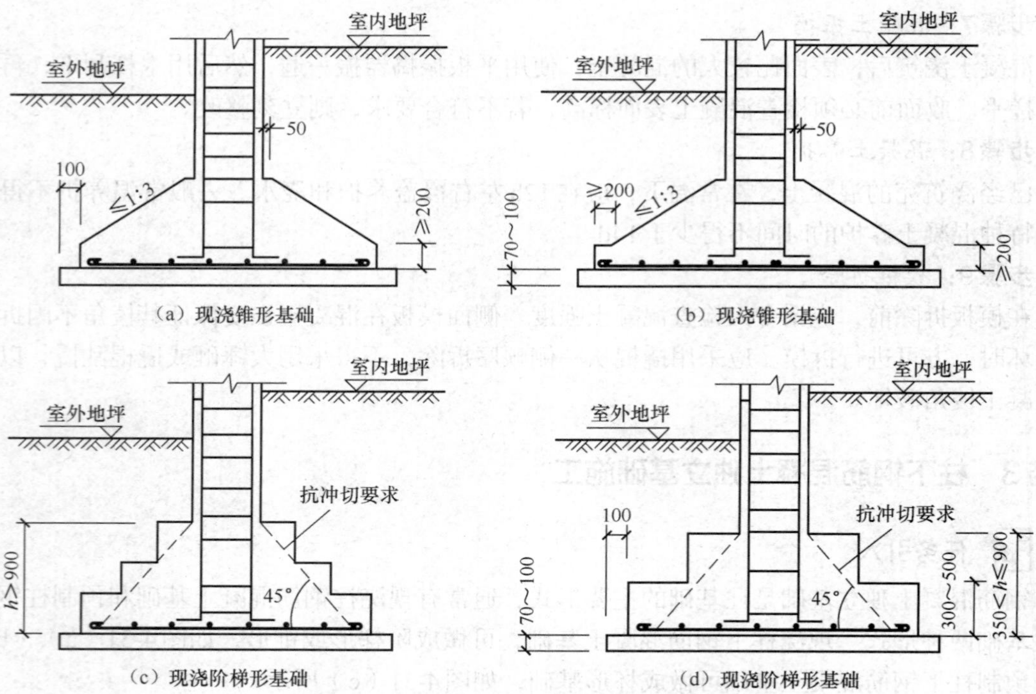

图4-32　现浇柱下独立基础构造示意图

2. 施工要点

施工工艺顺序：基础垫层→基础放线→绑扎钢筋→支基础模板→浇筑混凝土→拆模。

（1）首先清理槽底验槽，并做好记录。按设计要求打好垫层，垫层混凝土的强度等级不宜低于C15。

（2）在基础垫层上放出基础轴线及边线，钢筋工绑扎好基础底板钢筋网片。

（3）模板可采用木模。先将下阶摸板支好，再支好上阶模板。模板支立要求牢固，避免浇筑混凝土时跑浆、变形。

（4）基础在浇筑前，清除模板内和钢筋上的垃圾杂物，堵塞模板的缝隙和孔洞，木模板应浇水湿润。

（5）对于阶梯形基础，基础混凝土宜分层连续浇筑完成。每一台阶高度范围内的混凝土可分为一个浇筑层。每浇筑完一个台阶可停顿0.5～1.0h，待下层密实后再浇筑上一层。

（6）对于锥形基础，应注意保证锥体斜面的准确，斜面可随浇筑随支模板，分段支撑加固以防模板上浮。

（7）对杯形基础，浇筑杯口混凝土时，应防止杯口模板位置移动，应从杯口两侧对称浇捣混凝土。

（8）在浇筑杯形基础时，如杯心模板采用无底模板，应控制杯口底部的标高位置，先将杯底混凝土捣实，再采用低流动性混凝土浇筑杯口四周。或杯底混凝土浇筑完后停0.5～1.0h，待混凝土密实后再浇筑杯口四周的混凝土。混凝土浇筑完成后，应将杯口底部多余的混凝土掏出来，以保证杯底的标高。

（9）基础浇筑完成后，待混凝土终凝前应将杯口模板取出，并将混凝土内表面凿毛。

（10）高杯口基础施工时，杯口距基底有一定的距离，可先浇筑基础底板和短柱至杯口底面位置，再安装杯口模板，然后继续浇筑杯口四周的混凝土。

（11）基础浇筑完毕后，应将裸露的部分覆盖浇水养护。

任务实施

步骤1：抄平

为了使基础底面标高符合设计要求，施工基础前应在基面上定出基础底面标高。

步骤2：垫层施工

为了保护基础的钢筋，施工基础前应在基面上浇筑C10的细石混凝土垫层。

步骤3：钢筋工程

按钢筋位置线布放基础钢筋。

① 放线：根据施工图样要求，在垫层表面上弹出钢筋位置线，长向钢筋放在短向钢筋的下部，并放置相应数量的垫块。

② 施工工艺：在基础垫层上弹出底板钢筋位置线→钢筋半成品运输到位→布放钢筋→钢筋绑扎、验收，做好隐蔽工程验收记录。

当基础高度在900mm以内时，插筋伸至基础底部的钢筋网上，并在端部做成直弯钩。当基础高度较大时，位于柱子四角的插筋应伸到基础底部，其余的钢筋只需伸至锚固长度即可。与底板筋连接的柱四角插筋必须与底板筋成45° 绑扎，连接点处必须全部绑扎，距底板50mm处绑扎第一个箍筋，距基础顶50mm处绑扎最后一道箍筋。作为标高控制筋及定位筋，柱插筋最上部再绑扎一道定位筋，上下箍筋及定位箍筋绑扎完成后，将柱插筋调整到位并用井字木架临时固定，然后绑扎剩余箍筋，保证柱插筋不变形、不走样。

步骤4：支模板

根据基础施工图样的尺寸制作每一阶梯模板，支模顺序由下至上逐层向上安装。对于锥形基础，应注意保持锥体斜面坡度的正确性，斜面部分的模板应随混凝土浇捣分段支设并压紧，以防止模板上浮变形；边角处的混凝土必须捣实。严禁斜面部分不支模，应用铁锹拍实。

步骤5：混凝土工程

（1）浇筑与振捣。浇筑现浇柱下条形基础时，注意确保柱子插筋位置正确，防止出现位移和倾斜。在浇筑开始时，先满铺一层5～10cm厚的混凝土并捣实，使柱子插筋下段和钢筋网片的位置基本固定，然后对称浇筑。基础上部柱子后施工时，可在上部水平面留设施工缝。坍落度必须符合《混凝土结构工程施工质量验收规范》（GB 50204—2011）的规定。

在浇筑时应经常观察模板、钢筋、预留孔洞、预埋件和插筋等有无移动、变形或堵塞情况，发现问题应立即处理，并应在已浇筑的混凝土初凝前修正完好。

（2）养护。混凝土浇筑完毕后，根据《混凝土结构工程施工质量验收规范》（GB 50204—2011）的有关规定，应按施工技术方案及时采取有效的养护措施，防止发生蜂窝、麻面、孔洞、漏筋等现象。混凝土施工中几种常见的养护方法有覆盖浇水养护、薄膜布养护、喷涂薄膜养护和覆盖式养护等。

步骤6：拆模

（1）拆模顺序。一般是先支后拆，后支先拆，先拆除侧模板，后拆除底模板。重大复杂模板的拆除，事前应制订拆模方案。

（2）拆模日期。模板的拆除日期取决于混凝土的强度、模板的用途、结构的性质、混凝土硬化时的气温等因素。侧模板应在混凝土强度能保证其表面及棱角不因拆除而受损坏时再拆除。

任务4 筏形基础施工

任务引入

当地基软弱且上部荷载很大，采用十字形基础仍不能满足承载力要求时，或两相邻基础的距离很小或重叠时，可以将基础底面形成整片基础，在施工现场常将此称为满堂基础。这样一来，其基底面积较大，能满足软弱地基的承载力要求，减少了地基附加压力，地基沉降和不均匀沉降也随之减少。但是由于筏基的宽度较大，从而土体压缩层厚度也较大，这在深厚软弱土地基上尤其应引起注意。按板的形式，又可以分为平板式筏形基础和梁板式筏形基础，梁板基础的梁可在平板的上侧，也可在平板的下侧，如图4-33所示。

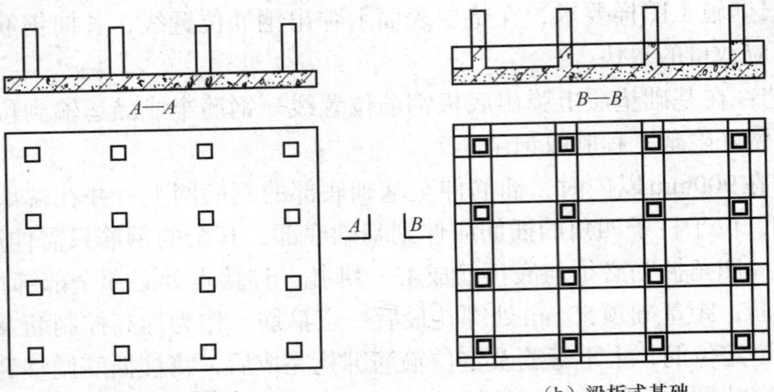

（a）平板式基础　（b）梁板式基础

图4-33　钢筋混凝土筏形基础

相关知识

1. 材料与构造要求

（1）板厚。等厚度筏形基础一般取200～400mm，且板厚与最大双向板的短边之比不宜大于1/20。由抗冲切强度和杭剪强度控制板厚。有悬臂筏板，可做成坡度，但端部厚度不小于200mm，且悬臂长度不大于2.0m。

（2）肋梁桃出。梁板的肋梁应适当挑出1/6～1/3的柱距。纵横向支座配筋应有15%连通，跨中钢筋按实际配筋率全部连通。

（3）配筋间距。筏板分布钢筋在板厚小于或等于250mm时，取ϕ8mm、间距250mm。板厚大于250mm时，取ϕ10mm、间距200mm。

（4）混凝土强度等级。筏板基础的混凝土强度等级不应低于C30。当有地下室时，筏板基础应采用防水混凝土，防水混凝土的抗渗等级应根据地下水的最大水头与防渗混凝土层厚度的比值，按现行《地下工程防水技术规范》选用，但不应小于0.6MPa。必要时宜设架空排水层。

（5）墙体。采用筏形基础的地下室，应沿地下室四周布置钢筋混凝土外墙，外墙厚度不应小于250mm，内墙厚度不应小于200mm。墙体截面应满足承载力要求，还应满足变形、抗裂及防渗要求。墙体内应设置双面钢筋，竖向和水平钢筋的直径不应小于12mm，间距不应大于300mm。

（6）施工缝。筏板与地下室外墙的连接缝、地下室外墙沿高度的水平接缝应严格按施工缝要求采取措施，必要时设通长止水带。

（7）柱、梁连接。柱与肋梁交接处构造处理，如图4-34所示。

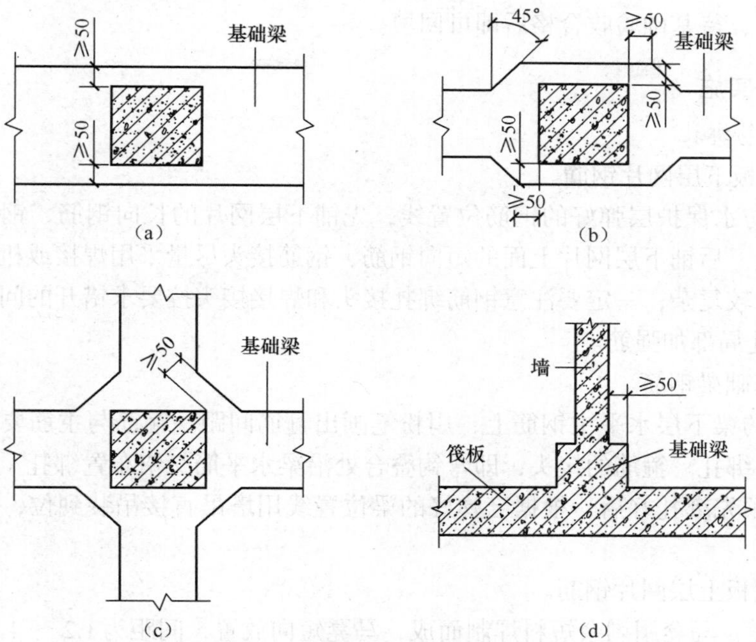

图4-34　柱与肋梁交接处构造示意图

2. 施工要点

施工工艺顺序：基础垫层→基础放线→绑扎钢筋→支立模板→浇筑混凝土→拆模。

（1）筏板基础为满堂基础，基坑施工的土方量较大，首先做好土方开挖。开挖时注意基底持力层不被扰动。当采用机械开挖时，不要挖到基底标高，应保留200mm左右，最后人工清槽。

（2）开槽施工中应做好排水工作，可采用明沟排水。当地下水位较高时，可预先采用人工降水措施，使地下水位降至基底500mm以下，保证基坑在无水的条件下进行开挖和基础施工。

（3）基坑施工完成后应及时进行验槽。验槽后清理槽底，进行垫层施工。垫层的厚度一般取100mm，混凝土强度等级不低于C15。

（4）当垫层混凝土达到一定强度后，使用引桩和龙门架在垫层上进行基础放线、绑扎钢筋、支模板、固定柱或墙的插筋。

（5）筏板基础在浇筑前，应搭建脚手架，以便运灰送料，清除模板内和钢筋上的垃圾、泥土、污物，本模板应浇水湿润。

（6）混凝土浇筑方向应平行于次梁方向。对于平板式筏形基础则应平行于基础的长边方向。筏板基础混凝土浇筑，应连续施工，若不能整体浇筑完成，应设置竖立施工缝。施工缝的预留位量，当平行于次梁长度方向浇筑时，应在次梁小间1/3跨度范围内。对于平板式筏基的施工缝，可在平行于短边方向的任何位置设置。

（7）当继续开始浇筑时应进行施工缝处理，在施工缝处，将活动的石子清除干净，浇洒一层水泥浆，再继续浇筑泥凝土。

（8）对于梁板式筏形基础，梁高出地板部分的混凝土可分层浇筑。每层浇筑厚度不宜小于200mm。

（9）基础浇筑完毕后，基础表面应覆盖并洒水养护。当混凝土强度达到设计强度的25%

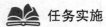

以上时即可拆模，待基础验收合格后即可回填。

任务实施

步骤1：钢筋绑扎

（1）绑扎底板下层网片钢筋。

① 根据在防水保护层弹好的钢筋位置线，先铺下层网片的长向钢筋，钢筋接头尽量采用焊接或机械连接。后铺下层网片上面的短向钢筋，钢筋接头尽量采用焊接或机械连接。由于底板钢筋施工要求较复杂，一定要注意钢筋绑扎接头和焊接接头按要求错开的问题。

② 依次绑扎局部加强筋。

（2）绑扎基础梁钢筋。

① 在放平的梁下层水平主钢筋上，用粉笔画出箍筋间距。箍筋与主筋要垂直，箍筋转角与主筋交点均要绑扎。箍筋的接头，即弯钩叠合处沿梁水平筋交错布置绑扎。

② 基础梁预先绑扎好后，根据已弹好的梁位置线用塔吊直接吊装到位，与底板钢筋绑扎牢固。

（3）绑扎底板上层网片钢筋。

① 铺设马凳：马凳用剩余短料焊制而成，马凳短向放置，间距为1.2 ～ 1.5m。

② 绑扎上层钢筋网片：先按图样要求，顺序放置上层钢筋网的下部钢筋，并弹好钢筋位置线，顺序放置上层钢筋，钢筋接头尽量采用焊接或机械连接，要求接头在同一连接区段相互错开50%，同一根钢筋尽量减少接头。

③ 绑扎柱和墙体插筋：根据放好的柱和墙体位置线，将柱和墙体插筋绑扎就位，并和底板钢筋定位焊固定，要求接头均错开50%。

④ 垫保护层：底板下混凝土保护层为40mm，钢筋网下布置垫块，采用梅花形布置。

⑤ 成品保护：钢筋施工时注意保护防水卷材，避免防水层在钢筋施工时被破坏；钢筋绑扎完成后，不要在上面随意踩踏。

步骤2：模板工程

① 在支设模板前，先在垫层顶面弹线，然后支设底板侧模，考虑混凝土浇筑时侧压力较大，模板外侧面必须采用木方及钢管进行支撑加固，支撑间距不大于1.5m。

② 模板固定完毕后拉通线检查板面顺直。

③ 保护钢筋、模板的位置正确，不得直接踩踏钢筋和改动模板；在拆模时不得对结构产生破坏。

步骤3：混凝土工程

（1）混凝土现场搅拌。

① 浇筑混凝土前，根据混凝土实验室配合比、砂石含水率，调整混凝土配合比中的材料用量，换算每盘的材料用量，写配合比板上内容，经施工技术负责人校核后，将其挂在搅拌机旁醒目处。

② 投料顺序为：石子→水泥→砂子→水→外加剂液剂。

③ 搅拌时间：从全部材料投入搅拌筒起，到开始卸料为止所经历的时间。它是影响混凝土质量及搅拌机生产率的一个主要因素。搅拌时间过短，混凝土不均匀；搅拌时间过长，会降低搅拌的生产效率，同时会使不坚硬的骨料破碎、脱角，有时还会发生离析现象，从而影响混凝土的质量。因此，应兼顾技术要求和经济合理，确定合宜的搅拌时间。

（2）混凝土输送管线宜直，转弯宜缓，每个接头必须加密封垫，以确保严密。泵管支持必须牢固。

（3）泵送前先用适量与混凝土强度同等级的水泥砂浆润管，并压入混凝土。砂浆输送到基坑内，要抛散开，不允许水泥砂浆堆在一个地方。

（4）混凝土浇筑。基础底板一次性浇筑，间歇时间不能太长，不允许出现施工缝，混凝土浇筑顺序由一端向另一端浇筑，混凝土采用阶梯式分层浇筑，分层振捣密实，分层厚度一般为300～500mm，以使混凝土的水化热尽量散失。另外，混凝土自高处倾落的自由高度不应超过2m，以防止混凝土产生离析，否则应设串筒、溜槽、溜管或振动溜管等下料。

（5）混凝土振捣。振捣时，要快插慢拔，振捣泵送混凝土时，振捣棒插入的间距一般为400mm左右。振捣时间一般为15～30s。时间过短不易振实，时间过长可能引起混凝土离析，以混凝土表面泛浆，不大量泛气泡，不再显著下沉，表面浮出灰浆为准。边角处要多加注意，防止漏振。振捣棒距离模板要小于其作用半径的50%，约为150mm，并不宜靠近模板振捣，且要尽量避免碰撞钢筋、芯管、止水带、预埋件等。

（6）混凝土浇筑完毕后要进行多次搓平，保证混凝土表面不产生裂纹。振捣完后先刮平，待其表面收浆以后，用木抹刀搓平表面。混凝土搓平完毕后，立刻用塑料布覆盖养护，浇水养护时间为14d。

工程案例——某浅基础施工方案

1. 工程概况

本工程7#、8#、9#住宅楼位于××县城，由××勘察设计有限责任公司设计，××省第三建筑工程公司××项目部承建，7#楼建筑面积5670.2m^2，8#楼建筑面积为6478.7 m^2，9#楼建筑面积为7602.6m^2，设计使用年限50年。抗震设防烈度为6度设防，砖混结构，层高为3.0m，储藏室为3.0m，室内外高差0.15m。

2. 编制依据

依据建筑施工规范及关工艺标准，本工程基础为条形砖基础，楼层基础的埋深为-1.8m。为了加快施工进度，基础采用机械大开挖。

3. 基础的施工顺序

打龙门桩—基础放线—100mm素砼垫层—条形砼基础—基础砖砌体—地圈梁—回填房心土。

4. 土方开挖及边护

根据本工程特点，本工程土方反铲挖掘机从东端同时开挖，采用机械大开挖，机械开挖至垫层标高以上100mm后，采用人工挖至设计标高。土方开挖前，先放好基础边线和土方开挖线，并将其引到基槽以外不会被破坏的地方，开挖时注意底局部预留100mm厚土层，待验槽后浇筑垫层时挖除，以防止因基底长时间暴露而受扰动。开挖基槽时如发现土层与地质报告不符或发现不良地基，如暗沟、暗升、暗塘、墓穴及人防施等，应立即通知建设单位地质勘探部门、设计院等有关部门人员到现场研究解决。

土方开挖时，施工测量人员严格控制标高，严禁超挖。土方工程采用大开挖，自然放坡，放坡系数取1∶0.33。

5. 基础垫层及条基砼施工

（1）浇捣C10砼垫层时，按每个台班留置试块3组，做试块时请监理公司人员旁边监督，并进行标准养护。

（2）在垫层浇筑前要对基槽土方进行修整，应用竹签对基槽的标高进行标识。先用竹签钉在基槽的中间，然后用水准尺对其进行测定标高。在素砼浇筑过程中，将以这些竹签的顶为基准，进行总体标高测定。在砼具体施工时，测量员应对全程进行控制施工。由远而近，并不得在同一处连续布料，应在2m范围内水平移动布料，且垂直于浇筑，振动棒插入间距一般为400mm左右，振捣时间一般为15～30s，并且在20～30min后对其进行二次复振。确保顺利布料和振捣密实，采用平板振动器时，其移动间距应保证平板能覆盖已振实部分的边缘。砼振捣完毕后，表面要用磨板磨平。

6. 砖基础施工

（1）基础采用MU10机制黏土砖，砖的强度等级必须进行复试符合设计要求。并应提前1～2天浇水润湿。其含水率宜为10%～15%。

（2）抄平设置皮数杆。放出墙身轴线。并将砌筑部位清洗清理干净。表面平整度超过1.5cm的要用细石砼抹平。

（3）砖墙的砌筑形式为梅花丁式，砌筑方法为“三一法”。即一铲灰、一批砖、一柔挤、砂浆标号为M10水泥砂浆。砂浆搅拌时应按配比单进行重量比配制。搅拌时间不宜小于120s。随拌随用每次在2～3h内用完。

（4）砌筑时应在墙的转角处及构造柱与墙体的连接处设置皮数杆。皮数杆应垂直放于预先做好的固定水平标高砂浆快上。砌筑时墙体最上一皮砖和最底一批砖，均砌丁砖层。

（5）砖墙的十字交接处。应隔皮纵横墙砌通。交接处内角的竖缝应上、下错开1/4砖长，砖墙的转角处和交接处应同时砌起。对不能同时砌起的，斜搓长度不应小于斜搓高度的2/3。

（6）砖墙水平灰缝和竖向灰缝宽度宜为10mm，但不小于8mm也不大于12mm。水平灰缝的砂浆饱满度不得小于80%，竖缝宜采用挤浆法或加浆法，不得出现透明缝、死缝、假缝。严禁用水冲浆灌缝。

（7）墙体与构造柱的交接处应留置马牙槎及拉结筋。马牙槎从每层柱角开始留置，先退后进。拉结筋为2Φ6.5mm钢筋。间距沿墙高不得超过500mm。埋入长度从墙的留槎处算起，长度不小于1000mm，伸入构造柱的长度为200mm。末端应做90° 弯钩。

（8）墙体砌筑完毕后应把墙体上的浮灰和杂物清理干净，包括构造柱内的落地灰及浮灰。

（9）砖砌体尺寸和位置的允许偏差如下。

轴线位移：5mm；墙面垂直度：5mm；表面平整度：7mm；水平灰缝平直度：10mm；水平灰缝厚度（10皮砖累计）：±8mm。

7. 钢筋制作与安装

（1）学习、熟悉施工图样和指定的图集，明了构造柱、圈梁、节点处的钢筋构造及各部做法，确定合理分段与搭接位置和安装次序，本工程梁、柱钢筋锚固长度搭接长度钢筋保护层梁等都必须符合设计要求。

（2）钢筋应附出厂质量证明书和试验报告，不同型号、钢号、规格均要进行复试合格，必须符合设计要求和有关标准的规定方可使用。

（3）Ⅰ级钢（直径6～12mm盘圆钢）经冷拉后长度伸长（2%至一般小冷拉，钢筋不得有裂纹、起皮生锈、表面无损伤、无污染，发现有颗粒现状不得使用。按施工图计算准确下料单，根据钢材定尺长度统筹下料，加强中间尺寸复查做到物尽其用。

（4）各种不同型号、规格的钢筋下料后按不同尺寸、数量，根据施工平面布置图要求，进行绑扎，并按次序堆放，挂上标识牌。绑扎前要清扫模板内杂物和砌墙的落地砂浆灰，模板上弹好水平标高线。

（5）绑扎基础构造柱钢筋时，箍筋的接头应交错分布在四角纵向钢筋上，箍筋转角与纵向钢筋交叉点均应扎牢（箍筋平直部分与纵向钢筋交叉点可间隔扎牢）。绑扎箍筋时绑扣相互间应成八字形，构造柱与梁的交接处上下各500mm加密区，箍筋用φ6@100。牛腿梁应放在构造柱的纵向钢筋内侧。

（6）绑扎地圈梁，在模板支好后绑扎，按箍筋间距在模板一侧画好线，放入箍筋，然后穿入受力钢筋。绑扎时箍筋应受力钢筋垂直，并沿受力钢筋方向相互错开。各受力钢筋之间的绑扎接头位置应相互错开，并在中心和两端用铁丝扎牢。Ⅱ级钢筋的弯曲直径不宜小于$4d$，箍筋弯钩的弯曲直径不小于$2.5d$，弯后的平直长度不小于$10d$，并做135°弯钩。在钢筋绑扎好后应垫水泥垫块，数量为8块/m^2。

（7）在钢筋加工时不得乱锯乱放，使用前须将钢筋上的油污、泥土和浮锈清理干净。绑扎结束后应保持钢筋清洁。

（8）钢筋绑扎的允许偏差如下。

受力钢筋的间距：±10mm；钢筋弯起点位置：20mm；箍筋、横向钢筋的间距：±20mm；保护层厚度：柱、梁±5mm；

8. 模板施工

（1）模板及其支架必须以下规定。

① 保证工程结构和构件各部分形状尺寸和相互位置的准确。

② 具有足够的承载力、刚度和稳定性，能可靠地承受新交砼的自重和侧压力，以及在施工过程中所产生的荷载。

③ 构造简单，拆装方便，便于钢筋的绑扎、安装和砼的浇筑和养护等要求。

④ 模板的接缝不应漏浆。

⑤ 木模与支撑系统应选不易变形、质轻、韧性好的材料不得使用腐朽、脆性和受潮湿易变形的木材。

（2）构造柱模板安装。构造柱模板由侧模、柱箍、支撑组成，安装前应先将构造柱内及钢筋上的杂物和落地灰清理干净，先安装侧模再安装柱箍将其固定。为了保证柱模的稳定，柱模之间要用水平撑、剪刀撑等互相拉结固定。

（3）圈梁模板的安装。圈梁模板支模采用扁担支模法，在圈梁底面下一皮砖处，每隔1m左右打一砖孔洞，穿50mm×100mm方木做扁担，高应根据墙体50线确定，并在侧板上钉托木，竖立两侧模板，用夹条及斜撑支牢，侧板上口设撑木固定，侧板上口的水平标高应根据墙体50线确定，复核梁的轴线位置。

（4）模板的拆除。

① 承重模板在砼强度能够保证其表面及棱角不因拆模而受损时方能拆模。

② 梁小于8m的砼强度要达到75%以上，悬挑部位应达到100%方可拆模。

③ 拆除的模板要及时清运，同时清理模板上的杂物，涂刷隔离剂，分类堆放整齐。

（5）模板安装的允许偏差。

轴线位置：5mm；

层高垂直度：6mm；

相邻两板高低差：2mm；

截面内部尺寸：+4mm，−5mm；

表面平整度（2m长度上）：5mm。

9. 基础柱地圈梁砼

（1）浇筑前应先对机械设备进行检查，保证水电及原材料的供应，掌握天气变化情况。

（2）检查模板的标高、位置及截面尺寸，支撑和模板的固定是否可靠，钢筋的规格数量安装位置是否与设计要求符合。

（3）清理模板内的杂物及钢筋上的油污，并加以浇水润湿，但不得有积水。

（4）砼的强度等级为C30，构造柱梁板采用机械搅拌。

（5）浇筑构造柱时，砼的拌制应严格按照配合比进行控制，并控制水灰比及坍落度。搅拌时间不小于120s。浇筑前构造柱底部应先填厚50～100mm且与砼成分相同的水泥砂浆，振捣时要注意振捣器与模板的距离，并应避免碰撞钢筋与模板。浇筑时应以最少的转载次数和最短的时间从搅拌地点运至浇筑地点，使用振捣器时，要轻拔快插捣有序，不漏振，插入的深度不小于50mm，每一振捣的延续时间应使砼的表面呈现浮浆和不再沉落。在浇筑时要经常观察模板，防止胀模。

（6）地圈梁振捣砼时，振动棒插入间距一般为400mm左右，振捣的时间应使砼的表面呈现浮浆和不再沉落。对于钢筋密集部位，应先制定好措施，确保顺利布料和振捣密实。在浇筑的同时应经常观察钢筋和模板，如有变形和移位，应立即采取措施处理。砼振捣完毕后，表面要用模板磨平。

（7）浇筑结束后应进行砼养护，即覆盖及浇水。在强度未达到1.2N/mm^{2}以前不得在上面踩踏及安装砌筑。

（8）砼浇筑的允许偏差。轴线位置：8mm；截面尺寸：+8mm，−5mm；表面平整度（2m长度上）：8mm。

10. 土方回填

（1）因工程现况，基础回填分为二次回填（第一次回填至地圈梁处，第二次室内回填至−0.05m处，室外回填至−0.25m处），回填时采用自然土分层夯实。

（2）本工程土方采用人工回填、铺平、机械打夯，打夯遍数为3～4遍，每批回松土20cm，其夯实厚度在15cm左右。填土时，应保证边缘部位的压实质量，填表土后将填方边缘宽度填宽0.5m。

（3）回填前，将坑内树根、木料等杂物垃圾清理干净，将洞、坑积水抽干，清净淤泥砂，将挑担洞用细石砼堵实，并保证墙体及砼强度达到一定的要求，在土方回填时不至于损伤方可回填。

××住宅小区二期工程项目部
2014年12月25日

单元小结（思维导图）

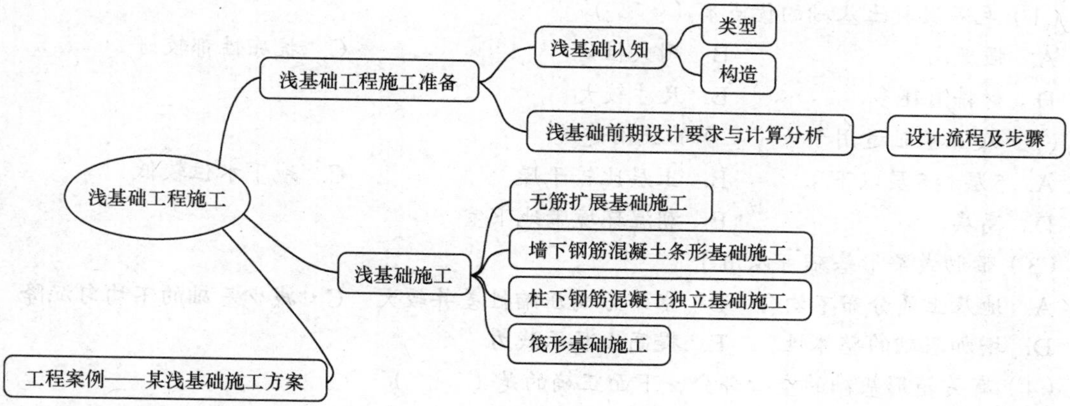

基本技能训练

1. 单项选择题

（1）以下埋深不属于浅基础的是（　　）。

A. 6m　　B. 4.8m　　C. 3m　　D. 1m

（2）无筋扩展基础使用的材料不包括（　　）。

A. 毛石　　B. 膨胀土　　C. 混凝土　　D. 三合土

（3）关于砖基础大放脚的说法正确的是（　　）。

A. 自由式　　B. 剖面做成矩形

C. 等高式或不等高式两种形式　　D. 一般不设垫层

（4）根据基础用材最低强度等级的有关规定，含水饱和环境下，基础可用石材（　　）。

A. MU27　　B. MU20　　C. MU25　　D. MU30

（5）有关扩展基础说法正确的是（　　）。

A. 可以减小埋深　　B. 整体性一般

C. 适用于土质坚硬的情况　　D. 为刚性基础

（6）预制柱一般较多采用采用（　　）。

A. 锥形基础　　B. 矩形基础　　C. 杯形基础　　D. 阶梯形基础

（7）下梁式筏板基础主要采用（　　）。

A. 在底板上做梁　　B. 梁放在底板的下方

C. 柱子支承在梁上　　D. 底板不平整

（8）扩展基础受力钢筋，其间距正确的是（　　）mm。

A. 150　B. 90　C. 250　D. 300

（9）柱下钢筋混凝土独立基础，钢筋保护层的厚度当有垫层时，正确的是（　　）。

A. 30mm　B. 50mm　C. 35mm　D. 25mm

（10）为了保护基础，一般要求基础顶面低于设计地面至少（　　）。

A. 0.5m　B. 0.3m　C. 0.1m　D. 0.2m

2. 多项选择题

（1）毛石混凝土基础的优点有（　　）。

A. 强度高　B. 耐久性好　C. 抗冻性都较好

D. 材料消耗多　E. 尺寸较大

（2）灰土基础适用于（　　）的民用建筑。

A. 5层和5层以下　B. 土层比较干燥　C. 地下水位较低

D. 高层　E. 潮湿环境带地下室

（3）带肋式条形基础可以用于（　　）。

A. 地基土质分布不均匀　B. 水平方向压缩性差异较大　C. 减少基础的不均匀沉降

D. 增加基础的整体性　E. 提高土层承载力

（4）有关箱形基础的空心部分，下面正确的是（　　）。

A. 可作为地下室　B. 减少基底的附加应力

C. 都是三角形　D. 无隔墙　E. 平面形状复杂

（5）阶梯形扩展基础的每阶高度，宜为（　　）mm。

A. 300　B. 500　C. 400

D. 350　E. 250

职业资格拓展训练

1. 案例概况

春天花园位于A市新区天元大道与哈府街交会处东南角，建筑面积31267.35m^2，地下一层为设备用房，地上一、二层为商业用房，三至十九层为高层公寓，建筑高度58.2m，主体为现浇钢筋砼剪力墙结构，基础为钢筋砼筏板砼基础。筏板长99.26m，宽10.25～16.6m，厚1.2m，总体积1586.68m^3。砼强度等级为C30，抗渗等级P6。基础共设置三条750mm宽后浇带。根据工程勘察报告，筏板基础持力层为第④层卵石层，地基承载力特征值f_{ak}=480kPa。若开挖至设计标高时未进入持力层，应将持力层以上薄弱层全部挖除后采用级配砂卵石回填至设计标高，并按规范要求做载荷试验。

2. 分析提问

（1）筏板基础的施工要点和要求有哪些？

（2）剪力墙结构的优缺点是什么？

（3）若此工程在冬季施工，对于配制混凝土用的水泥有哪些规定？

（4）试分析混凝土结构工程中钢筋产生锈蚀的主要原因。

学习单元5

桩基础工程施工

学习目标

(1) 熟悉桩基础的类型与构造特点。

(2) 掌握预制桩的施工方法、工艺、流程及特点。

(3) 掌握各类灌注桩的施工方法、工艺、流程及特点。

项目1　桩基础工程施工准备

任务　桩基础认知

任务引入

桩基是一种古老的基础形式，桩工技术经历了几千年的发展过程。早在新石器时代，人们为了防止猛兽侵犯，曾在湖泊和沼泽地里栽木桩筑平台来修建居住点。在中国，最早的桩基是在浙江省河姆渡遗址中发现的。到宋代，桩基技术已经比较成熟，在《营造法式》中载有临水筑基一节。到了明、清两代，桩基技术更趋完善。例如，清代《工部工程做法》一书对桩基的选料、布置和施工方法等方面都有了规定。现在，无论是桩基材料和桩类型，或者是桩工机械和施工方法都有了巨大的发展，已经形成了现代化的基础工程体系，桩基础如图5-1所示。在某些情况下，采用桩基可以大量减少现场工作量和材料的消耗，如图5-2所示。

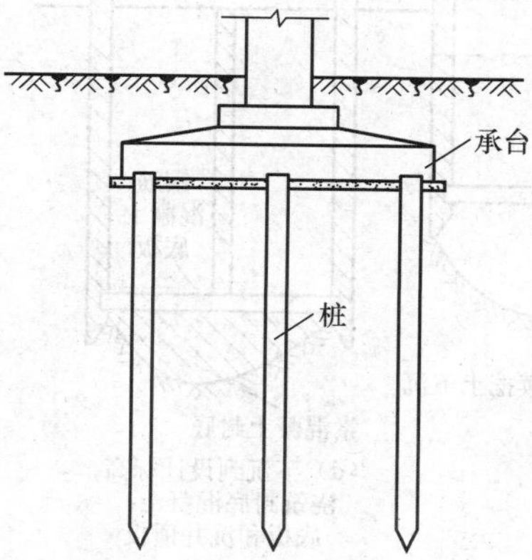

图5-1　桩基础示意图

图5-2　桩基础现场施工图

相关知识

1. 深基础分类

深基础主要有桩基础、沉井基础和地下连续墙等几种类型。其中以历史悠久的桩基应用最为广泛。相对于浅基础，深基础埋入地层较深，结构形式和施工方法较浅基础复杂，在设计、计算时需考虑基础侧面土体的影响。

（1）桩基础。桩基础是通过承台把若干根桩的顶部连接成整体，共同承受动、静荷载的一种深基础。通常下列情况下可考虑用桩基础方案。

① 软弱地基或某些特殊性土上的永久性建筑物，不允许地基有过大沉降和不均匀沉降时。

② 对于高重建筑物，如高层建筑、工业厂房和料仓等，地基承载力不能满足设计需要时。

③ 对桥梁、码头、烟囱、输电塔等结构物，宜采用桩基础以承受较大的水平力和上拔力时。

④ 对精密或大型的设备基础，需要减小基础振幅、减弱基础振动对结构的影响时。

⑤ 在地震区，以桩基作为地震区结构抗震措施或穿越可液化地基时。

⑥ 水上基础，施工水位较高或河床冲刷较大，采用浅基础施工困难或不能保证基础安全时。

桩基础具有较高的承载力与稳定性，是减少建筑物沉降量与不均匀沉降的良好措施，具有良好的抗震性能。但其造价高、施工复杂、在打桩等施工过程中存在着较大的振动与噪声，且灌注桩对文明施工中要求的场地卫生存在一定影响。

（2）沉井基础。沉井基础是一个用混凝土或钢筋混凝土等制成的井筒形结构物，它可以仅作为建筑物基础使用，也可以同时作为地下结构物使用。其施工方法是先就地制作第一节井筒，然后在井筒内挖土，使沉井在自重作用下克服土的阻力而下沉。随着沉井的下沉，逐步加高井筒，沉到设计标高后，在其下端浇筑混凝土封底。沉井只作为建筑物基础使用时，常用低强度混凝土或砂石填充井筒，若沉井作为地下结构物使用，则不进行填充而在其上端接筑上部结构。沉井施工程序如图5-3所示。

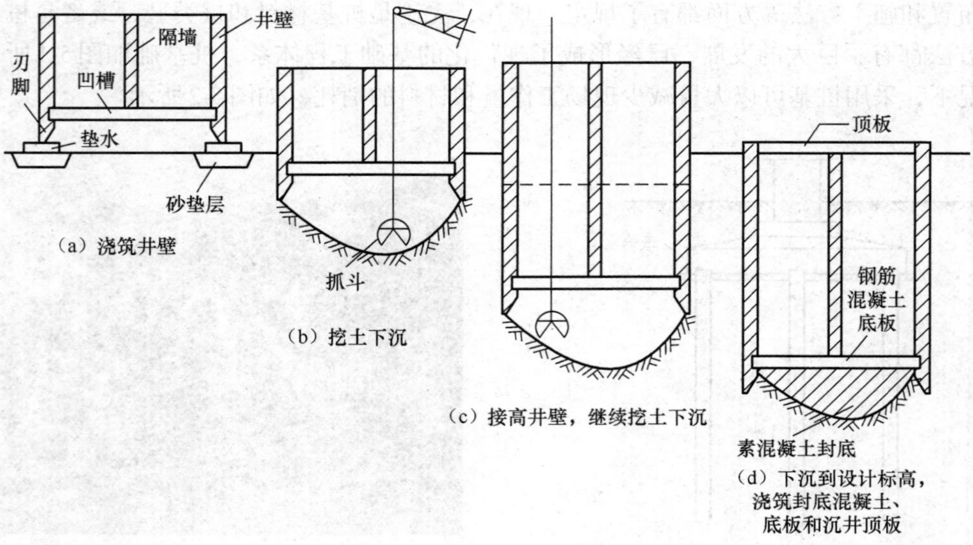

图5-3 沉井施工程序示意图

沉井在下沉过程中，井筒就是施工期间的围护结构。在各个施工阶段和使用期间，沉井各部分可能受到土压力、水压力、浮力、摩阻力、底面反力以及沉井自重等的作用。沉井的构造和计算应充分满足各个阶段的要求。

（3）地下连续墙。地下连续墙（见图5-4）是利用专门的成槽机械在地下成槽，在槽中安放钢筋笼（网）后以导管法浇灌水下混凝土，形成一个单元墙段，再将顺序完成的墙段，以特定的方式连接组成的一道完整的现浇地下连续墙体。地下连续墙的施工现场如图5-5所示。地下连续墙具有挡土、防渗，并兼作主体承重结构等多种功能；能在沉井作业、板桩支护等法难以实施的环境中进行无噪声、无振动施工；能通过各种地层进入基岩，深度可达50m以上而不必采取降低地下水的措施，因此可在密集建筑群中施工。地下连续墙尤其适用于二层以上地下室的建筑物，可配合逆筑法施工而更显出其独特的作用。

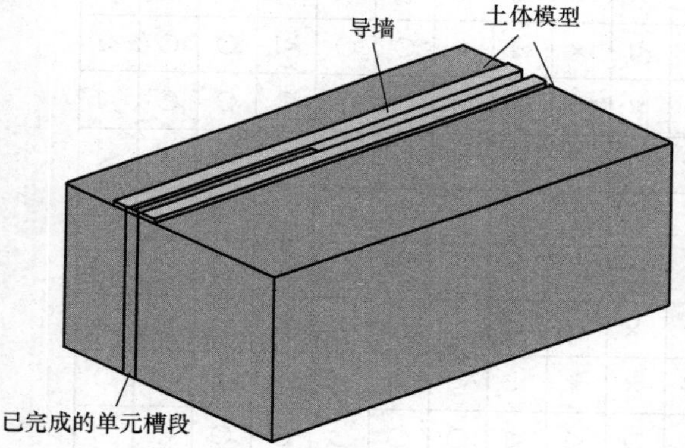

图5-4　地下连续墙示意图

图5-5　地下连续墙施工现场

2. 桩基础分类与选择

按不同的标准，桩有不同的分类，可以根据设计与施工的条件与要求，进行桩型及成桩工艺的选择。桩型与成桩工艺应根据建筑结构类型、荷载性质、桩的使用功能、穿越土层、桩端持力层、地下水位、施工设备、施工环境、施工经验、制桩材料供应条件等，按安全适用、经济合理的原则选择，如表5-1所示。

（1）按承载性能分类。

① 摩擦桩。在承载能力极限状态下，桩顶竖向荷载由桩侧阻力承受，桩端阻力小到可忽略不计，如图5-6（a）所示。

② 端承摩擦桩。在承载能力极限状态下，桩顶竖向荷载主要由桩侧阻力承受，如图5-6（b）所示。

③ 端承桩。在承载能力极限状态下，桩顶竖向荷载由桩端阻力承受，桩侧阻力小到可忽略不计，如图5-6（c）所示。

④ 摩擦端承桩。在承载能力极限状态下，桩顶竖向荷载主要由桩端阻力承受，如图5-6（d）所示。

（2）按成桩方法分类。

①非挤土桩：可分为干作业法钻（挖）孔灌注桩、泥浆护壁法钻（挖）孔灌注桩、套管护壁法钻（挖）孔灌注桩。具体分类如表5-1所示。

表5-1 桩型与成桩工艺选择参考（非挤土成桩）

桩类			桩径		最大桩长/m	穿越土层											桩端进入持力层				地下水位		对环境影响		
			桩身/mm	扩大头/mm		一般黏性土及其填土	淤泥和淤泥质土	粉土	砂土	碎石土	季节性冻土膨胀土	黄土：非自重湿陷性黄土	黄土：自重湿陷性黄土	中间有硬夹层	中间有砂夹层	中间有砾石夹层	硬黏性土	密实砂土	碎石土	软质岩石和风化岩石	以上	以下	振动和噪声	排浆	孔底有无挤密
非挤土成桩	干作业法	长螺旋钻孔灌注桩	300～800	—	28	○	×	○	△	×	○	○	△	×	△	×	○	○	△	△	○	×	无	无	无
		短螺旋钻孔灌注桩	300～800	—	20	○	×	○	△	×	○	○	×	×	△	×	○	○	×	×	○	×	无	无	无
		钻孔扩底灌注桩	300～600	800～1200	30	○	×	○	×	×	○	○	△	×	△	×	○	○	△	△	○	×	无	无	无
		机动洛阳铲成孔灌注桩	300～500	—	20	○	×	△	×	×	○	○	△	△	×	△	○	○	×	×	○	×	无	无	无
		人工挖扩底灌注桩	800～2000	1600～3000	30	○	×	△	△	△	○	○	○	○	△	△	○	△	△	○	○	△	无	无	无
	泥浆护壁法	潜水钻成孔灌注桩	500～800	—	50	○	○	○	△	×	△	△	×	×	△	×	○	○	△	×	○	○	无	有	无
		反循环钻成孔灌注桩	600～1200	—	80	○	○	○	△	△	△	○	○	○	○	△	○	○	△	○	○	○	无	有	无
		正循环钻成孔灌注桩	600～1200	—	80	○	○	○	△	△	△	○	○	○	○	△	○	○	△	○	○	○	无	有	无
		旋挖成孔灌注桩	600～1200	—	60	○	△	○	△	△	△	○	○	○	△	△	○	○	○	○	○	○	无	有	无
		钻孔扩底灌注桩	600～1200	1000～1600	30	○	○	○	△	△	△	○	○	○	○	△	○	△	△	△	○	○	无	有	无
	套管护壁	贝诺托灌注桩	800～1600	—	50	○	○	○	○	○	△	○	△	○	○	○	○	○	○	○	○	○	无	无	无
		短螺旋旋钻孔灌注桩	300～800	—	20	○	○	○	○	×	△	○	△	△	△	△	○	○	△	△	○	○	无	无	无

注：表中符号○表示比较合适；△表示有可能采用；×表示不宜采用。

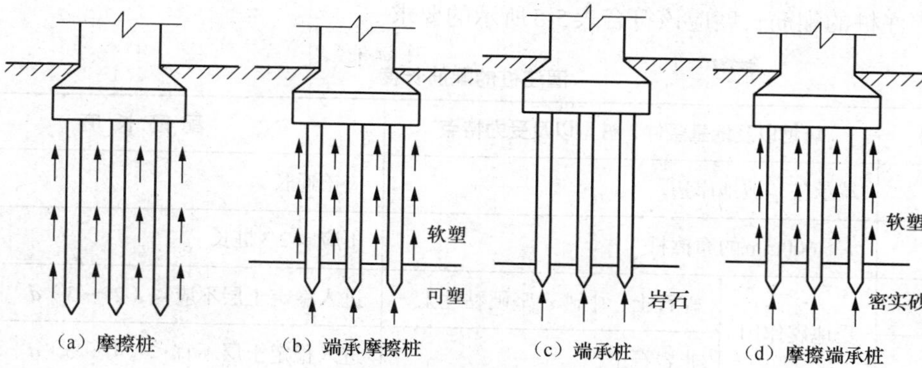

图 5-6　桩按承载性能分类

② 部分挤土桩：可分为长螺旋压灌灌注桩、冲孔灌注桩、钻孔挤扩灌注桩、搅拌劲芯桩、预钻孔打入（静压）预制桩、打入（静压）式敞口钢管桩、敞口预应力砼空心桩和H形钢桩。

③ 挤土桩：沉管灌注桩、沉管夯（挤）扩灌注桩、打入（静压）预制桩、闭口预应力砼空心桩和闭口钢管桩。

（3）按桩径大小（设计直径 d）分类。

① 小直径桩 $d \leqslant 250$mm。

② 中等直径桩 250mm $< d <$ 800mm。

③大直径桩 $d \geqslant 800$mm。

3. 桩基础构造要求

（1）桩的混凝土强度等级应该符合表 5-2 所示的要求。

表 5–2　桩的混凝土强度等级

序号	桩型	混凝土强度等级	序号	桩型	混凝土强度等级
1	灌注桩	不得＜C25	3	预制桩	不宜＜C30
2	预制桩尖	不得＜C30	4	预应力桩	不应＜C40

（2）桩的配筋率应该符合表 5-3 所示的要求。

表 5–3　桩的配筋率

序　号	桩　型	配　筋　率
1	灌注桩	0.65% ～ 0.2%（小直径桩取高值）
2	预制桩（捶击法沉桩）	不宜＜0.8%
3	预制桩（静压法沉桩）	不宜＜0.6%

（3）桩的主筋应该符合表 5-4 所示的要求。

表 5–4　桩的主筋

序　号	桩　型	主筋（净距不应＜60mm）
1	灌注桩（受水平荷载）	不应＜8ϕ12
2	灌注桩（抗压、抗拔）	不应＜6ϕ10
3	预制桩	不宜＜ϕ14

（4）灌注桩的配筋长度应该符合表5-5所示的要求。

表5-5　灌注桩的配筋长度

序　号	场地以及地基条件、桩型以及受力特点		配筋长度
1	端承桩、坡地岸边		应该通长
2	$d>600$mm的摩擦桩		不应＜2/3桩长
3	受地震作用	碎石土、中砂、坚硬黏性土	进入稳定土层不应＜（2～3）d
4		非岩石土	进入稳定土层不宜＜（4～5）d
5	承受负摩阻力的桩		进入持力层不应＜（2～3）d
6	抗拔桩		通长配筋

（5）桩身主筋的混凝土保护层厚度应该符合表5-6所示的要求。

表5-6　桩身主筋的混凝土保护层厚度

序　号	桩　型	主筋的混凝土保护层厚度/mm
1	预制桩	不宜＜30
2	灌注桩（水上）	不应＜35
3	灌注桩（水下）	不得＜50

（6）应选择较硬土层作为桩端持力层，当桩端持力层以下存在软弱下卧层时，桩端以下持力层厚度不宜小于3d，如图5-7所示。桩身全断面进入持力层的深度应该符合表5-7所示的要求。

表5-7　桩底进入持力层的深度

序　号	土　类	桩底进入持力层深度
1	黏性土、粉土	不宜＜2.0d
2	砂土	不宜＜1.5d
3	碎石类土	不宜＜1.0d
4	倾斜、完整或较完整岩	不宜＜0.4d且不＜0.5m
5	平整、完整的坚硬岩或较硬岩	不宜＜0.2d且不＜0.2m

（7）灌注桩的箍筋应采用螺旋式，不应小于ϕ6mm，间距宜为200～300mm；当钢筋笼长度超过4m时，应每隔2m设一道不小于ϕ12mm的加劲箍筋；受水平荷载较大的桩基、承受水平地震作用的桩基以及考虑主筋作用计算桩身受压承载力时，桩顶以下5d范围内的箍筋应加密，间距不应大于100mm；预制桩采用打入法沉桩时，桩顶以下4～5倍桩身直径长度范围内箍筋应加密，并设置钢筋网片。

（8）对于持力层承载力较高、上覆土层较差的抗压桩和桩端以上有一定厚度较好土层的抗拔桩，可采用扩底灌注桩。扩底端的直径与桩身直径之比D/d，对于挖孔桩不应大于3，钻孔桩不应大于2.5；扩底端侧面的斜率应根据实际成孔以及土体自立条件确定，a/h_c可取1/4 ～ 1/2，砂土可取1/4，粉土、黏性土可取1/3 ～ 1/2；抗压桩扩底端底面宜呈锅底形，矢高h_b可取（0.15 ～ 0.20）D，如图5-8所示。

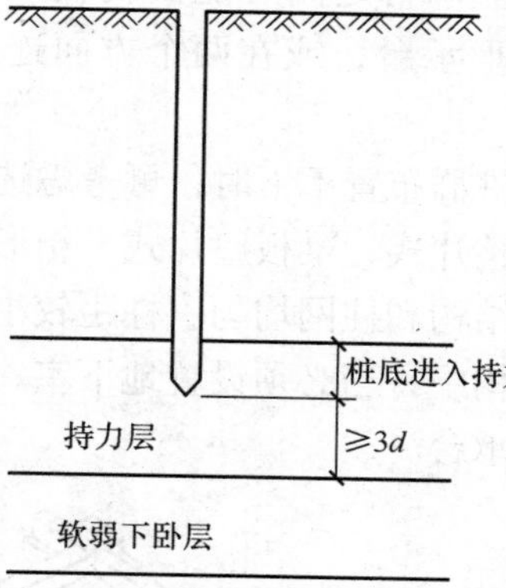

图5-7　桩端持力层

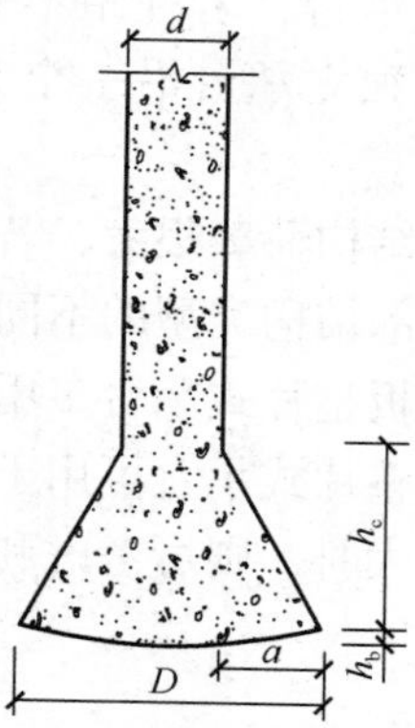

图5-8　扩底桩构造

（9）混凝土预制桩的截面边长不应小于200mm；预应力混凝土预制实心桩的截面边长不宜小于350mm；预应力混凝土空心管桩的外径不宜小于300mm；预应力混凝土空心方桩的边长不宜小于300mm。

（10）预制桩的分节长度应该根据施工条件及运输条件确定，每根桩的接头数量不宜超过3个；预应力混凝土桩的连接可采用端板焊接连接、法兰连接、机械咬合连接、螺纹连接，每根桩的接头数量不宜超过3个。

（11）预制桩的桩尖可将主筋合拢焊接在桩尖辅助钢筋上，对于持力层为密实砂和碎石土时，宜在桩尖处包以钢板桩靴，加强桩尖；预应力混凝土空心桩桩尖形式宜根据地层性质选择闭口型或敞口型，闭口型分为平底十字形和锥形。

（12）桩的中心距应符合表5-8所示的要求。

表5–8　桩的最小中心距

序号	成桩工艺与土类		排数不少于3排且桩数不少于9根的摩擦桩桩基	其 他 情 况
1	非挤土灌注桩		$3.0d$	$3.0d$
2	部分挤土桩		$3.5d$	$3.0d$
3	挤土桩	非饱和土	$4.0d$	$3.5d$
4		饱和黏性土	$4.5d$	$3.0d$
5	钻、挖孔扩底桩		$2D$或$D+2.0$m（当$D>2$m）	$1.5D$或$D+1.5$m（当$D>2$m）
6	沉管夯扩、钻孔挤扩桩	非饱和土	$2.2D$且$4.0d$	$2.0D$且$3.5d$
7		饱和黏性土	$2.5D$且$4.5d$	$2.2D$且$4.0d$

4. 桩承台构造要求

承台是桩基的一个重要组成部分，承台应具有足够的强度和刚度，以便将上部结构的荷载可靠地传给各桩基，并将各单桩连成整体。

（1）承台分类。根据上部结构类型和布桩要求，承台可采用独立承台、条形承台、井格形承台和整片式承台等形式（见图5-9）。柱下一般选用独立承台，墙下一般选用条形承台或井格形承台，若柱距不大、柱荷载较大，柱下独立承台之间可能出现较大的不均匀沉降，也可将独立承台沿一个方向连接起来形成柱下条形承台，或在两个方向连接起来形成井格形承台。

当上部结构荷载很大，若采用条形承台或井格承台桩群布置不下时，可考虑选用整片式承台。根据上部结构类型的不同，整片式承台可分为平板整片式、梁板整片式、箱形整片式等几种形式。平板整片式承台多用于上部为筒体结构、框筒结构和柱网均匀、柱距较小的框架结构中，而梁板整片式承台可用于上部为柱距较大的框架结构中，当必须设置地下室，同时上部结构荷载也很大时，则可考虑利用地下室形成箱形整片式承台。

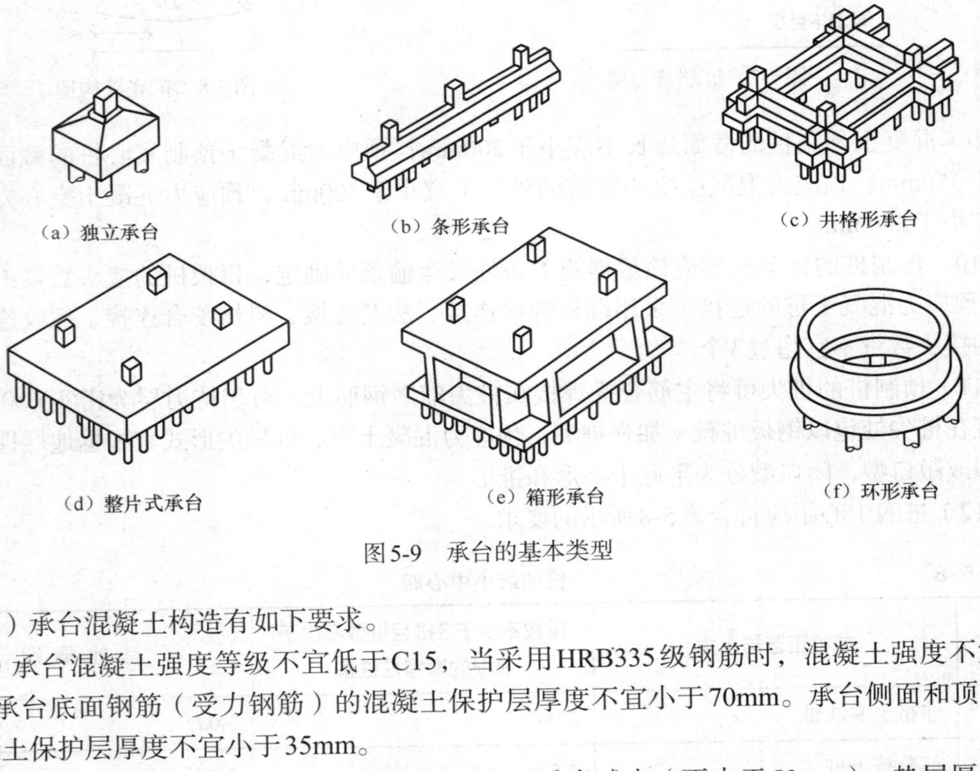

图5-9 承台的基本类型

（2）承台混凝土构造有如下要求。

① 承台混凝土强度等级不宜低于C15，当采用HRB335级钢筋时，混凝土强度不宜低于C20。承台底面钢筋（受力钢筋）的混凝土保护层厚度不宜小于70mm。承台侧面和顶面钢筋的混凝土保护层厚度不宜小于35mm。

② 承台下设素混凝土垫层时，保护层厚度可适当减小（不小于50mm）；垫层厚度可用100mm，混凝土强度等级为C10。

（3）承台钢筋配置有以下要求。

① 柱下独立桩基承台纵向受力钢筋应通长配置（见图5-10（a）），对四桩（含）以上承台宜按双向均匀布置，对三桩的三角形承台应按三向板带均匀布置，且最里面的三根钢筋围成的三角形应在柱截面范围内（见图5-10（b））。纵向钢筋锚固长度自边桩内侧（当为圆桩时，应将其直径乘以0.8等效为方桩）算起，不应小于$35d_g$（d_g为钢筋直径）；当不满足时应

将纵向钢筋向上弯折，此时水平段的长度不应小于$25d_g$，弯折段长度不应小于$10d_g$。纵向受力钢筋的直径不应小于12mm，间距不应大于200mm。柱下独立桩基承台的最小配筋率不应小于0.15%。

② 柱下独立两桩承台，应按《混凝土结构设计规范》（GB 50010—2010）中的深受弯构件配置纵向受拉钢筋、水平及竖向分布钢筋。承台纵向受力钢筋端部的锚固长度及构造应与柱下多桩承台的规定相同。

③ 条形承台梁的纵向主筋应符合《混凝土结构设计规范》（GB 50010—2010）关于最小配筋率的规定（见图5-10（c）），主筋直径不应小于12mm，架立筋直径不应小于10mm，箍筋直径不应小于6mm。

④ 筏形承台板或箱形承台板在计算中当仅考虑局部弯矩作用时，考虑到整体弯曲的影响，在纵横两个方向的下层钢筋配筋率不宜小于0.15%；上层钢筋应按计算配筋率全部连通。当筏板的厚度大于2000mm 时，宜在板厚中间部位设置直径不小于12mm、间距不大于300mm 的双向钢筋网。

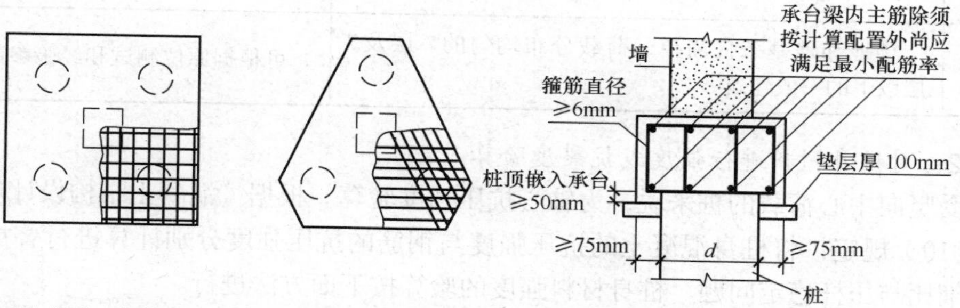

（a）矩形承台配筋　　（b）三桩承台配筋　　（c）墙下承台梁配筋图

图5-10　承台配筋示意图

（4）承台埋深要求。承台的埋深应根据工程地质条件、建筑物使用要求、荷载性质以及桩的承载力要求等因素综合考虑。在满足桩基稳定的前提下承台宜浅埋，并尽可能埋在地下水位以上，这样能便于施工，在冻土地区能减少地基土冻胀对承台的影响，工程造价也能更加经济。但不得因埋深过浅，造成水平荷载作用下产生过大的水平位移而影响其正常使用。

任务实施

步骤1：确定单桩竖向承载力

单桩竖向承载力是指单桩在竖向外荷载作用下，不丧失稳定、不产生过大沉降时的最大荷载。《建筑桩基技术规范》（JGJ 94—2008）规定，单桩竖向极限承载力标准值除以安全系数后的承载力值为单桩竖向承载力特征值R_a，按下式确定。

$$R_a = Q_{uk} / K \tag{5-1}$$

式中，Q_{uk}——单桩竖向极限承载力标准值，按表5-9所示规定取用；

K——安全系数，取$K=2$。

表5-9　　　单桩竖向极限承载力标准值选用

设计等级	建筑类型	单桩竖向极限承载力标准值
甲级	（1）重要的建筑 （2）30层以上或高度超过100m的高层建筑 （3）体型复杂且层数相差超过10层的高低层（含纯地下室）连体建筑 （4）20层以上框架－核心筒结构及其他对差异沉降有特殊要求的建筑 （5）场地和地基条件复杂的7层以上的一般建筑及坡地、岸边建筑 （6）对相邻既有工程影响较大的建筑	通过单桩静载试验确定
乙级	除甲级、丙级以外的建筑	当地质条件简单时，可参照地质条件相同的试桩资料，结合静力触探等原位测试和经验参数综合确定；其余均应通过单桩静载试验确定
丙级	场地和地基条件简单、荷载分布均匀的7层及7层以下的一般建筑	可根据原位测试和经验参数确定

步骤2：对桩身材料进行强度或抗裂度验算

对承受竖向中心荷载的桩来说，为轴心抗压强度验算。根据《混凝土结构设计规范》（GB 50010—2010）规定，将桩身混凝土的抗压强度与钢筋的抗压强度分别计算进行叠加，同时考虑桩的长细比与压杆稳定问题。桩身材料强度的验算按下面方法进行。

（1）当桩顶以下5d螺旋式箍筋间距≤100mm时，

$$N \leqslant \psi_c f_c A_{ps} + 0.9 f_{y'} A_{s'} \tag{5-2}$$

（2）当桩身配筋不符合上述规定时，

$$N \leqslant \psi_c f_c A_{ps} \tag{5-3}$$

式中，N——作用于桩基顶面的竖向力设计值，采用荷载效应基本组合值，kN；

f_c——混凝土的轴心抗压强度设计值，kN/m^2；

$f_{y'}$——纵向钢筋的抗压强度设计值，kN/m^2；

A_{ps}、$A_{s'}$——分别为桩身和纵向钢筋的横截面面积，m^2；

ψ_c——基桩施工工艺系数，混凝土预制桩、预应力混凝土空心桩，$\psi_c = 1.0$；干作业非挤土灌注桩，$\psi_c = 0.9$；泥浆护壁和套管护壁非挤土灌注桩、部分挤土灌注桩、挤土灌注桩等桩型，$\psi_c = 0.7 \sim 0.8$；软土地区挤土灌注桩$\psi_c = 0.60$。

步骤3：了解群桩效应

由多根桩通过承台连成一体所构成的群桩基础，与单桩相比，在竖向荷载作用下，不仅桩直接承受荷载，而且在一定条件下桩间土也可能通过承台底面参与承载。各个桩之间通过桩间土产生相互影响，来自桩和承台的竖向力最终在桩端平面形成了应力的叠加，从而使桩端平面的应力水平大大超过单桩，应力扩散的范围也远远大于单桩。这些方面影响的综合结果就是使群桩的工作性状与单桩有很大的差别，这种桩与土和承台的共同作用的结果称为群桩效应。

群桩效应主要表现为承载力和沉降两个方面，由于群桩影响而使承载力降低可以用群桩效应系数η表示，而群桩沉降的增大可以用沉降比ν表示。采用这两个系数将群桩与单桩的性状作定量的比较，并以此来评价群桩的工作性能。

$$\eta=\frac{\text{群桩的极限承载力}}{n\times\text{单桩的极限承载力}} \tag{5-4}$$

$$\nu=\frac{\text{群桩上作用荷载}nQ\text{时的沉降量}}{\text{单桩上作用荷载}Q\text{时的沉降量}} \tag{5-5}$$

η值可以用来评价群桩中单桩的承载力是否充分发挥，ν值可说明群桩的沉降特性。国内外通过群桩模型试验和群桩野外载荷试验，对群桩进行了许多研究，初步可以得出以下几个结论。

（1）当桩距增大时，效率系数η提高。

（2）当桩距相同时，桩数越多，η值越低。

（3）当桩距增大至一定值后，效率系数η值增加不显著。

（4）当承台面积保持不变时，增加桩数（桩距同时减少），效率系数η显着下降。

（5）沉降比ν随着桩距的增大而减小。

（6）当荷载和桩距都相同时，沉降比ν随着群桩中桩数的增多而增大。

综上所述，在影响η和ν值的诸因素中，桩距是主要的，其次是桩数及其排列等。但不应当片面地增大桩距来提高η和降低ν值，而应当合理选择桩距，既可尽量提高η和降低ν又不使承台平面尺寸过大而造成不经济。一些试验资料表明，当桩距小于$3d$时，桩端处应力重叠现象严重，群桩效率系数低而沉降比大；桩距大于$6d$时，应力重叠现象将较小，群桩效率系数较高。

步骤4：对桩基础进行水平承载力验算

建筑工程的桩基础，一般以承受竖向荷载为主，但在风、地震或土、水压力等作用下，桩基础顶部作用有水平荷载。当水平荷载较大时，需要对桩基础进行水平承载力验算，要求满足：

$$H_{ik}\leqslant R_h\text{（考虑地震作用时}H_{ik}\leqslant 1.25R_h\text{）} \tag{5-6}$$

式中，H_{ik}——在荷载效应标准组合下，作用于基桩i桩顶处的水平力；

R_h——单桩基础或群桩中基桩的水平承载力特征值。

步骤5：了解桩基沉降验算

《建筑地基基础设计规范》（GB 50007—2011）规定，对以下建筑物的桩基应进行沉降验算。

① 地基基础设计等级为甲级的建筑物桩基。

② 体型复杂、荷载不均匀或桩端以下存在软弱土层的设计等级为乙级的建筑物。

③ 摩擦型桩基。要求建筑桩基沉降变形计算值不应大于桩基沉降变形允许值。

建筑物桩基变形允许值与地基变形相似，桩基变形指标仍为沉降量、沉降差、倾斜和局部倾斜四种。建筑桩基沉降变形允许值按表5-10所示采用。

表5-10　建筑桩基沉降变形允许值

变形特征		允许值（mm）
砌体承重结构基础的局部倾斜		0.002
各类建筑相邻柱（墙）基的沉降差 （1）框架、框架－剪力墙、框架－核心筒结构 （2）砌体墙填充的边排柱 当基础不均匀沉降时不产生附加应力的结构		 $0.002l_0$ $0.0007l_0$ $0.005l_0$
单层排架结构（柱距为6m）桩基的沉降量		120
桥式吊车轨面的倾斜（按部调整轨道考虑） 纵向 横向		 0.004 0.003
多层和高层建筑的整体倾斜	$H_g \leqslant 24$ $24 < H_g \leqslant 60$ $60 < H_g \leqslant 100$ $H_g > 100$	0.004 0.003 0.0025 0.002
高耸结构桩基的整体倾斜	$H_g \leqslant 20$ $20 < H_g \leqslant 50$ $50 < H_g \leqslant 100$ $100 < H_g \leqslant 150$ $150 < H_g \leqslant 200$ $200 < H_g \leqslant 250$	0.008 0.006 0.005 0.004 0.003 0.002
高耸结构基础的沉降量/mm	$H_g \leqslant 100$ $100 < H_g \leqslant 200$ $200 < H_g \leqslant 25$	350 250 150
体型简单的剪力墙结构 高层建筑桩基最大沉降量/mm	—	200

注：l_0为相邻柱（墙）二测点间距离，H_g为自室外地面算起的建筑物高度。

项目2　预制钢筋混凝土桩施工

任务1　预制桩打桩

任务引入

预制桩是工程中常用的桩基础形式之一，由于预制桩能承受较大的荷载、坚固耐久、施工速度快，因此被广泛应用。钢筋混凝土预制桩是指在预制构件厂或施工现场预制，用沉桩设备在设计位置上将其沉入土中的桩，如图5-11所示。其特点是能承受较大荷载，坚固耐久、施工速度快、易于在水上施工，耐腐蚀性强，桩身质量易于保证和检查。但是造价较灌注桩高，当采用锤击或振动法施工时，噪声、污染大，不易穿过较厚的硬土层等。其适用于不需考虑噪声污染和振动影响的环境、水下桩基础工程、持力层以上为软弱土层，且持力层顶面起伏变化不大、桩长易于控制、减少截桩的情况下，才较为方便合理。

图 5-11　预制桩施工现场

相关知识

1. 预制桩的制作

混凝土预制桩常用的有混凝土实心方桩和预应力混凝土空心管桩。直径一般为 250 ～ 550mm。单桩长度根据打桩机桩架高度确定，一般不超过 27m，若超过则需分段制作，打桩时逐段连接。通常较短（长度小于等于 10m）的桩一般在预制厂制作。较长（长度大于 10m）的桩由于不便于运输，一般在施工现场附近露天预制，如图 5-12 所示。过长的桩可以分段制作，分段接长。预制桩的制作方法有并列法、间隔法、重叠法、翻模法等，现场制作预制桩多用重叠法，重叠层数不宜超过 4 层，层与层之间应涂刷隔离剂，上层桩或邻近桩的混凝土灌注，应在下层桩或者邻桩混凝土达到设计强度的 30% 以后方可进行。

图 5-12　预制桩现场制作

2. 预制桩的起吊、运输和堆放

钢筋混凝土预制桩应在混凝土达到设计强度等级的 70% 后方可起吊，达到设计强度等级的 100% 后才能运输和打桩。提前吊运必须在采取措施并经过强度和抗裂验算合格后才能进行。预制桩吊点合理位置如图5-13所示。当吊点少于或等于3个时，其位置按正负弯矩相等的原则计算确定。当吊点多于3个时，其位置按反力相等的原则计算确定。长20～30m的桩，一般采用3个或4个吊点。

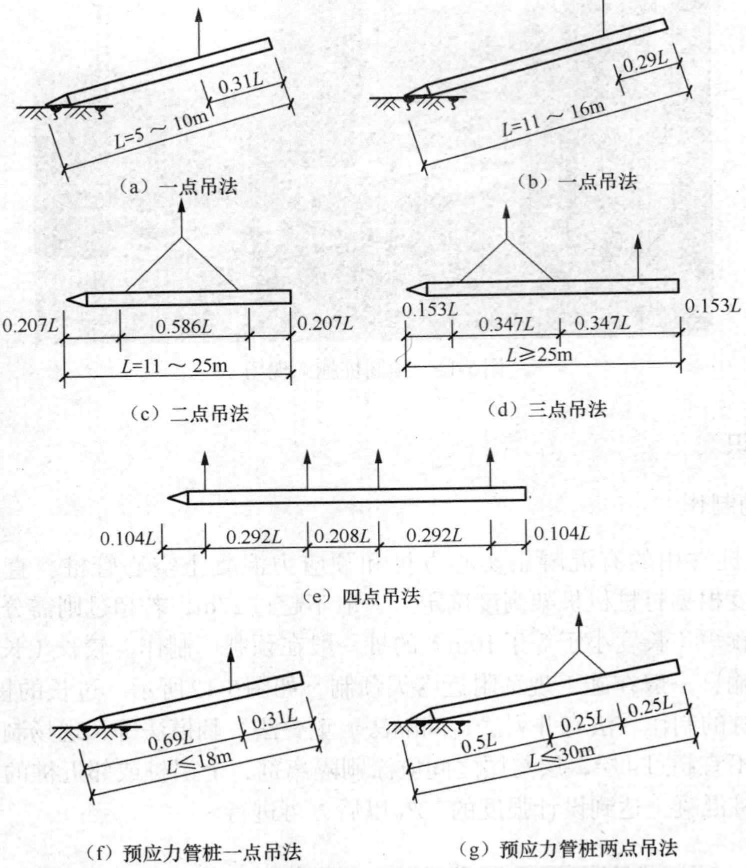

图5-13　预制桩吊点位置

桩运输时的强度应达到设计强度标准值的100%。长桩运输可采用平板拖车、平台挂车或汽车后挂小炮车运输；短桩运输可采用载重汽车，若现场运距较近也可采用轻轨平板车运输。装载时桩支撑应按设计吊钩位置或接近设计吊钩位置叠放平稳并垫实，支撑或绑扎牢固，以防运输中晃动或滑动；长桩采用挂车或炮车运输时，桩不宜设活动支座，行车应平稳，并掌握好行驶速度，防止任何碰撞和冲击。严禁在现场以直接拖拉桩体方式代替装车运输。

堆放场地应平整坚实，排水良好。桩应按规格、桩号分层叠置，支撑点应设在吊点或近旁处保持在同一横断平面上，垫木应上下对齐，并支撑平稳，堆放层数不宜超过4层。运到打桩位置堆放，应布置在打桩架附设的起重钩工作半径范围内，并考虑到起吊方向避免转向。

3. 预制桩打桩设备及选择

钢筋混凝土预制桩施工中，打桩设备的选择是确保工程质量的关键因素之一。合理地选择打桩设备，在使施工方便、提高效率、缩短工期的同时，还能取得一定的经济效果。钢筋混凝土预制桩的打桩设备包括桩锤、桩架和动力装置，如图5-14所示。

① 桩锤。其作用是对桩施加冲击力，将桩沉入土中。

② 桩架。其作用是将桩吊到打桩位置，并在打入过程中引导桩的方向，保证桩锤能沿要求的方向冲击。

③ 动力装置。其作用是提供沉桩的动力，包括启动桩锤用的动力设施，如卷扬机、锅炉、空气压缩机等。

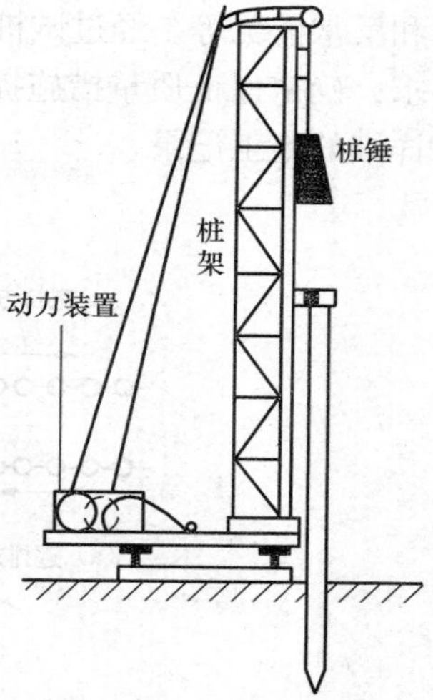

图5-14　打桩设备组成

任务实施

预制桩的沉桩施工是决定成桩质量的关键环节。目前，钢筋混凝土预制桩沉桩的施工方法有锤击打入法、静力压桩法、振动法和辅助水冲法等。在本任务实施中，以锤击打入法与静力压桩法的施工工艺为例。

一、锤击打入法施工

步骤1：施工准备

① 整平场地，清除桩基范围内的高空、地面、地下障碍物；架空高压线距离打桩架不得小于10m；平整场地，保证打桩机械进出、行走道路良好，做好排水措施。

② 基础施工图进行测量放线，定出桩基轴线，先定出中心，再引出两侧，并将桩的准确位置测设到地面，桩基轴线偏差不得超过20mm，每一个桩位打一个小木桩或用石灰点标出，桩位标志应妥善保护；测出每个桩位的实际标高，场地外设2～3个水准点，以便随时检查之用。

③ 检查桩的质量，将需用的桩按平面布置图堆放在打桩机附近，不合格的桩不能运至打桩现场。

④检查打桩机设备及起重工具；铺设水电管网，进行设备架立组装和试打桩。在桩架上设置标尺或在桩的侧面划上标尺，以便能观测桩身入土深度。

⑤ 打桩场地建（构）筑物有防震要求时，应采取必要的防护措施。

⑥ 学习、熟悉桩基施工图样，并进行会审；做好技术交底，特别是地质情况、设计要求、操作规程和安全措施的交底。

⑦ 准备好桩基工程沉桩记录和隐蔽工程验收记录表格，并安排好记录和监理人员等。

步骤2：确定打桩顺序

由于预制桩打入土中后会对土体产生挤压作用，一方面能使土体密实，但另一方面在桩距较近时会使桩相互影响，或造成后打桩下沉困难，或使先打的桩因受水平挤压而造成位移和变位，或被垂直挤拔造成浮桩，所以，群桩施工时，为保证打桩工程质量，应根据桩的密集程度、桩的规格、长短和桩架移动方便来确定打桩顺序。当桩距小于或等于4d（d为桩径）时，桩较密集，可采取由中间向两侧对称施打、由中间向四周施打或分段施打的措施，如图5-15所示。当桩距大于4d时，可根据施工的方便确定打桩的顺序。

当桩的规格、埋深、长度不同时，宜按先大后小、先深后浅、先长后短的顺序施打。当一侧毗邻建筑物时，应由建筑一侧向另一方向施打。当桩头高出地面时，宜采取后退的方式施打。

步骤3：试桩

试桩主要是了解桩的贯入深度，持力层强度、桩的承载力以及施工过程中可能遇到的各种问题和反常情况等。经过试桩，可以校核拟订的设计是否完善，并为确定打桩方案及打桩的技术要求，确定保证质量措施提供依据。试桩应按设计规定进行，一般试桩数量不少于3根，并做好详细的施工记录。

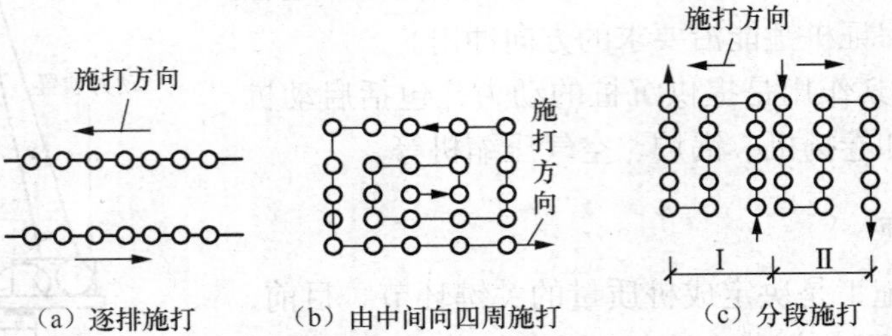

图5-15　打桩的顺序

步骤4：预制桩打桩施工

打桩施工工艺主要包括桩机就位、吊桩、打桩、送桩、接桩、拔桩、截桩等。

（1）桩机就位。桩机就位时应垂直平稳，应使导杆中心与打桩方向一致，并检查桩位是否正确。桩机的垂直偏差不超过0.5%，水平位置的偏差不超过100mm。

（2）吊桩。桩机就位后，将桩运至桩架下，用桩架上的滑轮组将桩提升就位（吊桩）。吊桩时吊点的位置和数量与桩预制起吊时相同。当桩送至导杆内，校正桩垂直度时，其偏差不超过0.5%，然后固定桩帽和桩锤，使桩帽和桩锤在同一铅垂线上，确保桩的垂直下沉。

（3）打桩。开始时，应先采用小的落距（0.5 ～ 0.8m）做轻的锤击，使桩正常沉入土中1 ～ 2m后，经检查桩尖不发生偏移，再逐渐增大落距至规定高度，继续锤击，直至把桩打到设计要求的深度。

打桩有轻锤高击和重锤低击两种方式。轻锤高击所得的动量小，而桩锤对桩头的冲击力大，因而回弹也大，桩头容易将大部分能量均消耗在桩锤的回弹上，故桩难以入土。相反，重锤低击所得动量大，而桩锤对桩头的冲击力小，回弹也小，桩头不易被打碎，大部分能量都可以用来克服桩身与土壤的摩阻力和桩尖的阻力，故桩很快入土。此外，由于“重锤低击”的落距小，因而可提高锤击频率，打桩效率也高，因为桩锤频率对于较密实的土层，如砂土或黏性土也能较容易地穿过。

（4）送桩。当桩顶标高低于自然土面时，则需用送桩管将桩送入土中，桩与送桩管的轴线应在同一直线上，拔出送桩管后，桩孔应及时回填或加盖。

（5）接桩。当桩的长度较大时，由于受桩架高度以及制作运输等条件限制，往往需要分段制作和运输，沉桩时，分段之间就需要接头。一般混凝土预制桩接头不宜超过2个，预应力管桩接头不宜超过4个，应避免在桩尖接近硬持力层或桩尖处于硬持力层时接桩。桩的接头应有足够的强度，能传递轴向力、弯矩和剪力。

常用接头方式有硫黄胶泥锚接、焊接、法兰连接等。其中，硫黄胶泥锚接适用于软土层，对一级建筑物或承受拔力的桩应慎重选用。

焊接接桩法可用于各类土层中。钢板宜用碳素钢，焊条宜用E4303，采用焊接接桩时，应先将四角定位焊固定，然后对称焊接。法兰接桩施工简便、速度快，适用于各种土层，主要用于混凝土管桩。但法兰盘制作工艺复杂，钢板和螺栓宜用低碳钢，用钢量大。

（6）拔桩。在打桩过程中，打坏的桩须拔掉。拔桩的方法视桩的种类、大小和打入土中的深度来确定。一般较轻的桩或打入松软土壤中的桩，或深度在2.5m以内的桩，可以用一根圆木杠杆来拔出。较长的桩可用钢丝绳绑牢，借助桩架或支架利用卷扬机拔出，也可用千斤顶或专门的拔桩机进行拔桩。

（7）截桩。截桩是为使桩身和承台连为整体，构成桩基础而对桩头进行处理，因此，打完桩后经过有关人员验收，即可开挖基坑（槽），按设计要求的桩顶标高，将桩头多余部分凿去（可用人工或风镐），但不得打裂桩身混凝土，并保证桩顶嵌入承台梁内的长度不小于5cm，当桩主要承受水平力时，其不宜小于10cm，主筋上黏着的碎块混凝土要清除干净。

当桩顶标高低于设计标高时，应将桩顶周围的土挖成喇叭口，把桩头表面凿毛，剥出主筋并焊接接长，与承台主筋绑扎在一起，然后与承台一起浇筑混凝土。

二、静力压桩施工

锤击打入法打桩施工噪声大，特别是在城市人口密集地区打桩时会影响居民休息，为了减少噪声，可采用静力压桩法。它是利用静压力（压桩机自重及配重）将预制桩逐节压入土中的一种沉桩法。这种方法节约钢筋和混凝土，降低工程造价，采用的混凝土强度等级可降低1～2级，配筋可比锤击法节省钢筋40%左右，而且施工时无噪声、无振动、无污染，对周围环境的干扰小，适用于软土地区、城市中心或建筑物密集处的桩基础工程，以及精密工厂的扩建工程。但其存在压桩设备较笨重，要求边桩中心到已有建筑物间距较大，压桩力受一定限制，仍然存在挤土效应等问题。

步骤1：施工机具选择

静力压桩机分机械式和液压式两种。前者是由桩架、卷扬机、加压钢丝绳、滑轮组和活动压梁等部件组成的。其施压部分在桩顶端面，施加静压力为600～2000kN。这种桩机设备高大、笨重，行走、移动不便，压桩速度较慢，但装配费用较低；后者由压拔装置、行走机构及起吊装置等组成。其采用液压操作，自动化程度高，结构紧凑，行走方便快速，施压部分不在桩顶面，而在桩身侧面，它是当前国内较广泛采用的一种新型压桩机械。

步骤2：确定施工程序

施工程序为测量定位→压桩机就位→吊桩、插桩→桩身对中、调直→静压沉桩→接桩→再压沉桩→送桩→终止压桩→切割桩头。静压预制桩施工前的准备工作、桩的制作、起吊、运输、堆放，施工流水，测量放线、定位等均同锤击法打（沉）预制桩一致。

步骤3：遵守施工要求

静压预制桩的施工一般都采取分段压入、逐段接长的方法。每节桩长度取决于桩架高度，通常为6m左右。压桩桩长可达30m以上，桩断面尺寸为400mm×400mm。接桩方法可采用焊接法、硫黄胶泥锚接法等。

压桩施工前，应了解施工现场土层土质情况，检查桩机设备，以免压桩时中途中断施工，造成土层固结，使压桩困难。如果桩需要停歇，则应考虑将桩尖停歇在软弱土层中，以使压桩启动时阻力不致过大。由于压桩机自重大，因此行驶路基必须有足够的承载力，必要时应对路基进行加固处理。

压桩时，应始终保持桩沿轴线受压，若有偏移应立即纠正，接桩应保证上下节桩轴线一致，并应尽量减少每根桩的接头个数，接头一般不宜超过4个。施工中，若压阻力超过压桩承压能力，使桩架上抬倾斜时，应立即停压，查明原因。当桩压至接近设计标高时，不可过早停压，应使压桩一次成功，以免发生压不下或超压现象。

任务2 预制桩施工质量控制与安全管理

任务引入

一方面，桩基施工是一个多工种、多工序作业的隐蔽工程，从桩的制作到成桩、基础施工，往往是几个单位分别进行。桩的施工质量对于建筑的安全具有极为重要的影响，因此，必须加强全过程的质量控制与验收。另一方面，桩基工程施工环境差、工作量大、要求严、成桩工序较多，需要多工种配合作业。如果忽视安全，一旦发生事故，就可能造成重大损失。因此，施工过程中应认真遵循各道工序和各个工种的有关安全操作规程的规定，并不断加强安全管理，落实岗位责任。

相关知识

预制桩施工的质量控制，应从施工前、施工过程、施工后进行全面控制。

1. 桩基施工前的质量控制

（1）材料及主要机具。

① 预制钢筋混凝土桩的规格和质量必须符合设计要求和施工规范的规定，并有出厂合格证、复验报告。

② 现场预制成品桩时，应对原材料、钢筋骨架、混凝土强度进行检查；采用工厂生产的桩时，进场后应做外观及尺寸检查，并应附相应的合格证。由工厂生产的钢筋笼应抽查总量的10%，并应不少于5根。

③ 接桩时，焊条型号、性能必须符合设计要求和有关标准的规定。

（2）作业条件。

① 桩基的轴线和标高均应进行测定，并应办理预检手续。桩基轴线和高程的控制桩，应设置在不受打桩影响的地点，并应妥善加以保护。

② 处理好高空和地下的障碍物。障碍物影响邻近建筑物或构筑物的使用或安全时，应会同有关单位采取有效措施予以处理。

③ 预制桩施工前，根据轴线放出桩位线，用木橛或钢筋头钉好桩位，并用白灰做标志，以便于施打。

④ 场地应碾压平整，排水畅通，保证桩机的移动和稳定垂直。

⑤ 打试验桩。施工前必须打试验桩，其数量不少于两根。确定贯入度并校验打桩设备、施工工艺以及技术措施是否适宜。

⑥ 选择和确定好打桩机进出路线和打桩顺序，制订施工方案，做好技术交底。

2. 桩基施工过程的质量控制

① 施工中应对桩体垂直度、沉桩情况、桩顶完整状况、桩顶质量等进行检查，对电焊接桩、重要工程应做10%的焊缝探伤检查。

② 打桩过程中如发现桩头被打碎、最后贯入度过大、桩尖标高达不到设计要求、桩身被打断、桩位偏差过大、桩身倾斜等严重质量问题，都应当会同设计单位研究，采取有效措施加以处理。打桩的质量检查包括检查桩的偏差、最后贯入度与沉桩标高，桩顶、桩身是否打坏以及对周围环境是否造成严重危害。沉桩过程中的检查项目应包括每米进展锤击数、最后一米锤击数、最后贯入度及桩尖标高、桩身（架）垂直度等。

③ 对长桩或总锤击数超过500击的锤击桩，必须满足桩体强度及28d龄期两项条件才能锤击。

④ 桩身质量应进行检验，对多节打入桩不应少于桩总数的15%，且每个柱子承台不得少于1根。

⑤ 桩基施工过程中应随时注意做好施工记录和有关技术检查资料的收集、整理和保管工作，以作为施工结束后的验收依据。

3. 桩基施工后的质量控制

① 打（沉）入桩的桩位偏差。桩身施工后，在平面和垂直度上与设计位置的偏差，预制桩不得超过表5-11所规定的范围。桩顶标高的允许偏差为-50～100mm；斜桩倾斜度的偏差不得大于倾斜角正切值的15%（倾斜角是桩的纵向中心线与铅垂线间夹角）。

② 施工结束后应对承载力及桩体质量进行检验。静载荷试验中桩数应不少于总桩数的1%，且不少于3根；当总桩数少于50根时，应不少于两根；当施工区域地质条件单一，施工人员又有足够的实际经验时，试验桩数可根据实际情况由设计人员酌情而定。

③ 施工结束后进行验收时应提交下列资料。

（a）桩位测量放线图。

（b）工程地质勘察报告。

（c）桩的制作和打入记录。

（d）桩位的竣工平面图（基坑开挖至设计标高的桩位图）。

（e）桩的静载荷、动载荷试验的资料和确定桩贯入度的记录。

4. 施工过程中的安全管理

① 桩基础工程施工区域，应实行封闭式管理，进入现场的各类施工人员必须接受安全教育，严格按操作规程施工，服从指挥，坚守岗位，集中精力操作。

② 打入桩作业的噪声和振动都可能对周围环境造成一定危害。打桩前，应对邻近施工范围内的原有建筑物、地下管线等进行检查，对有影响的工程，应采取有效的加固措施或隔振措施，并开挖防振沟、打隔离板及砂井排水等，或采取预钻取土打桩、静力压桩成桩方式，以确保施工安全。

③ 机具进场要注意危桥、陡坡、陷地和防止碰撞电杆、房屋等，以免造成事故。

④ 打桩机行走道路必须平整、坚实，必要时宜铺设道渣，经压路机碾压密实。场地四周应挖排水沟以利排水，保证移动桩机时的安全。

⑤ 在施工前应先全面检查机械，发现问题应及时解决，检查后要进行试运转，严禁机械带病作业。机械操作必须遵守安全技术操作要求，由专人操作，并加强机械的维护保养，保证机械各项设备和部件、零件的正常使用。

⑥ 吊装就位时，起吊要慢，拉住溜绳，防止桩头冲击桩架撞坏桩身；加强检查，发现不安全情况，及时处理。

⑦ 打桩过程中可能引起停机面土体挤压隆起或沉陷，打桩机械及桩架应随时调整，保持稳定，防止意外事故发生。

⑧ 机械驾驶员在施工操作时要集中精力，服从指挥信号，不得随便离开岗位，并经常注意机械运转情况，发现异常情况要及时纠正。要防止机械倾斜、倾倒，桩锤不工作时突然下落等事故的发生。

⑨ 打桩时桩头垫料严禁用手拨正，不要在桩锤未打到桩顶即起锤或过早刹车，以免损坏桩机设备。

⑩ 预制混凝土桩送桩入土后的桩孔，必须及时用砂子或其他材料填灌，以免发生人身事故。

⑪ 施工现场的一切电源、电路的安装和拆除必须由持证电工操作；电器必须严格接地、接零和使用漏电保护器。

任务实施

桩基施工是一个多工种、多工序的作业过程，从桩的制作、成桩到基础施工，其质量对于建筑的安全具有重要的影响，必须加强过程的质量检查与验收。

步骤1：确定预制桩基础的质量验收内容

预制桩或桩质量验收包括制作、打入（静压）深度验收，停锤标准、桩位及垂直度验收。制作应按设计图样进行，其偏差应符合有关规范要求。沉桩过程中的验收项目应包括每米进展锤击数、最后一米锤击数、最后贯入度及桩尖标高、桩身（架）垂直度等。

步骤2：根据质量验收标准展开验收

预制桩桩位允许偏差见表5-11。

表5-11　　预制桩桩位允许偏差

序号	项目	规范允许偏差/mm
1	盖有基础梁的桩： ① 垂直基础梁的中心线 ② 沿基础梁的中心线	 $100+0.01H$ $150+0.01H$
2	桩数为1～3根桩基中的桩	100
3	桩数为4～16根桩基中的桩	1/2桩径或边长
4	桩数大于16根桩基中的桩： ①最外边的桩 ②中间桩	 1/3桩径或边长 1/2桩径或边长

注：H为施工现场地面标高与桩顶设计标高的距离。

步骤3：填写、整理和上交质量验收资料

桩基施工过程中应随时注意做好施工记录和有关技术检查资料的收集、整理和保管工作，桩基工程验收时应提交下列资料。

1. 基桩工程验收时应提交的资料

① 工程地质勘察报告、桩基施工图、图纸会审纪要、设计变更单及材料代用通知单等。
② 经审定的施工组织设计、施工方案及执行中的变更情况。
③ 桩位测量放线图，包括工程桩位线复核签证单。
④ 成桩质量检查报告。
⑤ 单桩承载力检测报告。

⑥ 基坑挖至设计标高的基桩竣工平面图及桩顶标高图。

2. 承台工程验收时应提交的资料

① 承台钢筋、混凝土的施工与检查记录。
② 桩头与承台的锚筋、边桩离承台边缘距离、承台钢筋保护层记录。
③ 承台厚度、长宽记录及外观情况描述等。

项目3　灌注桩施工

任务1　钻孔灌注桩施工

任务引入

灌注桩是直接在桩位上成孔，然后放钢筋笼浇筑混凝土而形成的桩。与预制桩相比，灌注桩则避免了打桩对邻近建筑物的有害影响，具有节约材料、成本低廉、施工不受地层变化的限制、无须接桩及截桩等优点。因此，其被广泛应用，且有取代预制桩的趋势。但操作要求严格，稍有疏忽易产生质量事故，施工后需一定的养护期，不能立即承受荷载，冬季施工困难。根据施工方法的不同，灌注桩可分为钻孔灌注桩、沉管灌注桩、爆扩成孔灌注桩、人工挖孔灌注桩。

相关知识

钻孔灌注桩是一种利用钻孔设备先钻孔后成桩进行施工的灌注桩。由于其具有适应性强、施工操作简单、设备投入不大等优点，因而被广泛应用于工业建筑、高层住宅、水利水电工程设施和桥梁港口工程中。依据地质条件的不同，钻孔灌注桩可以分为干作业成孔灌注桩和泥浆护壁（湿作业）成孔灌注桩。

1. 干作业成孔灌注桩

（1）概述。干作业成孔灌注桩先由钻孔设备进行钻孔，待孔深达到设计要求后立即清孔，放入钢筋笼，然后进行水下浇筑混凝土施工，如图5-16所示。较适用于北方地区和地下水位低且成孔深度内没有地下水的情况，施工设备相对于泥浆护壁成孔灌注桩简单，费用较低。由于这种灌注桩成孔时在地下水位以上的干燥土层中施工，因此称为干作业成孔灌注桩。

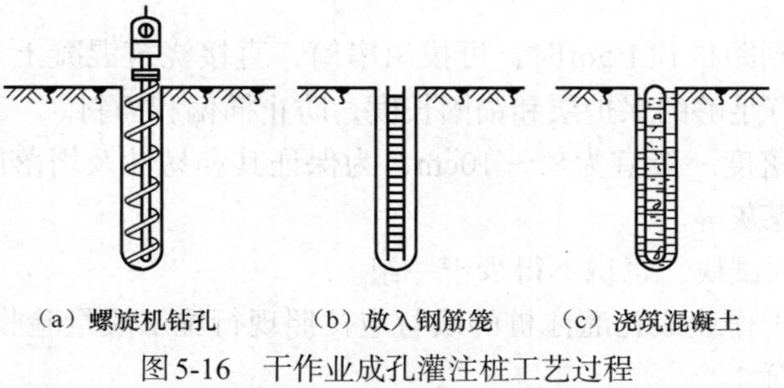

（a）螺旋机钻孔　（b）放入钢筋笼　（c）浇筑混凝土

图5-16　干作业成孔灌注桩工艺过程

（2）施工机械。目前，干作业成孔灌注桩施工中，一般采用螺旋钻孔机成孔。其利用动力旋转钻杆，向下切削土壤，通过螺旋叶片使削下的土沿整个钻杆上升涌出孔外。成孔孔径一般为300 ～ 600mm，最大可达800mm，钻孔深度为8 ～ 20m。常用的钻孔机械有全叶螺旋钻孔机、钻扩机、全套管钻机等。

（3）施工流程。干作业成孔灌注桩施工工艺流程为场地清理→测量放线定桩位→桩机就位→钻孔→取土成孔→清除孔底沉渣→成孔质量检查验收→吊放钢筋笼→浇筑孔内混凝土→养护成桩。

（4）施工过程。

① 场地清理。根据施工组织设计的要求，做好施工现场的准备工作。

② 测量放线定桩位。根据甲方提供的控制点用全站仪或经纬仪放出点位和标高。

③ 桩机就位。钻孔机就位时，必须保持平稳，不发生倾斜、位移，为准确控制钻孔深度，应在机架上或机管上做出控制的标尺，以便在施工中进行观测、记录。

④ 钻孔、取土成孔。调直机架挺杆，对好桩位，开动机器钻进、出土，达到控制深度后停钻、提钻。

⑤ 清除孔底沉渣。钻到预定的深度后，必须在孔底处进行空转清土，然后停止转动；提钻杆，不得曲转钻杆。孔底的虚土厚度超过质量标准时要分析原因，采取措施进行处理。进钻过程中散落在地面上的土必须随时清除运走。

⑥ 成孔质量检查验收。

（a）钻深测定。成孔至预定深度后，复查孔深、孔径、孔壁、垂直度及孔底虚土厚度。常用测深绳（锤）或手提灯测量孔深及虚土厚度，虚土厚度等于钻深的差值。虚土厚度一般不应超过10cm。

（b）孔径控制。钻进遇有含石块较多的土层，或含水量较大的软塑黏土层时，必须防止钻杆晃动引起孔径扩大，致使孔壁附着扰动土和孔底增加回落土。

⑦ 吊放钢筋笼。按照施工图设计要求，对钢筋笼的钢筋绑扎情况进行检查验收后，完成吊装就位工作。钢筋笼放入前应先绑好砂浆垫块（或塑料卡）；吊放钢筋笼时，要对准孔位，吊直扶稳，缓慢下沉，避免碰撞孔壁。钢筋笼放到设计位置时，应立即固定。遇有两段钢筋笼连接时，应采取焊接方法，以确保钢筋的位置正确，保护层厚度符合要求。

⑧ 浇筑孔内混凝土。

（a）放串筒浇筑混凝土。在放串筒前再次检查钻孔内虚土厚度。浇筑混凝土时应连续进行，分层振捣密实，分层高度以捣固的工具而定，一般不得大于0.5m。

（b）混凝土浇筑到桩顶时，应适当超过桩顶设计标高，以保证在凿除浮浆后，桩顶标高符合设计要求。

（c）混凝土浇筑到距桩顶1.5m时，可拔出串筒，直接浇筑混凝土。桩顶上的钢筋插铁一定要保持垂直插入，有足够的保护层和锚固长度，防止插偏和插斜。

（d）混凝土的坍落度一般宜为8 ～ 10cm；为保证其和易性及坍落度，应注意调整灌孔砂率和掺入减水剂、粉煤灰等。

（e）同一配合比的试块，每班不得少于一组。

（5）质量控制。干作业成孔灌注桩的质量应按照现行施工质量验收规范的要求进行控制，主要考虑以下几个方面。

① 严格执行相关的质量检验标准，如表5-12所示。

表5-12 螺旋干成孔混凝土灌注桩质量检验标准

项	序	检查项目	允许偏差或允许值	检查方法
主控项目	1	桩位	见上表	基坑开挖前量护筒，开挖后量桩中心
	2	孔深/mm	+300	只深不浅，用重锤测，或测钻杆、套管长度，嵌岩桩应确保进入设计要求的嵌岩深度
	3	桩体质量检验	设计要求	按基桩检测技术规范
	4	混凝土强度	设计要求	试件报告或钻芯取样送检
	5	承载力	设计要求	按基桩检测技术规范
一般项目	1	垂直度	见上表	测套管或钻杆，或用超声波探测，干施工时吊垂球
	2	桩径	见上表	井径仪或超声波检测，干施工时用钢直尺量，人工挖孔桩不包括内衬厚度
	3	混凝土坍落度	70～100	坍落度仪
	4	钢筋笼安装深度/mm	±100	用钢直尺量
	5	混凝土充盈系数	＞1	检查每根桩的实际灌注量
	6	桩顶标高/mm	+30，-50	水准仪，需扣除桩顶浮浆层及劣质桩体

② 做好相关的质量记录。

（a）水泥的出厂证明及复验证明。

（b）钢筋的出厂证明或合格证以及钢筋试验报告单。

（c）试桩的试压记录。

（d）补桩的平面示意图。

（e）灌注桩施工记录。

（f）混凝土试配申请单和试验室签发的配合比通知单。

（g）混凝土试块28d标准养护抗压强度试验报告。

（h）商品混凝土的出厂合格证。

③ 注意成品保护质量。

（a）钢筋笼在制作、运输和安装过程中，应采取措施防止变形，吊入钻孔时，应有保护垫块或垫板。

（b）钢筋笼在吊放入孔时，不得碰撞孔壁。灌注混凝土时，应采取措施固定其位置。

（c）灌注桩施工完毕进行基础开挖时，应制订合理的施工顺序和技术措施，防止桩的位移和倾斜，并应检查每根桩的纵横水平偏差。

（d）成孔内放入钢筋笼后，要在4h内浇筑混凝土。在浇筑过程中，应有不使钢筋笼上浮和防止泥浆污染的措施。

（e）安装钻孔机、运输钢筋笼以及浇筑混凝土时，均应注意保护好现场的轴线桩、高程桩。

（f）桩头外留的主筋插铁要妥善保护，不得任意弯折或压断。

（g）桩头混凝土强度在没有达到5MPa时，不得碾压，以防桩头损坏。

（6）加强施工过程中的安全技术管理。

① 在施工前对施工员、操作工人做好详细的安全交底，加强对现场人员的安全教育和督促检查。对施工用电等易发生安全事故的重点部位和工序，应安排专职安全员进行定期或不定期检查，并做好检查记录。

② 施工用电应由有专业资格的从业人员操作和管理。施工现场用电及各种电气设备的安装使用，必须按供电部门的安全用电要求及有关规定执行，严禁违章用电。开关箱要安置防雨棚，严格采用一机一闸，并接零线，保险丝严禁用其他金属丝代替，电气设备必须安装漏电保护。

③ 所有进入施工场地的员工必须戴安全帽，不得穿拖鞋。

④ 施工现场必须设置施工围栏隔离措施和醒目警告标志，确保行人车辆与施工互不干扰。夜间施工必须设置好照明设施。

⑤ 施工前，应对施工现场、机具设备及安全防护设施等进行全面检查，确认符合安全要求后方可施工。

⑥ 各种施工机械的操作人员必须持上岗证，严禁无证上岗。自卸汽车严禁载人。各种支架、脚手架搭设必须牢固。

⑦ 成孔时，距作业现场6m范围内，除钻机操作人员外不得有人员走动或进行其他作业。

⑧ 在进行钢筋加工、焊接时要采取防雨措施并符合技术规范中有关规定。

⑨ 钻机操作时应安放平稳，防止作业时突然倾倒或钻杆突然下落，造成事故。

2. 泥浆护壁成孔灌注桩

（1）概述。在地下水位较高的软土地区，采用干作业成孔灌注桩施工时，往往造成成孔施工困难，如塌孔、缩颈等质量事故，因此为保证成孔质量，需采用泥浆护壁措施，防止塌孔和排出土渣形成桩孔。

泥浆护壁成孔灌注桩是利用原土自然造浆或人工造浆浆液进行护壁，通过循环泥浆将被钻头切下的土块挟带出孔外成孔，然后安放绑扎好的钢筋笼，水下灌注混凝土成桩，如图5-17所示。此法适用于地下水位较高的黏性土、粉土、砂土、填土、碎石土及风化岩层；也适用于地质情况复杂、夹层较多、风化不均、软硬变化较大的岩层，但在岩溶发育地区则应慎重使用。

（2）施工机械。目前，常用的钻孔机械有回转钻孔机、潜水钻机、冲击钻机、冲抓锥成孔机等。

① 回转钻孔机。回转钻孔机由机械动力传动，配以笼头式钻头，可以多挡调速或液压无级调速，在泥浆护壁条件下，慢速钻进、排渣成孔，灌注混凝土成桩。其优点是设备性能可靠，噪声低、振动小，钻进效率高，钻孔质量好。该机的最大钻孔直径可达2.5m，钻进深度可达50～100m，适用于碎石类土、砂土、黏性土、粉土、强风化岩、软质与硬质岩层等多种地质条件。

② 潜水钻机。潜水钻机的工作部分由封闭式防水电动机、减速机钻头组成，工作部分潜入水中工作。这种钻机体积小、重量轻、桩架轻便、移动灵活、钻进速度快、耗用动力小、钻孔效率高、运转时温升较低、噪声小、过载能力强，钻孔直径可达600～1500mm，钻孔深度可达50m。其适用于地下水位高的黏性土、黏土、淤泥、淤泥质土、砂土、强风化岩、软质岩层，不宜用于碎石土层中。其可采用正循环、反循环两种方式排渣。其缺点是：钻孔时采用泥浆护壁，易造成现场泥泞；采用反循环钻孔时，如果土体中有较大石块，则容易卡管，容易产

生桩侧周围土层和桩尖土层松散，使桩径变大、灌注混凝土超量。

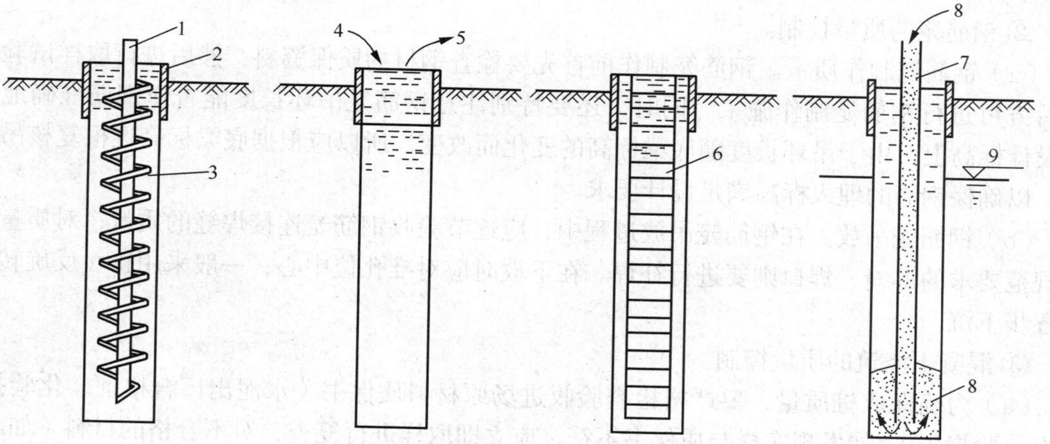

（a）钻孔　（b）清孔　（c）放钢筋笼　（d）水下浇筑砼

图 5-17　泥浆护壁成孔灌注桩工艺过程

1—钻机；2—护筒；3—泥浆护壁；4—压缩空气；5—清水；6—钢筋笼；7—导管；8—混凝土；9—地下水位

③ 冲击钻机。冲击钻机把带钻刃的重钻头（又称冲锤）提高，靠自由下落的冲击力来削切土层或岩层，排出碎渣成孔。它适用于碎石土、砂土、黏性土及风化岩层等，桩径可达 600 ～ 1500mm。

④ 冲抓锥成孔机。冲抓锤成孔机的工作过程是将冲抓锤头提升到一定高度，锤斗内有压重铁块和活动抓片，下落时抓片张开，锤头自由下落冲入土中，然后开动卷扬机拉升锤头，此时抓片闭合抓土，将冲抓锤整体提升至地面卸土，依次循环成孔。其适用于松散土层，如腐殖土、砂土、黏土等。

（3）施工流程。施工工艺流程为测量放线定好桩位→埋没护筒→钻孔机就位、调平、拌制泥浆→成孔→第一次清孔→质量检测→吊放钢筋笼→放导管→第二次清孔→灌注水下混凝土→成桩。

（4）施工过程质量控制。

① 成孔质量的控制。

（a）隔孔施工程序。钻孔灌注桩是先成孔，然后在孔内成桩。成孔阶段是依靠泥浆来平衡的，且在进行钻孔灌注桩施工时会使周围的土体松动。故采取较合适的桩距，对防止坍孔和缩颈是一项稳妥的技术措施。

（b）孔的垂直度。钻孔灌注桩的垂直度是保证基础承载力和围护结构稳定性、建筑尺寸准确性的一个重要环节。

（c）确保成孔深度。钻孔的深度是否达到设计要求，往往也影响灌注桩的承载力。在施工过程中自然地面的标高会发生一些变化，为准确地控制钻孔深度，在桩架就位后及时复核底梁的水平标高和桩具的总长度并做好记录，以便在成孔后根据钻杆在钻机上的留出长度来校验成孔达到的深度。

（d）泥浆的制备和清孔。清孔则是利用泥浆在流动时所具有的动能冲击桩孔底部的沉渣，使沉渣中的岩粒、砂粒等处于悬浮状态，再利用泥浆胶体的黏结力，使悬浮着的沉渣随着泥浆的循环流动被带出桩孔，最终将桩孔内的沉渣清干净。泥浆的制备和清孔是确保钻孔灌注桩质量的关键环节。灌注桩成孔至设计标高，应充分利用钻杆在原位进行第一次清孔，直到孔口返浆比重持续小于1.1～1.2，测得孔底沉渣厚度小于50mm时，即抓紧吊放钢筋笼和沉放混凝土导管。

② 钢筋笼的质量控制。

（a）钢筋笼制作质量。钢筋笼制作前首先要检查钢材的质保资料，然后进行取样试验，合格后方可进行钢筋笼制作施工。同时，还要特别注意钢筋笼吊环长度能否使钢筋准确地吊放在设计标高上，由于吊环长度随底梁标高的变化而改变，所以应根据底梁标高逐根复核吊环长度，以确保钢筋的埋入标高满足设计要求。

（b）钢筋笼吊放。在钢筋笼吊放过程中，应逐节验收钢筋笼连接焊缝的质量，对质量不符合规范要求的焊缝、焊口则要进行补焊。在下放时应对准孔位中心，一般采用正、反旋转缓慢地逐步下沉。

③ 混凝土浇筑的质量控制。

（a）为确保成桩质量，要严格检查验收进场原材料质保书（水泥出厂合格证、化验报告、砂石化验报告），如发现实样与质保书不符，应立即取样进行复查，对不合格的材料（如水泥、砂、石、水质），严禁用于混凝土灌注桩。

（b）水下混凝土施工级配比设计提高一级，坍落度为18～22cm，扩散度为34～38cm，导管应离孔底0.8m，混凝土初灌量必须保证能埋住导管0.8～1.3m，导管内放置隔水橡皮球胆。浇筑时，最好采用大体积混凝土冲击灌注法。每一斗灌注要将2～3m^{3}混凝土，在大斗中积蓄够量，出料口直接插入导管，然后打开活门一次连续冲击下去。

（5）施工过程安全管理。

① 现场人员必须佩戴安全帽，电焊工工作时必须佩戴电焊眼镜。

② 泥浆池周围必须设有防护设施。成孔后，对于暂时不进行下道工序的孔，必须设有安全防护设施，并有人看守。

③ 钻孔过程中，非相关人员距离钻机不得太近，防止机械伤人。

④ 导管安装及混凝土浇筑前，井口必须设有导管卡，搭设工作平台（留出导管位置），并且要求能保证人员的安全。

⑤ 配电箱以及其他供电设备不得置于水中或者泥浆中，电线接头要牢固，并且要绝缘，输电线路必须设有漏电开关。

⑥ 挖掘机及吊车工作时，必须有专人指挥，并且在其工作范围内不得站人。

⑦ 矿料运输车进出场必须打开转向灯，入场后倒车必须设专人指挥。

⑧ 吊车及钻机工作之前必须进行机械安全检查。

⑨ 施工作业平台必须规整、平顺，杂物必须清除干净，防止拆除导管时将工作人员绊倒造成事故。

任务实施

下面以泥浆护壁成孔灌注桩的施工过程为例，阐明整个施工环节。

步骤1：测定桩位

平整清理好施工场地后，设置桩基轴线定位点和水准点，根据桩位平面布置施工图，定出每根桩的位置，并做好标志。施工前，桩位要检查复核，以防被外界因素影响而造成偏移。

步骤2：埋设护筒

护筒的作用是固定桩孔位置．防止地面水流入，保护孔口，增高桩孔内水压力，防止塌孔和成孔时引导钻头方向。护筒是用4～8mm厚钢板制成的圆筒，其内径应大于钻头直径100mm，其上部宜开设1～2个溢浆孔。

埋设护筒时，先挖去桩孔处表土，将护筒埋入土中，保证其准确、稳定。护筒中心与桩位中心的偏差不得大于50mm，护筒与坑壁之间用新土填实，以防漏水。护筒的埋设深度，在黏土中不宜小于1.0m，在砂土中不宜小于1.5m。护筒顶面应高于地面0.4～0.6m，并应保持孔内泥浆面高出地下水位1m以上。

步骤3： 桩机就位

钻机安放前，先将桩孔周边垫平，确保钻机安放到位且机身平稳，钻机就位时应确保机架的底盘、钻头中心及桩位中心在同一铅垂线上，其对中误差不得大于20mm；钻机就位后，测量钻机平台标高来控制钻孔深度，避免超钻或少钻。经自检合格后，填写报验单，请监理工程师对钻机的对中、底盘水平、钻杆垂直度等进行检查，监理工程师检查验收合格后，方可开始钻孔。正式钻孔前，钻机要先进行运转试验，检查钻头的同轴度和钻机的稳定性，确保后面成孔施工能连续进行。

步骤4： 成孔

① 泥浆制备。泥浆的作用是护壁、携砂排土、切土润滑、冷却钻头等，其中以护壁为主。泥浆制备方法应根据土质条件确定：在黏土和粉质黏土中成孔时，可注入清水，以原土造浆，排渣泥浆的密度应控制为1.1～1.3g/cm^3；在其他土层中成孔时，泥浆可选用高塑性（$I_P \geqslant 17$）的黏土或膨润土制备；在砂土和较厚夹砂层中成孔时，泥浆密度应控制为1.1～1.3g/cm^3；在穿过砂夹卵石层或容易塌孔的土层中成孔时，泥浆密度应控制为1.3～1.5g/cm^3。

② 成孔过程的排渣方法。

（a）抽渣筒排渣法。抽渣筒排渣构造简单（见图5-18），操作方便，抽渣时一般需将钻头取出孔外，放入抽渣筒，下部活门打开，泥渣进入筒内，上提抽渣筒，活门在筒内泥渣的重力作用下关闭，将泥渣排出孔外。

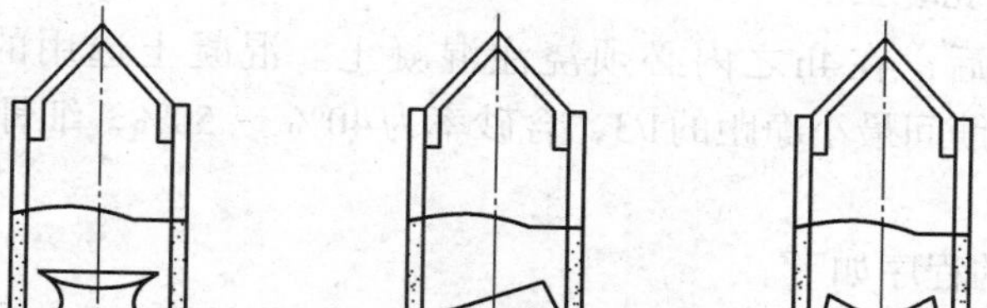

（a）碗形活门　（b）单扇活门　（c）双扇活门

图5-18　抽渣筒构造示意图

（b）泥浆循环排渣法可分为正循环排渣法和反循环排渣法。正循环排渣法是泥浆由钻杆内部沿钻杆从端部喷出，携带钻下的土渣沿孔壁向上流动，由孔口将土渣带出流入沉淀池，经沉淀的泥浆流入泥浆池由泵注入钻杆，如此循环，沉淀的泥渣用泥浆车运出场外。反循环排渣法是泥浆由孔口流入孔内，同时砂石泵沿钻杆内部吸渣，使钻下的土渣由钻杆内腔吸出并排入沉淀池沉淀后流入泥浆池，其排渣效率高。

③ 成孔的方法。

（a）回转钻成孔。回转钻成孔是国内灌注桩施工中最常用的方法之一。按排渣方式不同分为正循环回转钻成孔和反循环回转钻成孔两种。

(b)潜水钻成孔。潜水钻同样使用泥浆护壁成孔。其出渣方式也分为正循环和反循环两种。

(c)冲击钻成孔。用冲击钻把带钻刃的重钻头(又称冲锤)提高,靠自由下落的冲击力来削切岩层,排出碎渣成孔。

(d)抓孔。用冲抓锥成孔机将冲抓锥斗提升到一定高度,锥斗内有压重铁块和活动抓片,松开卷扬机刹车时,抓片张开,钻头便以自由落体冲入土中。然后开动卷扬机提升钻头,这时抓片闭合抓土,冲抓锥整体被提升到地面上将土渣卸去,如此循环抓孔。该法成孔直径为450 ～ 600mm,成孔深度为10m左右,适用于有坚硬夹杂物的黏土、砂卵石土和碎石类土。

步骤5: 清孔

当钻孔达到设计要求深度并经检查合格后,应立即清除孔底沉渣、淤泥,目的是清除孔底沉渣以减少桩基的沉降量,提高承载能力,确保桩基质量。清孔可采用泥浆循环法或抽渣筒排渣。如孔壁土质较好不易塌孔,也可用空气吸泥机清孔。清孔后的泥浆相对密度,当在黏土中成孔时,泥浆比重应控制在1.1左右,土质较差时应控制为1.15 ～ 1.25。在清孔过程中必须随时补充足够的泥浆,以保持浆面的稳定,一般应高于地下水位1.0m以上。清孔满足要求后,应立即安放钢筋笼,浇筑混凝土。

步骤6: 吊放钢筋笼

清孔后应立即安放钢筋笼、浇筑混凝土。钢筋笼一般都在工地制作,制作时要求主筋环向均匀布置,箍筋直径及间距、主筋保护层、加劲箍的间距等均应符合设计要求。分段制作的钢筋笼,其接头采用焊接且应符合施工及验收规范的规定。

钢筋笼主筋净距必须大于3倍的骨料粒径,加劲箍宜设在主筋外侧,钢筋保护层厚度不应小于35mm(水下混凝土不得小于50mm)。可在主筋外侧安设钢筋定位器,以确保保护层厚度。为了防止钢筋笼变形,可在钢筋笼上每隔2m设置一道加强箍,并在钢筋笼内每隔3 ～ 4m装一个可拆卸的十字形临时加劲架,在吊放入孔后拆除。钢筋笼吊放时应保持垂直、缓缓放入,防止碰撞孔壁。若造成塌孔或安放钢筋笼时间太长,应进行二次清孔后再浇筑混凝土。

步骤7: 水下浇筑混凝土

钢筋骨架固定之后,在4h之内必须浇注混凝土。混凝土选用的粗骨料粒径不宜大于30mm,并不宜大于钢筋间最小净距的1/3,含砂率为40% ～ 50%,细骨料宜采用中砂。混凝土灌注常采用导管法。

水下浇筑混凝土的程序如下。

(1)用直径200mm的导管浇筑水下混凝土。导管每节长度3 ～ 4m。导管使用前试拼,并进行封闭水试验(0.3MPa),以15min不漏水为宜。仔细检查导管的焊缝。

(2)导管安装时底部应高出孔底300 ～ 400mm。导管埋入混凝土内深度2 ～ 3m,最深不超过4m,最浅不小于lm,导管提升速度要慢。

(3)开管的单纯混凝土数量,应满足导管埋入混凝土深度的要求数量,开管前应备足相应的数量。

(4)混凝土坍落度为18 ～ 22cm,以防堵管。

(5)混凝土用吊机吊斗倒入导管上端的漏斗,混凝土要连续浇筑,中断时间不超过30min。浇筑的桩顶标高应高出设汁标高0.5m以上。

灌注桩的桩顶标高应比设计标高高出0.5 ～ 1.0m,进行上部承台施工时凿除,并保证桩头无松散层,桩身混凝土必须留置试块。每浇筑50m^3,必须有一组试件,小于50m^{3}的桩,每根桩必须有一组试件。

任务 2　沉管灌注桩施工

任务引入

沉管灌注桩是利用锤击打桩设备或振动沉桩设备，将带有钢筋混凝土的桩尖（或钢板靴）或带有活瓣式桩靴的钢管沉入土中（钢管直径应与桩的设计尺寸一致），造成桩孔，然后放入钢筋骨架并浇筑混凝土，随之拔出套管。利用拔管时的振动将混凝土捣实，便形成所需要的灌注桩。利用锤击沉桩设备沉管、拔管成桩，称为锤击沉管灌注；利用振动器振动沉管、拔管成桩，称为振动沉管灌注桩。

相关知识

钻孔灌注桩又称为套管成孔灌注桩。其优点是：施工方便、施工速度快、工期短、造价低，同比预制桩节约工程造价20%左右，但振动、噪声较大，受桩管口径限制，影响单桩承载力，易产生颈缩、隔层等质量问题。

1. 施工机械与材料

主要机具设备与预制桩施工设备相同，包括锤击打桩机、振动沉桩机、DJB25型步履式桩架、卷扬机、加压装置、桩管、桩靴等。其中，桩管一般采用无缝钢管，直径为270～600mm。其作用是形成桩孔，因此，要求桩管具有足够的刚度和强度。桩靴可分为钢筋混凝土预制桩靴和活瓣式桩靴两种，其作用是阻止地下水及泥沙进入桩管，因此，要求桩靴应具有足够的强度，开启灵活，并与桩管贴合紧密。

2. 施工工艺

按照沉管工艺的不同，沉管灌注桩可分为振动沉管灌注桩和锤击沉管灌注桩。振动沉管灌注桩是利用振动沉桩机沉桩，主要在一般黏性土、淤泥、淤泥质土、粉土、湿陷性黄土，稍密及松散的砂土及填土中使用；但在坚硬砂土、碎石土及有硬夹层的土层中，困易损坏桩尖，不宜采用。锤击沉管灌注桩是利用锤击打桩机沉桩，主要在黏性土、淤泥、淤泥质土、稍密的砂土及杂填土层中使用，但不能在密实的中粗砂、砂砾石、漂石层中使用。

（1）振动沉管灌注桩。振动沉管灌注桩成桩的主要工艺过程如图5-19所示。

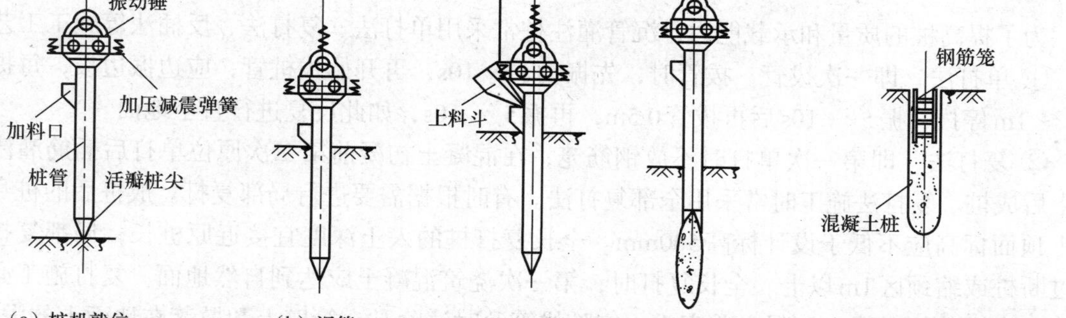

图5-19　振动沉管灌注桩工艺过程

① 桩机就位。将桩管对准桩位中心，将桩尖活瓣式桩靴合拢或者桩端套上预制混凝土桩靴，采用锤击或者利用振动机及桩管自重，把桩尖压入土中。

② 沉管。利用锤击设备或者开动振动箱，桩管即在强迫振动下迅速沉入土中。沉管过程中，应经常探测管内有无水或泥浆，如发现水或泥浆较多，应拔出桩管，用砂回填桩孔后重新沉管，一般在沉入前先灌入1m高左右的混凝土或砂浆，封住活瓣桩尖缝隙，然后再继续沉入。

③ 上料。桩管沉到设计标高后，停止振动，用上料斗将混凝土灌入桩管内，混凝土一般应灌满桩管或略高于地面。

④ 拔起桩管。拔起桩管是保证质量的重要环节。开始拔管时，应先启动振动箱片刻，再开动卷扬机拔桩管。用活瓣桩尖时宜慢，用预制桩尖时可适当加快；在软弱土层中，拔管速度宜控制为0.6～0.8m/min，并用吊砣探测得和桩尖活瓣确已张开、混凝土已从桩管中流出以后，方可继续抽拔桩管，边振边拔，桩管内的混凝土被振实而留在土中成桩，拔管速度应控制为1.2～1.5m/min。

⑤ 放钢筋笼并继续浇筑混凝土。当桩管沉到设计标高后，停止振动或锤击，检查管内无泥浆或水进入后，即放入钢筋骨架，放钢筋笼时，应注意防止破坏孔口。应及时浇筑混凝土以免进入虚土，在灌注混凝土的同时进行拔管，拔管时必须边振（打）边拔，当混凝土灌至桩顶时，混凝土在桩管内的高度应大于桩孔深度；当桩尖距地面60～80cm时停振，利用余振将桩管拔出。同时混凝土浇筑高度应超过桩顶设计标高0.5m，适时修整桩顶，凿去浮浆后，应确保桩顶设计标高及混凝土质量。

（2）锤击沉管灌注桩。其施工工艺流程如图5-20所示，具体将在任务实施中阐明。

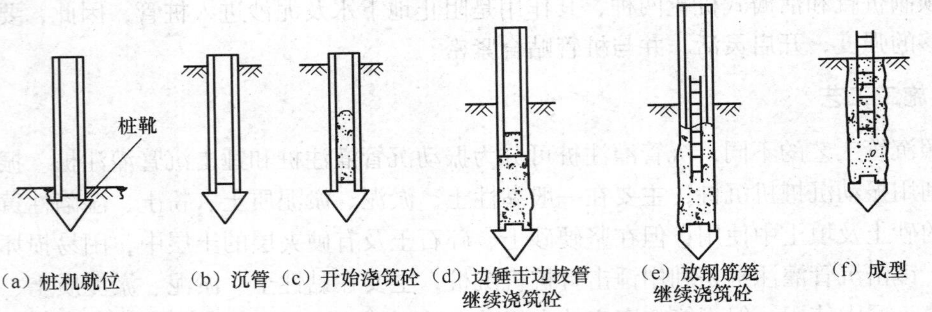

图5-20　锤击沉管灌注桩工艺过程

3. 施工方法

为了提高桩的质量和承载能力，沉管灌注桩常采用单打法、复打法、反插法等施工工艺。

① 单打法，即一次拔管。拔管时，先振动5～10s，再开始拔桩管，应边振边拔，每提升0.5～1m停拔，振5～10s后再拔管0.5m，再振5～10s，如此反复进行直至地面。

② 复打法，即第一次单打时不放钢筋笼，在混凝土初凝前第二次原位单打后插筋灌注混凝土后成桩。复打法施工时常采用全部复打法。有时根据需要进行局部复打。成桩后的桩身混凝土顶面标高应不低于设计标高500mm。全长复打桩的入土深度宜接近原桩长，局都复打应超过断桩或缩颈区1m以上。全长复打时，第一次浇筑混凝土应达到自然地面。复打施工必须在第一次浇筑的混凝土初凝之前完成，应随拔管及时清除黏在管壁上和散落在地面上的泥土，同时前后两次沉管的轴线必须重合。

③ 反插法。先振动再拔管，每提升0.5～1.0m，就把桩管下沉0.3～0.5m（且不宜大于活瓣桩尖长度的2/3），在拔管过程中分段添加混凝土，使管内混凝土面始终不低于地表面，或

高于地下水位1.0以上，如此反复进行直至地面。反插次数按设计要求进行，并应严格控制拔管速度不得大于0.5m/min。在桩尖的1.5m范围内，宜多次反插以扩大端部截面。在淤泥层中，当清除混凝土缩颈，或混凝土浇筑量不足，以及设计有特殊要求时，宜用此法；但其在坚硬土层中易损坏桩尖，不宜采用。

4. 施工过程质量控制

为保证沉管灌注桩的成桩质量，应重点控制以下几个方面。

① 确定合理的打桩顺序，对于群桩基础和桩中心距小于4倍桩径的桩基，应有保证相邻桩桩身质量的技术措施。相邻的桩施工时，其间隔时间不得超过水泥的初凝时间，中途停顿时，应将桩管在停顿前先沉入土中，或待已完成的邻桩混凝土达到设计强度等级的50%后方可施工；桩距小于3.5d（d为桩的直径）时，应跳打施工。

② 混凝土预制桩尖或钢桩尖的加工质量和埋设位置应与设计相符，桩管与桩尖的接触应有良好的密封性。

③ 沉管全过程须有专职记录员做好施工记录。遇有地下水，在桩管尚未沉入地下水位时，即应在桩管内灌入1.5m高的封底混凝土，然后将桩管再沉至要求的深度。

④ 为保证桩身质量，防止缩颈或断桩现象出现，拔管速度应严格遵守下列规定：当桩管沉到设计标高后，停止振动或锤击，检查管内无泥浆或水进入后，即放入钢筋骨架，应立即灌注混凝土，尽量减少间隔时间。灌注混凝土的同时进行拔管，拔管时必须边振（打）边拔，以确保混凝土振捣密实。拔管时，桩管内的混凝土高度不小于2m，拔的速度必须严格控制。当采用振动沉桩时，桩尖为预制的，拔管速度不宜大于4 m/min，如采用活瓣桩尖时，拔管速度不宜大于2.5m/min；当采用锤击沉管时，拔管速度宜控制在0.8 ～ 1.2m/min。

⑤ 应加强混凝土原材料的质量控制。桩身混凝土的强度等级不得低于C15；严格控制水灰比、坍落度，桩身配有钢筋笼时，混凝土坍落度控制在80 ～ 100mm，桩身为素混凝土时，坍落度控制在60 ～ 80mm；钢筋混凝土预制桩尖必须按规定配筋，并且混凝土强度不得低于C30。

⑥ 灌注混凝土时，桩身混凝土必须连续灌注，并严格控制其充盈系数，当采用锤击或静压沉管时不得小于1.00，当采用振动沉管时不得小于1.15，对于混凝土充盈系数不能满足要求的桩，宜全长复打，对可能有断桩和缩颈的桩，应采用局部复打。成桩后的桩身混凝土顶面标高应不低于设计标高500mm。全长复打桩的入土深度宜接近原桩长，局部复打的入土深度应超过断桩或缩颈区1m以上。

⑦ 桩顶处理。如果发现桩顶标高低于设计标高，可采用比原桩身混凝土强度等级高一级的混凝土接高桩顶。对于断桩的检查，在2 ～ 3m以内，可用锤敲击桩头侧面，同时用脚踏在桩头上进行，如桩已断，会感到浮振；深处断桩常采用动测或开挖的办法检查。一旦检查发现断桩，应将断桩段拔去，略增大面积或进行箍筋加密，清理干净后，再重新灌筑混凝土补做桩段。

5. 施工过程安全技术管理

① 禁止无关人员进入现场，打沉套管应有专人指挥。

② 桩机操作人员工作前应检查桩机是否平稳可靠，电气设备的绝缘、卷扬机离合、制动装置和钢丝绳等是否安全、灵活、可靠，注意桩架连接部位和振动钎中螺栓有否松动和丢落。

③ 在桩架上装拆维修机件，进行高空作业时，必须系安全带。

④ 桩机行走时，应先清理地面上的障碍物和挪动电缆。挪动电缆时应戴绝缘手套，注意防止电缆磨损漏电。

⑤ 振动沉管时，若用收紧钢丝绳加压，应根据格管沉入度，随时调整离合器，防止桩架抬起发生事故。锤击沉管时，严禁用手扶正桩尖垫料。不得在桩锤打到管顶就起锤或过早刹车。

⑥ 对施工危险区域和机具（冲击、锤击桩机，人工挖掘成孔的周围，桩架下），要加强巡视检查，有险情或异常情况时，应立即停止施工并及时报告，待有关人员查明原因，排除险情或加固处理后，方能继续施工。

⑦ 桩机在前后移动和左右移动时，应预先放松电缆线，注意周围障碍物、电缆线不得跨越牵引钢丝绳。

⑧ 沉管困难或缓慢时可对桩管加压，加压应在桩管入土1.5m以上时才可进行，防止桩架抬起发生事故。

⑨ 机械发出异响时，必须立即切断电源停机检查，故障未排除，不得继续工作。严禁机械“带病”作业。在工作中因对机械进行维修，调整及保养。

⑩ 桩架与架空电线，应视其电压大小，保持不少于1.5～6m的安全距离。

⑪ 遇到恶劣气候（如6级以上大风）应停止作业，必要时应采取增垫枕木、拉缆风绳等加固措施，以防倾倒。下班前应将桩管沉入土中3～5m，关闭好电器和刹车装置，切断电源，将开关箱加锁。

任务实施

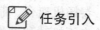

下面以锤击沉管灌注桩的施工过程为例，阐明整个施工环节。

步骤1：桩机就位

桩机就位后吊起桩管，对准预先埋好的预制钢筋混凝土桩靴，放置麻（草）绳垫于桩管与桩尖连接处，以作缓冲层和防地下水进入，然后缓慢放人桩管，套入桩尖压入土中。

步骤2：沉管

上端扣上桩帽先用低锤轻击，观察无偏移才正常施打，直至符合设计要求深度，如沉管过程中桩尖损坏，应及时拔出桩管，用土或砂填实后另安桩尖重新沉管。

步骤3：开始浇筑混凝土

检查套管内无泥浆或水时，即可浇筑混凝土，混凝土应灌满桩管。

步骤4：拔管

在拔管过程中，桩管内的混凝土应至少保持2m高或不低于地面，可用吊砣探测，不足时及时补灌，以防混凝土中断形成缩颈。每根桩的混凝土灌筑量，应保证制成后桩的平均截面积与桩管端部截面积的比值不小于1.1。

步骤5：下钢筋笼，浇筑混凝土

当混凝土灌至钢筋笼底标高时，应从桩管内插入钢筋笼或短筋，继续浇筑混凝土及拔管，直到全管拔完为止。

任务3　爆扩成孔灌注桩施工

任务引入

爆扩成孔灌注桩可充分利用地基承载力，具有灌注桩基础、天然地基上独立基础的作用和良好的技术经济效果，在国内得到较广泛的应用。爆扩桩的特点：桩性能好，可承受中心、偏心、抗压、抗拔、抗推等荷载，能有效地提高桩承载力（35%～65%）；能作独立基础使用；成桩工艺简单，与一般独立基础相比，可减少土石方量（50%～90%），节省劳动力50%～60%，加快施工速度（工期缩短40%～50%），降低工程造价30%左右。爆扩桩适用于一般黏土、粉质黏土中使用，在中密或密实的砂土、碎石土和风化岩表面以及夹有矿渣、砖瓦碎片和垃圾的杂填土中也可使用。但不宜在淤泥、淤泥质土中进行应用。

相关知识

爆扩成孔灌注桩是用钻机成孔或爆扩成孔，再在孔底爆扩成球形扩大头后，浇筑混凝土成桩。

1. 施工准备

（1）人员准备。电工数人；机械维修工人数名；爆破工数人；熟练工人数人；普工若干名（配置视工程大小而定）。

（2）技术准备。

① 正式开工前应编制合理的施工组织设计、施工方案。

② 应具备建筑场地工程地质资料和必要的水文地质资料以及建筑施工图样的会审纪要。

③ 施工前需调查建筑场地和邻近区域内的地下管线（管道、电缆）、地下构筑物、危房、精密仪器车间等。

④ 主要施工机械及其配套设备的技术性能资料。

⑤ 进入现场的水泥、砂、石、钢筋等原材料及其制品需具备出厂质量保证书和复验报告。

（3）材料准备。施工中所用原材料包括钢材、水泥、砂、碎石及外加剂等。材料均需要满足设计要求。

水泥：32.5级普通硅酸盐或矿渣硅酸盐水泥，无结块。

砂子：用中砂或粗砂，含泥量小于5%。

石子：卵石或碎石，粒径5～40mm，含泥量不大于2%。

钢筋：品种和规格均符合设计要求，并有出厂合格证。

外加剂、掺和剂：根据施工需要通过试验确定，外加剂应有产品出厂合格证。

火烧丝：规格18～22号。

垫块：用1：3水泥砂浆埋22号火烧丝预制成。

（4）机具准备。爆扩灌注桩的成孔，可根据土质情况、场地和机具条件，选择适用的成孔机具设备和方法，表5-13所示可供选择时参考。

（5）作业条件。

① 平整场地，探明和清除桩位处的地下障碍物，按平面布置图的要求做好施工现场的施工道路、供水供电、施工设施放置、材料堆场及生活设施就位等有关布设和具体安排。

② 施工前应逐级技术交底，并且要有书面材料发至各方面各有关部门的有关人员手中。

③ 调试准备。在正式开工前，应进行一次整体设备运转，可先完成一个或几个试桩，以核对地质资料，检验所选择的设备、机具、施工工艺及技术要求的合理性，指导整个施工。

表5–13　爆扩成孔方法、适用地质及施工条件

项目	成孔方法	适用地质条件	适用施工条件
人工成孔桩	用人工接洛阳铲成孔，或用手摇钻成孔	黄土类土或不太坚硬的黏性土	在没有电源和场地不大平整地区；大、小面积施工均可
爆扩成孔桩	用洛阳铲、钻机或手摇麻花钻打成导孔，放入条形硝铵炸药管及2个雷管，爆扩成孔	一般没有地下水的黏性土、黄土类土、未压实的人工填土	大、小面积施工均可，并可施工斜桩，但不能用于靠近建筑物的桩
打拔管成孔法	用打桩方法将钢管打入土中，拔出桩管后形成桩孔。桩管下端作成锥形，约成60°角，桩尖可以上下活动	各种黏性土、地下水位高的新填土、软弱黏性土、流动性淤泥等	大、小面积施工均可，需具有一定打拔管机具条件
钻机成孔法	用螺旋钻机成孔	透水性较小的黏性土	大、小面积施工均可，需钻孔机具设备
冲抓锥成孔法	用冲抓锥冲击和抓土成孔	含有坚硬杂物的黏性土、大块碎石类土、砂卵石类土	大、小面积施工均可，需冲抓锥成孔机具设备

2. 施工工艺流程

（1）人工或机钻成孔爆扩桩施工工艺流程。

冲（钻）孔→放入药包并用砂固定，第一次灌入混凝土→引爆成球状孔穴，混凝土自由坍落在扩大孔内→插入钢筋骨架→第二次灌满混凝土、振捣成桩。

（2）爆扩成孔灌注桩成孔施工工艺流程。

打导孔→放入条形药包及雷管→引爆成孔穴→插入钢筋骨架→灌注混凝土、振捣成桩。

3. 桩作业构造要求

爆扩灌注桩由桩柱和扩大头两部分组成，常用型式有单桩、串联桩、并联桩、斜桩、空心桩和群桩等。桩柱直径d根据材料强度、施工机具和成型方法确定，一般为20～35cm，用冲抓锥成孔或爆扩成孔，直径为55～120cm；扩大头直径D，一般根据地基强度来决定。为保证爆扩时地表土不剧烈松动的前提下，可采用使扩大头所承受的地基反力与桩身材料的承载力大致相等来确定扩大头的直径较为经济，一般多采用3d。

埋置深度H（以地表到扩大头中心的距离）为3～7m，最深不宜超过10m，最浅不少于2 m。桩的最小间距，在硬塑和可塑状黏土中不小于1.5D，在软塑状黏土或人工回填土中不小于1.8D。当桩数较多、平面较小，在荷载大而集中时（如有烟囱、水塔、筒仓等基础中），扩大头宜上下交错布置，但相邻两桩的扩大头标高相差不应小于1.5D。

桩的钢筋布置，当为轴心受压时，桩按构造配置，一般用4ϕ12mm，伸入桩柱内不应小于桩长的1/3，也可根据工程情况不配构造钢筋。承受拔力、水平力、动力的桩，应配置不少于6根直径12mm的螺纹钢筋，并伸至扩大头中心。钢箍用螺旋式或分离式，直径为6mm，间距20～30cm，钢筋保护层不小于35mm，水下浇筑混凝土时保护层不得小于50mm。混凝土强度等级不低于C 20。

4. 桩作业质量控制要求

除了满足灌注桩的质量控制与验收的相关要求外，还必须注意表5-14所示易发的质量问题。

表5–14　爆扩灌注桩易发的质量问题

序号	名称、现象	控制措施
1	桩孔偏斜或倾斜	机架安装要垂直、平稳、牢固；注意桩孔的土质变化，随时检查处理，孔壁有大孤石时排除；控制落锤提升高度不大于1.5m，用力不要过猛
2	瞎炮（拒炮）	雷管、导火索、导爆索和炸药使用前要进行认真检查，不合格、过期、受潮的不准使用
3	浮爆	当炸药包放到孔底后用砂或竹竿、钢管将炸药包固定住，待第一次混凝土灌完后，再抽出竹竿或钢管进行引爆
4	通电或点火后炸药不爆炸	严格检查爆破网路铺设质量，逐段检测网路电阻是否与计算相符合，是否平衡，网路是否完好，有无漏接、捣断脚线、漏电，如有异常应及时排除
5	早爆	选择燃速稳定的导火索进行爆破
6	冲天爆	堵塞材料应选用内摩擦力较大、易于密实、不漏气的材料，并保证有足够的堵塞长度
7	爆渣块度过大	按破碎块度要求设计布置炮孔，选取适当的临空间和抵抗线长度，炸药用量要按计算和通过试爆确定
8	超爆	在边线部位采取密空孔法、护层法和拆除控制爆破方法进行布置
9	拒落（炸药爆炸形成扩大头后，但混凝土不落下）	选择适宜的混凝土坍落度和浇灌量，骨料粒径控制不大于25mm
10	偏头（扩大头不在规定的桩孔位置正中而偏向一侧）	选择土质较好的土层作扩大头持力层，包装药包时，雷管要垂直放于药包中心，药包放于孔底中心并稳固好

5. 桩作业安全管理要求

除了满足灌注桩的一般安全管理的相关要求外，还必须参照表5-15所示的控制措施，注意由于爆破而引起的施工过程危害及时控制措施。

表5–15　爆扩灌注桩施工过程危害及控制措施

序号	危害名称	控制措施
1	使用电源线破损的便携式卷线盘	每天检查电源线，定期效验漏电保安器，检查配电盘、配电柜和带电设备的安全性
2	电动工具未经漏电保护装置或漏电保护装置失灵	
3	操作人员违章	持证上岗，加强教育和安全规范考核

续表

序号	危害名称	控制措施
4	机械、工器具转动部位防护罩不完善	在机械、工器具转动部位设置防护罩
5	搅拌机械倾倒	起重机和搅拌机移动必须确保地面滑竿水平，移动后并调平
6	水泥浆搅拌机	操作人员搅拌水泥浆时，按照规定规范施工，避免搅拌叶片伤人
7	机械失修、带病作业	机械经常检查维修，保证状态良好
8	使用的机械安全装置失灵	
9	爆破伤人	爆破现场人员一律站在安全线以外区域，作业由专业人员操作

任务实施

爆扩成孔灌注桩的施工工艺过程如图5-21所示，其主要施工步骤如下。

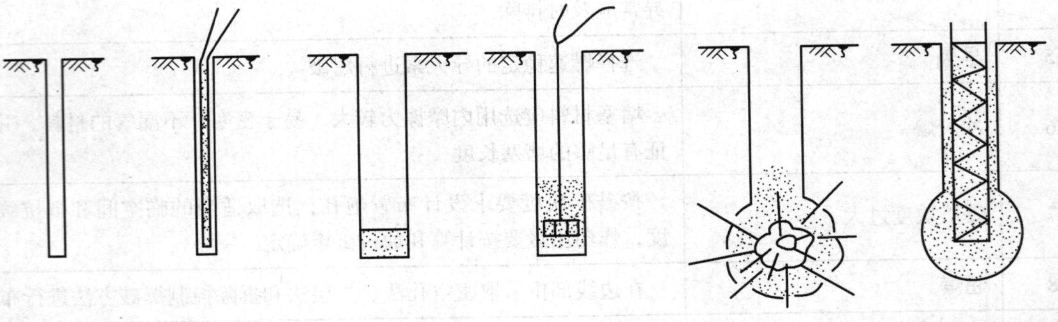

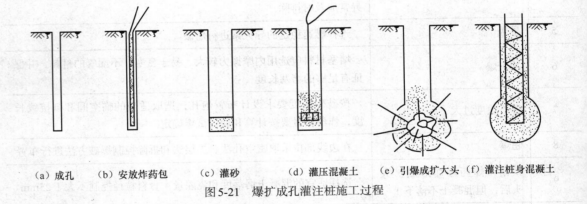

（a）成孔　（b）安放炸药包　（c）灌砂　（d）灌压混凝土　（e）引爆成扩大头　（f）灌注桩身混凝土

图5-21　爆扩成孔灌注桩施工过程

步骤1：成孔

利用洛阳铲、钻机或手摇麻花钻等成孔机械设备进行成孔作业，并严格按照设计要求进行检查。

步骤2：安放炸药包

把确定的炸药量用塑料布紧密包扎成药包，每个药包放2个雷管，用并联法与引爆线路连接；用绳将药包吊放到桩孔底正中，其上盖厚15～20cm的砂以稳住药包位置，避免受混凝土的冲击而被砸破。

步骤3：灌砂及灌压混凝土及引爆

药包在孔底安放后，经检验引爆线路完好，灌入适量的砂后，即可浇筑混凝土。第一次浇灌混凝土的坍落度，在一般胶黏性土中宜为100～120mm；在湿陷性黄土中宜为160～180mm；在砂土及人工填土中宜为120～140mm，骨料直径不宜大于25mm。浇灌量不宜超过扩大头体积的50%，或2～3m桩孔深。开始时应缓慢灌入，以免砸坏药包，并应防止导线被混凝土砸断。

步骤4：引爆成扩大头

压爆混凝土灌注完毕后，应立即进行引爆，时间间隔不宜超过30min，否则容易出现混凝土拒落事故。引爆后混凝土自由塌落至因爆破作用形成的球形扩大头空腔底部，然后检查扩大头尺寸，并用软轴线接长的插入式振动器将扩大头底部混凝土振捣密实。

混凝土拒落原因分析：爆扩时混凝土已超过初凝，炸药爆炸后所产生的气体憋在底部，扩散不出去，从而使混凝土被托住而不能落下；混凝土的坍落度过小，而一次浇筑的混凝土量过多而形成混凝土拒落；干燥的土质中夹有软弱土层，引爆后产生瓶颈而阻止混凝土落下。

步骤5：浇灌桩身混凝土

扩大头底部的混凝土振实后，立即将钢筋骨架垂直放入桩孔，然后灌注混凝土，扩大头和桩身混凝土一次灌注完。第二次浇灌混凝土的坍落度为80～120mm，浇灌时应分层浇灌和分层振捣，每次厚度不能超过1m，并应一次浇筑完毕，不得留施工缝。桩顶加盖草袋，终凝后浇水养护。在干燥的砂类土地区，还要在桩的周围浇水养护。

任务4 人工挖孔灌注桩施工

任务引入

人工挖孔灌注桩是指桩孔采用人工挖掘方法进行成孔，然后安放钢筋笼，浇筑混凝土而成的桩。其特点是单桩的承载能力高，受力性能好，既能承受垂直荷载，又能承受水平荷载；具有机具设备简单、施工操作方便、占用施工场地小、无噪声、无振动、不污染环境、对周围建筑物影响小、施工质量可靠、可全面展开施工、工期缩短、造价低等优点，因此得到广泛应用。在挖孔灌注桩的基础上，通过扩大桩底尺寸而形成挖孔扩底灌注桩，也成为大直径灌注桩施工的一种主要工艺方式。人工挖孔灌注桩适用于土质较好和地下水位较低的黏土、亚黏土及含少量砂卵石的黏土层等地质条件。对软土、流砂及地下水位较高，涌水量大的土层不宜采用。

相关知识

1. 构造要求

人工挖孔灌注桩直径一般为800～2000mm，最大直径可达3000mm；桩埋置深度（桩长）一般在20m左右，最深可达40m。当要求增大承载力、底部扩底时，扩底直径一般为（1.3～3.0）d，最大可达4.5d，扩底直径大小按$[(d_1-d_2)/2]:h=1:4$，$h_1\geqslant(d_1-d)/4$进行控制，如图5-22（a）、（b）所示。一般采用一柱一桩，采用一柱两桩时，两桩中心距不应小于3d，两桩扩大头净距不小于1m，如图5-22（c）所示。上下设置两桩间距不小于0.5m，如图5-22（d）所示。桩底宜挖成锅底形，锅底中心比四周低200mm，根据试验，它比平底桩可提高承载力20%以上。

桩底应支撑在可靠的持力层上，支撑桩大多采用构造配筋，配筋率以0.4%为宜，配筋长度一般为1/2桩长，且不小于10m。用作抗滑、锚固、挡土桩的配筋，按全长或2/3桩长配置，具体由计算确定。箍筋采用螺旋箍筋或封闭箍筋时，不小于ϕ8@200mm，在桩顶1.0m范围内间距加密一倍，以提高桩的抗剪强度。当钢筋笼长度超过4.0m时，为加强其刚度和整体性，可每隔2m设一道直径为16～20mm的焊接加强筋。钢筋笼长超过10m时需分段拼接，拼接处应用焊接。桩混凝土强度等级不应低于C20。

2. 施工准备

① 电动葫芦或手动卷扬机，提土桶及三脚支架。

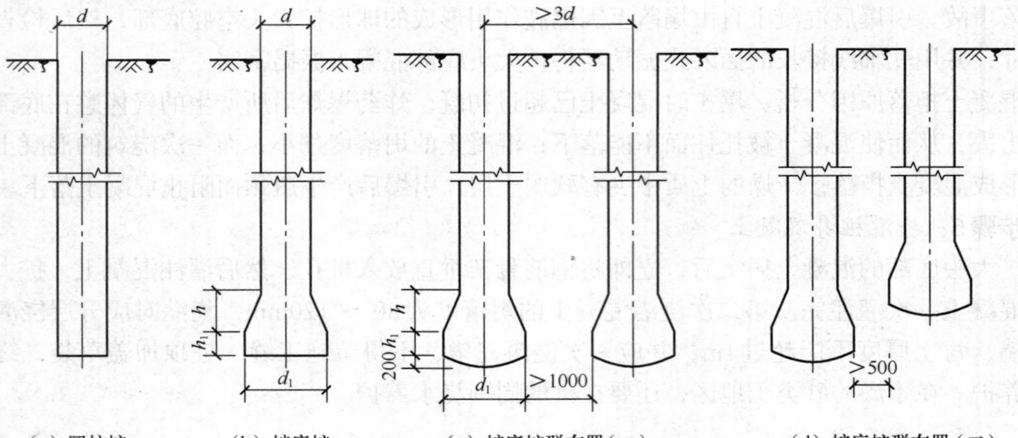

图5-22　爆扩成孔灌注桩施工过程

② 潜水泵：用于抽出孔中积水。

③ 桩孔深超过20m时，另配鼓风机、输风管：用于向桩孔中强制送入新鲜空气。

④ 挖孔工具包括短柄铁锹、镐、锤、钎，若遇坚硬土层或岩石还应配风镐等。

⑤ 36V低压变压器、井内外照明设施、对讲机、电铃等。

⑥ 提升机具包括1t卷扬机配三木塔或1t以上单轨电动葫芦（链条式）配提升金属架与轨道，活底吊桶。

3. 施工工艺

人工挖孔桩的支护方法很多，例如，可以采用现浇混凝土护壁、喷射混凝土护壁、型钢或者木板桩工具式护壁、沉井等。不同的支护方法其相应的施工工艺也不尽相同。下面以采用现浇混凝土分段护壁为例，介绍人工挖孔桩的施工工艺流程（见任务实施）。

4. 施工过程中的质量控制

① 桩孔开挖，当桩净距小于2倍桩径且小于2.5m时，应采用间隔开挖。排桩跳挖的最小施工净距不得小于4.5m，孔深不宜大于40m。

② 每段挖土后必须吊线检查中心线位置是否正确，桩孔中心线平面位置偏差不宜超过50mm，桩的垂直度偏差不得超过1%，桩径不得小于设计直径。

③ 防止土壁坍塌及流砂。挖土遇到松散或流砂土层时，可减少每段开挖深度（取0.3～0.5m）或采用钢护筒、预制混凝土沉井等作护壁，待穿过此土层后再按一般方法施工。流砂现象严重时，应采用井点降水处理。

④ 浇筑桩身混凝土时，应注意清孔及防止积水，桩身混凝土应一次连续浇筑完毕，不留施工缝。为防止混凝土离析，宜采用串筒来浇筑混凝土，地下水穿过护壁流入量较大无法抽干时，则应采用导管法浇筑水下混凝土。

5. 施工过程中的安全技术管理

人工挖孔桩的施工，工人在井下作业，施工安全应予以高度重视，要严格执行操作规程，制订可靠的安全措施。

① 从事挖孔作业的工人必须经健康检查，并且经过井下操作安全作业培训且考核合格后，

方可进入现场。

② 要认真研究钻探资料，分析地质情况，对可能出现流砂、管涌、涌水以及有害气体等情况制订有针对性的安全措施。

③ 人工挖孔桩孔内必须设置应急软爬梯供人员上下井用，使用的电葫芦、吊笼等应安全可靠并配有自动卡紧保险装置，不得使用麻绳和尼龙绳吊挂或脚踏井壁凸缘上下。电葫芦宜用按钮式开关，使用前必须检验其安全起吊能力。

④ 施工人员进入孔内必须戴安全帽，孔内有人作业时，孔上必须有人监督防护。护壁应高出地面200 ~ 300mm，以防杂物滚入孔内；孔周围要设0.8m高的护栏。每孔必须设置安全绳及应急软爬梯。

⑤ 每日开工前必须检测井下有毒、有害气体，并应有足够的安全防护措施。桩孔开挖深度超过10m时，应有专门向井下送风的设备，风量不宜小于25L/s。

⑥ 挖出的土石方应及时运离孔口，不得堆放在孔口四周1m范围内，机动车辆的通行不得对井壁的安全造成影响。

⑦ 挖孔桩各孔内用电必须分闸，严禁一闸多用。孔上电缆必须架空2.0m以上，严禁拖地和埋压土中，孔内电缆、电线必须有防磨损、防潮、防断等措施。孔内照明要用12V以下的安全灯或安全矿灯。使用的电器必须有严格的接地、接零和漏电保护器。

⑧ 人工开挖时为防止塌方造成事故，需做护圈，每挖一段则浇筑一段护圈，护圈一般为钢筋混凝土现浇而成。否则对每一桩身则需事先施工围护，然后才能开挖。

任务实施

步骤1：放线定位

按设计图样放线，定桩位。

步骤2：开挖土方

采取分段开挖，每段高度取决于土壁直立状态的能力，以0.8 ~ 1.0m为一施工段。开挖面积的范围为设计桩径加护壁厚度。挖土由人工从上到下逐段进行，同一段内挖土次序先中间后周边；扩底部分采取先挖桩身圆柱体，再按扩底尺寸从上到下削土修成扩底形。在地下水位以下施工时，要及时用吊桶将泥水吊出，当遇大量渗水时，在孔底一侧挖集水坑，用高扬程潜水泵将水排出。

步骤3：测量控制

桩位轴线采取在地面设十字控制网、基准点。安装提升设备时，使吊桶的钢丝绳中心与桩孔中心一致，以作挖土时粗略控制中心线用。

步骤4：支设护壁模板

模板高度取决于开挖土方施工段的高度，一般为1m。护壁中心线控制是将桩控制轴线、高程引到第一节混凝土护壁上，每节以十字线对中、大吊线锤控制中心点位置，用尺杆找圆周，然后由基准点测量孔深。

步骤5：设置操作平台

用来临时放置混凝土拌和料和灌注护壁混凝土用。

步骤6：浇筑护壁混凝土

护壁混凝土要捣实，上下壁搭接50 ~ 75mm，护壁采用外齿式或内齿式；护壁混凝土强度等级为C25，厚度为150mm，护壁内等距放置8根直径6 ~ 8mm、长1m的直钢筋，插入下层护壁内，使上、下护壁有钢筋拉结，避免某段护壁出现流砂、淤泥而造成护壁因自重而沉裂的现象；第一节混凝土护壁高出地面200mm左右，便于挡水和定位。

步骤7：拆除模板继续下一段施工

护壁混凝土达到一定强度后（常温下经历24h）便可拆模，再开挖下一段土方，然后继续支模灌注混凝土，如此循环，直到挖至设计要求的深度。

步骤8：排除孔底积水，灌注桩身混凝土

灌注桩身混凝土前，应先吊放钢筋笼，并再次测量孔底虚土厚度，并将其按要求清除。

工程案例——某桩基础工程应用

1. 工程概况

某工程为××市××区福新花园小区第二期6#、7#住宅楼，建设地点位于××市××区，住宅楼为单元住宅，地上13层，地下2层，总建筑面积为13498.6m^2，总高度为39.76m，建筑结构形式为剪力墙结构，抗震设防烈度为7度。建筑结构形式为二类高层建筑，工程等级为二级，建筑物设计使用年限为50年。

住宅楼地下二层为六级人员掩蔽人防。地下一层为自行车库，结构形式为框架剪力墙。基础采用大直径人工挖孔灌注桩，结构的安全等级为二级，使用年限为50年，建筑抗震设防类别为丙类，地基基础设计等级为乙级，桩基安全等级为Ⅱ级，地下室防水等级s6级，场地地震基本抗震烈度7度。

2. 场地及地质概况

该工程附近还有两栋楼，均为东西向展布，两栋楼近似平行，其中位于南边的5#楼呈卧倒的“L”形，东西长58.86m，南北宽13.20～20.50m，高17层；4#楼位于北侧，长30.10m，宽11.10m，高13层，均为框架结构，该工程重要性等级为二级，场地复杂等级为二级，地基复杂程度为二级。

本工程的地形和位置位于××市××区人民路30号，南侧临街为解放路，西邻邮电局，北靠山坡，交通便利。场地北高南低，地面相对标高介于-1.93～0.79m，最大高差2.99m。地层，本次勘察查明，在钻控所达深度范围内，场地地层自上而下为第四系洪、坡、冲击物和第三系沉积泥岩。

（1）杂填土Q_4^{ml}：遍布整个场地。近期人工填筑形成。杂色，土质不均。

（2）粉土Q_4^{pl+dl}：除ZK15和ZK16（TJ6）号勘探点外均揭露到该层。为瓦窑坡洪积物与北山坡积物堆积形成。黄褐或杂色，稍湿～湿，稍密。该层厚度0.80～8.90m，层顶埋深0.80～3.80m，层顶高程为-6.03～0.13m。粉土Q_4^{dl+pl}：遍布整个场地，为北山滑坡与瓦窑坡洪积物堆积形成。黄褐色～红褐色，稍湿～湿，稍密～中密。土质不均，层中夹杂砂砾、风化泥岩团块、粉质黏土条带等。该层厚度1.70～19.10m。粉土Q_3^{del}：遍布整个场地。为北山滑坡体堆积形成。黄褐或红褐色，稍湿～湿，中密。土质较均匀，包含风化泥岩团块。该层厚度0.70～19.10m，含有机质粉土Q_3^{h}：为沼泽沉积形成。灰～灰黑色，稍湿～湿，中密。土质较均匀，含少量腐殖质、砂砾、贝壳，见根孔。该层厚度0.60～14.10m。粉土Q_3^{del}：除ZK13号勘探点外均揭露到该层。为北山滑坡体堆积形成。黄褐色或红褐色，稍湿～湿，中密～密实。土质均匀，包含泥岩残积土团块。该层厚度1.10～7.50m，层顶埋深22.60～29.00m。

（3）残积土Q_3^{el+dl}：遍布整个场地。为风化泥岩残积或坡积形成。杂色，稍湿～湿，密实。该层厚度1.10～6.00m。

（4）强风化泥岩N：遍布整个场地。灰绿色、灰褐色或烟灰色，主要矿物有高岭土、白云母、方解石、石膏等。该层厚度2.90～4.10m。

（5）中风化泥岩N：遍布整个场地。灰绿色或灰褐色，主要矿物有高岭土、白云母、方解石、石膏等。该层厚度8.40m，层顶埋深36.00～41.20m，层顶高程为-40.33～38.23m，据区域地质资料及以往的经验，覆盖层厚度大于50m。

经勘察场地土层中发现一种地下水，上层滞水，属裂隙水，埋藏各土层中。测得地下水化学类型为C1、HCO_3（K+Na）型或HCO_3^-Mg、（K+Na）型，场地环境类型为Ⅲ类，根据分析结果该层水对砼结构无腐蚀性，对钢筋砼结构中的钢筋有弱腐蚀性，对钢结构中等腐蚀性。

3. 材料及主要工具

（1）水泥：宜采用325号～425号普通硅酸盐水泥或矿渣硅酸盐水泥。

（2）砂：中砂或粗砂，含泥量不大于5%。

（3）石子：粒径为0.5～3.2cm的卵石或碎石；桩身砼也可以用粒径不大于5cm的石子，且含泥量不大于2%。

（4）水：应用自来水或不含有害物质的洁净水。

（5）外加早强防冻剂应通过试验选用，粉煤灰掺合料按实验室的规定确定。

（6）钢筋：钢筋的级别、直径必须符合设计要求，有出厂证明书及复试报告。

（7）一般应备有三木塔、卷扬机组或电动葫芦、手推车或翻斗车、镐、锹、手铲、钎、线坠、定滑轮组、砼搅拌机、吊桶、溜槽、导管、振捣棒、插钎、粗麻绳、钢丝绳、安全活动盖板、放水照明灯（低压12V、100W）、电焊机、通风及供氧设备、扬程水泵、木辘轳、活动爬梯、安全帽、安全带、风镐等。

4. 作业条件

（1）人工开挖桩孔，井壁支护应根据该地区的土质特点、地下水分布情况，编制切实可行的施工方案，进行井壁支护的计算和设计。

（2）开挖前场地应完成三通一平。地上、地下的电缆、管线、旧建筑物、设备基础等障碍物均已排除处理完毕。各项临时设施，如照明、动力、通风、安全设施准备就绪。

（3）熟悉施工图样及场地的地下土质、水文地质资料，做到心中有数。

（4）按基础平面图，设置桩位轴线、定位点；桩孔四周撒灰线。测定高程水准点。放线工序完成后，办理预检手续。

（5）按设计要求分段制作好钢筋笼。

（6）全面开挖之前，有选择地先挖两个试验桩孔，分析土质、水文等有关情况，以此修改原编施工方案。

（7）在地下水位比较高的区域，先降低地下水位至桩底以下0.5m左右。

（8）人工挖孔操作的安全至关重要，开挖前应对施工人员进行全面的安全技术交底；操作前对吊具进行安全可靠的检查和试验，确保施工安全。

5. 工艺流程

探井开挖前探明地质→放线定桩位及高程→砌筑300mm高240mm厚的红砖护围→沿轴线

顺次开挖第一节桩孔土方→检查桩位中心线→架设垂直运输架→安装辘轳→安装吊桶、照明及通风机等→开挖吊运第二节桩孔土方→检查桩位中心线→逐层往下循环作业→开挖扩底部分→检查验收→吊放钢筋笼→放砼溜筒→浇筑桩身砼→插桩顶钢筋。

6. 操作工艺

（1）井桩挖土。

① 放线定桩位及高程：在场地三通一平的基础上，依据建筑物测量控制网的资料和基础平面布置图，测定桩位轴线方格控制网和高程基准许点。确定好桩位中心，以中点为圆心，以桩身半径加护壁厚度为半径画出上部（即第一步）的圆周。撒石灰线作为桩孔开挖尺寸线。孔位线定好之后，必须经有关部门进行复查，办好预检手续后开挖。

② 桩成孔时，在5＃、4＃楼内各布置1个探井。探井位置由甲方确定，探井深度自桩端向下2m，再钎探0.5m，以探明地质情况及卵石层埋深、厚度等情况，以核对现场实际情况与地质资料是否相符。试挖时，配备风机及风管接至孔底，随挖随检测井内气体，并派专人监护。如探井内检测发现有害气体，则大面积展开开挖时，必须配备风机（配备5台风机），风管接至各井孔底。

③ 依据建筑物测量控制网，测定井桩桩位轴线方格控制网和高程基准点，确定好桩位中心，以桩身半径划出桩孔开挖尺寸线，并用石灰撒线。桩位线定好后，必须监理单位进行复查，办好预检手续。

④ 井桩开挖时，应立即砌筑300mm高、240厚红砖护围，复核桩位及直径，然后下挖，每进深1m应对其孔径及垂直对进行检查，发现偏差及时就纠正。开挖好后及时请建设、监理、设计单位对桩身直径扩头尺寸，孔底进行全面测定，做好施工记录，办理隐蔽验收资料。

⑤ 井桩开挖时沿轴线顺次间隔开挖，排桩跳挖的最小施工净距不得小于4.5m，第一批桩开挖并浇筑砼后，方可开挖第二批井桩。

⑥ 井桩人工成孔时，应设置垂直运输架，安装专用铁辘轳及照明设施。并应经常对现场所有设备、设施、安全装置、工具配件及个人劳保用品进行检查，确保安全。

⑦ 挖出的土方应及时运离孔口（见图5-23），不得堆放在孔口四周1m范围内，并随挖随运，机动车辆的通行不得对井壁的安全造成影响，夜间井口应有红灯警示壮志。

若地质较差（如土层部分），挖孔桩施工采用开挖一段即浇一段混凝土护壁（见图5-24），每段深度为1m，护壁平均厚100mm（护壁厚度不计入桩径），上下两段搭接50mm，护壁的施工应在挖至支模深度后，及时支模并浇筑砼，继续进行上述施工，依次循环进行直至设计深度。

为防止桩孔土体塌滑和确保施工中操作安全，回填土层、杂土层、残坡积层按500～800mm一节垂直下挖。若施工中出现涌土、涌砂时，每节护壁高度按500mm施工，并随挖验随浇砼，并视情况采用有效措施对护壁做临时支撑，确保施工安全。护壁施工采用圆台形工具式内钢模拼装而成，模板间用U形卡连接上，上下各设一道环形支撑，模板用3mm厚钢板加工制成，模板上口直径按设计桩径，下口直径增大100mm。

护壁砼浇筑用的圆台形进料模具用3mm厚钢板制作，进料模具由盖和模圈组成，模盖制成定型钢模，模圈上口为定型尺寸与模盖吻合，下口按挖孔桩桩径加工制作。

（2）井桩钢筋笼。

① 根据设计要求，预先制作钢筋笼，钢筋骨架可整体制作或分节制作，每隔2m设置加劲箍一道。并请监理进行验收，桩主筋连接采用单面搭接焊，焊缝长度≥10d（d为钢筋直径），且同一截面搭接接头钢筋截面面积不超过总截面面积的50%。

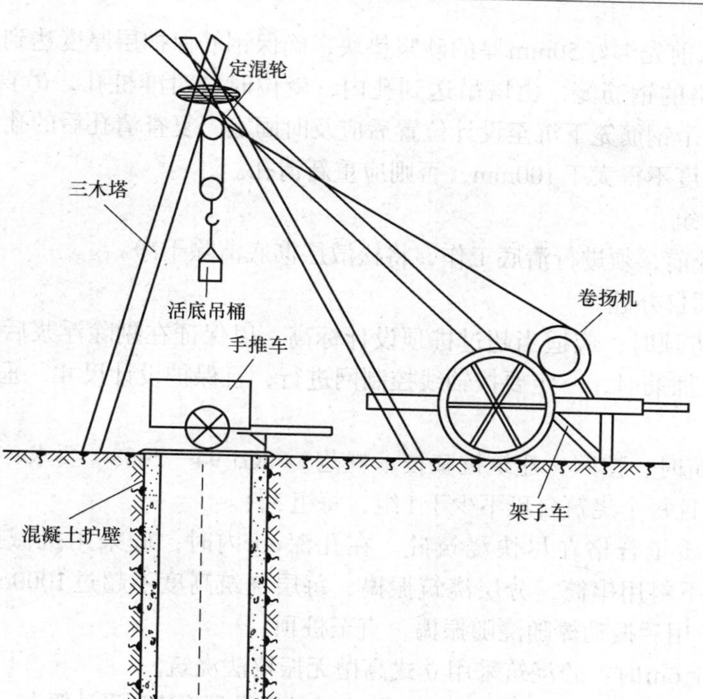

图 5-23 人工挖桩孔出土示意图

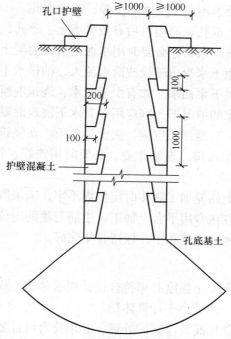

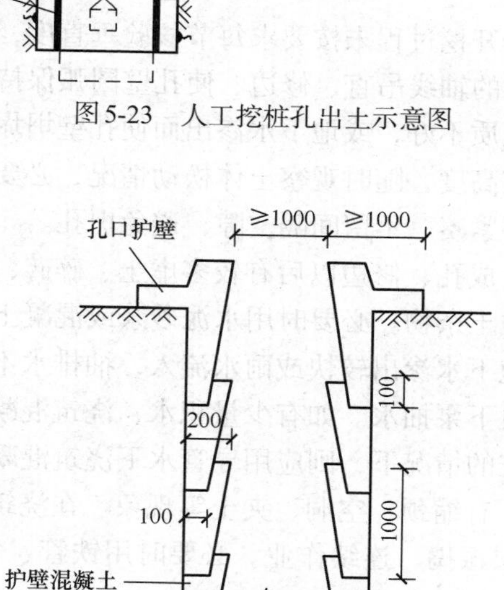

图 5-24 挖孔桩混凝土护壁示意图

② 钢筋笼放入前先绑好50mm厚的砂浆垫块，确保钢筋保护层厚度达到设计要求。

③ 经检查合格的钢筋笼，由塔吊送到孔内，就位时应对准桩孔，吊直扶稳，缓慢下沉，避免碰撞孔壁。整个钢筋笼下沉至设计位置后应及时固定、复查清孔后的孔底沉渣厚度。并浇灌砼。沉淀物其厚度不得大于100mm，否则应重新清孔。

（3）井桩砼浇筑。

① 井桩浇筑砼前，须进行清底工作，将松散层彻底清除干净。

② 井桩砼采用自办砼。

③ 砼浇筑到桩顶时，应适当超过桩顶设计标高，以保证在剔除浮浆后，桩顶标高符合设计要求，桩顶有柱插筋时，一定要按轴线控制网进行，且保护设计尺寸，垂直插入，并有足够的保护层。

④ 井桩砼浇筑时，按照《建筑桩基技术规范》（JGJ 94—2008）要求，直径大于1m的桩，必须留1组试块，且每个浇筑台班不少于1组，每组3件。

⑤ 检查成孔质量合格在尽快浇筑砼。在孔深6m内时，砼采用机械搅拌，坍落度控制80～100mm，砼下料用串筒，分层浇筑振捣，每层浇筑高度不超过1000mm，连续浇筑，不得留水平施工缝。用后振动棒随浇随振捣，直至桩顶。

⑥ 在孔深大于6m时，砼浇筑采用立式高抛无振捣法浇筑。

⑦ 所有井桩应100%进行无损检测检查，检查桩的质量是否达到设计要求，查明单桩承载力。

7. 应注意的质量问题

（1）垂直偏差过大：由于开挖过程未按要求每节核验垂直度，致使挖完以后垂直超偏。每挖完一节，必须根据桩孔口上的轴线吊直、修边、使孔壁圆弧保持上下顺直。

（2）孔壁坍塌：因桩位土质不好，或地下水渗出而使孔壁坍塌。开挖前应掌握现场土质情况，错开桩位开挖，缩短每节高度，随时观察土体松动情况，必要时可在坍孔处用砌砖、钢板桩、木板桩封堵；操作进程要紧凑，不留间隔空隙，避免坍孔。

（3）孔底残留虚土太多；成孔、修边以后有较多虚土、碎砖，未认真清除。在放钢筋笼前后均应认真检查孔底，清除虚土杂物。必要时用水泥砂浆或混凝土封底。

（4）孔底出现积水：当地下水渗出较快或雨水流入，抽排水不及时，就会出现积水。开挖过程中孔底要挖集水坑，及时下泵抽水。如有少量积水，浇筑混凝土时可在首盘采用半干硬性的，大量积水一时又排除困难的情况下，则应用导管水下浇筑混凝土的方法，确保施工质量。

（5）桩身混凝土质量差：有缩颈、空洞、夹土等现象。在浇筑混凝土前一定要做好操作技术交底，坚持分层浇筑、分层振捣、连续作业。必要时用铁管、竹竿、钢筋钎人工辅助插捣，以补充机械振捣的不足。

（6）钢筋笼扭曲变形：钢筋笼加工制作时定位焊不牢，未采取支撑加强钢筋，运输、吊放时产生变形、扭曲。钢筋笼应在专用平台上加工，主筋与箍筋定位焊牢固，支撑加固措施要可靠，吊运要竖直，使其平稳地放入桩孔中，保持骨架完好。

8. 质量标准

（1）灌注桩的原材料和混凝土强度必须符合设计要求和施工规范的规定。

（2）实际浇筑混凝土量，严禁小于计算体积。

（3）浇筑混凝土后的桩顶标高及浮浆的处理，必须符合设计要求和施工规范的规定。

（4）桩身直径应严格控制，一般不应超过桩长的3‰，且最大不超过50mm。

（5）孔底虚土厚度不应规定。扩底形状、尺寸符合设计要求，桩底应落在持力层上，持力层不应被破坏。

（6）允许偏差如表5-16所示。

表5–16

允许偏差表

项次	项　目	允许偏差/mm	项次	项　目	允许偏差/mm
1	钢筋笼主筋间距	±10	6	桩孔垂直度	3‰L，且不大于50
2	钢筋笼箍筋间距	±20			
3	钢筋笼直径	±10	7	桩身直径	±10
4	钢筋笼长度	±50	8	桩底标高	±10
5	桩位中心轴线	±10	9	护壁混凝土厚度	±10

9. 成品保护

（1）已挖好的桩孔必须用木板或脚手板、钢筋网片盖好，防止土块、杂物、人员坠落。严禁用草袋、塑料布虚掩。

（2）已挖好的桩孔及时放好钢筋笼，及时浇筑混凝土，间隔不得超过4h，以防坍方。有地下水的桩孔要随挖随检、随放钢筋笼、随时将混凝土浇筑好，避免地下水浸泡。

（3）桩空上口外圈要做好挡土台，防止灌水及掉土。

（4）保护好已成型的钢筋笼，不得扭曲、松动变形。吊入桩孔时，不要碰坏孔壁。串通要垂直防止放置因混凝土斜向冲击孔壁，破坏护壁土层，造成夹土。

（5）钢筋笼不要被泥浆污染，浇筑混凝土时，在钢筋笼顶部固定牢固，限制钢筋笼上浮。

（6）桩孔混凝土浇筑完毕，要复核桩位和桩顶标高。将桩顶的主筋或插筋扶正，用塑料布或草帘围好，防止混凝土收缩、干裂。

（7）施工过程妥善保护好场地的轴线桩、水准点。不得碾压桩头，弯折钢筋。

10. 本工艺标准应具备以下质量记录

（1）水泥的出厂合格证及复验证明。

（2）钢筋的出厂证明或合格证，以及钢筋试验单抄件。

（3）试桩的试压记录。

（4）灌注桩的施工记录。

（5）混凝土试配申请单和试验室签发的配合比通知单。

（6）混凝土试块28d标养抗压强度试验报告。

（7）桩位平面示意图。

（8）钢筋及桩孔隐蔽验收记录单。

11. 安全保证措施

（1）为防止物体坠落伤人、地面人员误入孔中，在每个挖孔桩孔口设0.8m高钢筋安全围栏，围栏用ϕ14mm钢筋，纵横间距200mm焊接而成。

（2）挖孔桩施工时，操作人员必须戴上安全帽和系上安全绳，提土（石）时，井下设安全区，防止掉土石伤人。井上通信联络要畅通，施工时要保证井口有人。

（3）孔内必须设置应急软梯，供人员上下井，使用的电葫芦、吊笼等应安全可靠，并配有自动卡紧保险装置，不得使用麻绳和尼龙绳吊挂或脚踏井壁凸缘上下，电动葫芦宜用按钮式开关，使用前必须检验其安全起吊能力。

（4）现场设值班安全员，特别注意随时随地检查绳索、吊钩、吊篮（铁桶）等吊运工具，发现绳索毛糙或断胶应及时更换。

（5）弃土应远离孔口，防止其周转堆土量过大而引起边缘场地下沉而对挖孔不利。孔周转余土堆放应离孔2m以外，机动车辆的通行不得对井壁的安全造成影响。

（6）孔口须做高出地面200～300mm的护圈梁，防止地面杂物滚入孔内伤人及防止水倒灌。

（7）孔内照明应用12V以下的安全电灯或采用安全矿灯，使用潜水泵抽水时，严禁孔内有人。施工现场的一切电源、电路的安装和拆除必须由持证电工操作，各孔用电必须分开。严禁一闸多用。孔上电缆必须架空2.0m以上，严禁拖地和埋压土中，孔内电缆、电线有防磨损、防潮、防断等保护措施。

（8）施工中抽水挖进时，必须注意观察周围土体变化，检查是否有塌方、漏水、流砂以及空气和水的污染情况、发现异常应立即停止作业。

（9）孔深超过8m时应预防地下有害气体对人体的危害，工作人员下孔前，先用鼓风机（空气压缩机）向孔内换气或用提土桶在孔内上下来回提放几次，使孔内空气流通排出有害气体，必要时可在下孔前用燃烧蜡烛放入孔内做试验，反应正常，操作人员方可下孔作业，深度超过10m时应设通风装置，风量不小于25L/s。

（10）为防止在提升运土时桶内土石掉下伤人，装土量为桶深的2/3为宜。

（11）成孔后不能及时浇混凝土的桩孔必须用围栏围住或孔上加盖板。

（12）施工现场设置防护栏及警戒标志，未经允许非施工人员不得入内。防护栏杆用钢管搭设，晚上亮红灯警示。

（13）施工现场电源应有专人负责，如果遇停电或下班应切断电源，下班后电源箱应上锁。

（14）垂直运输机械设备应有专人操作及指挥，并需持有上岗证者方可操作指挥。

单元小结（思维导图）

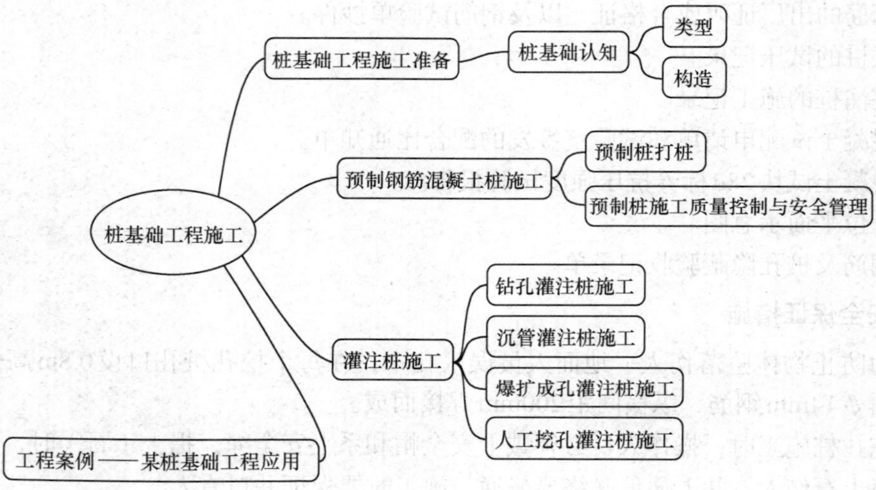

基本技能训练

1. 单项选择题

（1）可配合“逆筑法”施工而更显出其独特的作用是（　　）。

A. 联合基础　B. 筏基　C. 地下连续墙　D. 普通桩基

（2）预应力桩的混凝土等级不应低于（　　）。

A. C35　B. C40　C. C30　D. C25

（3）小直径桩灌注桩的配筋率，可采用（　　）。

A. 1%　B. 0.1%　C. 0.2%　D. 0.5%

（4）水下灌注桩的混凝土保护层厚度应不低于（　　）mm。

A. 35　B. 40　C. 45　D. 50

（5）灌注桩的箍筋应采用螺旋式，间距可以是（　　）mm。

A. 200　B. 50　C. 150　D. 330

（6）预应力混凝土预制实心桩的截面边长不宜小于（　　）mm。

A. 200　B. 300　C. 350　D. 250

（7）饱和黏性土挤土桩，桩的最小中心距为（　　）（d为桩径）。

A. $3d$　B. $4.5d$　C. $5d$　D. $10d$

（8）承台底面钢筋（受力钢筋）的混凝土保护层厚度不宜小于（　　）mm。

A. 70　B. 80　C. 50　D. 60

（9）单层排架结构（柱距为6m）桩基的允许沉降量，正确的是（　　）。

A. 100mm　B. 120mm　C. 150mm　D. 200mm

（10）钢筋混凝土预制桩应在混凝土达到设计强度等级的（　　）后方可起吊。

A. 80%　B. 100%　C. 70%　D. 60%

2. 多项选择题

（1）深基础主要分为（　　）基本类型。

A. 桩基础　B. 沉井　C. 地下连续墙

D. 筏基　E. 独立基础

（2）对下列情况，可考虑用桩基础方案，正确的是（　　）。

A. 某些特殊性土上的永久性建筑物，不允许地基有过大沉降

B. 谷仓地基承载力不能满足设计需要

C. 烟囱承受较大的水平力和上拔力

D. 水上基础

E. 需要穿越可液化地基

（3）以下属于沉井构造的有（　　）。

A. 刃脚　B. 隔墙　C. 凹槽

D. 井壁　E. 顶板

（4）以下属于中等直径桩的是（　　）mm。

A. 300　B. 750　C. 200

D. 850　　E. 900

（5）非挤土桩有（　　）。

A. 泥浆护壁法钻（挖）孔灌注桩　　B. 干作业法钻（挖）孔灌注桩

C. 套管护壁法钻（挖）孔灌注桩　　D. 沉管灌注桩

E. 闭口钢管桩

（6）在锤击打入预制桩时，当桩规格、埋深、长度不同时，顺序为（　　）。

A. 先大后小　　B. 先深后浅　　C. 先长后短

D. 先退后进　　E. 先中间后两边

职业资格拓展训练

1. 案例概况

某桥主跨为3600m预应力混凝土简支T梁桥，跨径为28.5+3040.5+28.5m的变截面预应力混凝土连续箱梁桥，分上下两幅，每幅单箱顶宽14.50m，底板宽7m，梁高由支点的2.75m渐变到跨中的1.80m。根据桥位处的地质情况和大桥本身的特点，采用逐段现浇，每段有一超过墩身8.5m的长度，末端浇筑长度为20m。为减小纵梁在混凝土重量作用下的过大变形，在每个边跨设一排临时支墩，3个主跨各设置两排支墩，支墩均为主墩。基础为直径2.0m的钻孔灌注桩，桥址处地质为软岩层，设计深度为20m，采用回转钻进施工法钻孔。施工单位制定了下面钻孔灌注桩的主要检验内容和实测项目。

（1）终孔和清孔后的孔位、孔形、孔径、倾斜度、泥浆相对密度。

（2）钻孔灌注桩的混凝土配合比。

（3）凿除桩头混凝土后钢筋保护层厚度。

（4）需嵌入柱身的锚固钢筋长度。

2. 分析提问

（1）请指出钻孔灌注桩成孔质量检查的缺项部分。

（2）对钻孔灌注桩混凝土的检测是否合理？请说明。

（3）请指出钻孔桩常见质量控制点。

学习单元6

基坑工程施工

【学习目标】

（1）能够确定基坑施工的工作范围，掌握基坑支护的选型。

（2）了解支护结构设计荷载分析方法。

（3）掌握常见支护结构施工的基本工艺。

项目1 基坑工程施工准备

任务1 基坑施工的工作范围确定

任务引入

随着高层建筑在大、中城市的迅速发展和地下空间的不断开发利用，基础的埋深也随之加大，特别是在各类软土地区，深基坑的支护已成为深基础施工的难点和热点问题。基坑支护的设计与施工方案的合理性、可行性及可靠性，往往成为整个工程的造价、工期和安全的重要制约因素。依据最新的基坑技术规范——《建筑基坑支护技术规程》（JGJ 120—2012）的内容，要做好基坑的后续施工各项工作，前期必须认真细致地完成基坑工程的准备工作。

相关知识

1. 基坑工程概述

为保证基坑施工、主体地下结构的安全和周围环境不受损害而采取的支护结构、降水和土方开挖与回填，包括勘察、设计、施工、监测和检测等，称为基坑工程。基坑工程涉及土力学中的强度、稳定与变形问题，又涉及土与支护结构的共同作用问题。基坑工程主要包括基坑支护体系设计与施工和土方开挖，是一项综合性很强的系统工程。它要求岩土工程和结构工程技术人员密切配合。基坑支护体系是临时结构，在地下工程施工完成后就不再需要。

2. 基坑工程的特点

（1）基坑支护体系是临时结构，具有较大的风险性。基坑工程施工过程中应进行监测，并应有应急措施。在施工过程中一旦出现险情，需要及时抢救。

（2）基坑工程具有很强的区域性。例如，软黏土地基、黄土地基等工程地质和水文地质条件不同地基中的基坑工程差异性很大，施工和土方开挖要因地制宜，可以相互借鉴，但不能简单搬用。

（3）基坑工程具有很强的特殊性。基坑工程的支护体系设计与施工和土方开挖不仅与工程的水文地质条件有关，还与基坑相邻建（构）筑物和地下管线的位置、抵御变形的能力、重要性，以及周围场地条件等有关。保护相邻建（构）筑物和设施的安全是基坑设计与施工的关键。因此，对基坑工程进行分类、对支护结构允许变形规定统一标准都是比较困难的。

（4）基坑工程综合性强。基坑工程不仅需要岩土工程知识，也需要结构工程知识，需要土力学理论、测试技术、计算技术及施工机械、施工技术的综合。

（5）基坑工程具有较强的时空效应。基坑的深度和平面形状对基坑支护体系的稳定性和变形有较大影响。土体，特别是软黏土，具有较强的蠕变性，作用在支护结构上的土压力随时间变化。蠕变将使土体强度降低，土坡稳定性变小。

（6）基坑工程是系统工程。基坑工程主要包括支护体系设计和土方开挖两部分。土方开挖的施工组织是否合理对支护体系是否成功具有重要影响。不合理的土方开挖、步骤和速度可能导致主体结构桩基变位、支护结构过大的变形，甚至引起支护体系失稳而导致破坏。同时在施工过程中，应加强监测，力求实现信息化施工。

（7）基坑工程具有环境效应。基坑开挖势必引起周围地基地下水位的变化和应力场的改变，导致周围地基土体的变形，对周围建（构）筑物和地下管线产生影响，严重的将危及其正常使用或安全。大量土方外运也会对交通和弃土点环境产生影响。

任务实施

步骤1：确定基坑工程的主要内容

基坑工程的主要内容如图6-1所示。

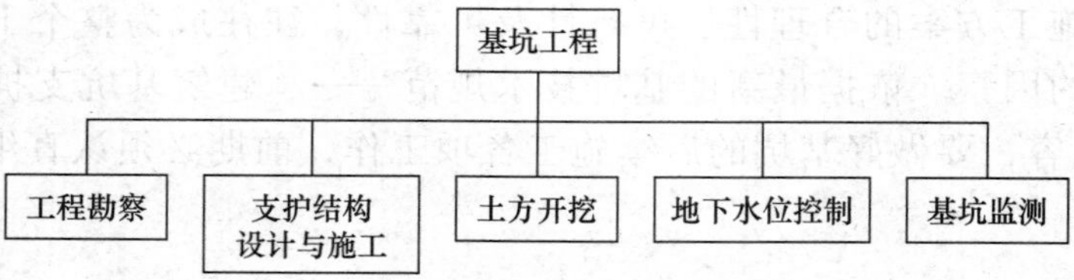

图6-1　基坑工程的主要内容

（1）工程勘察。为了正确地进行支护结构的设计和合理组织施工，在进行支护结构设计之前，需要对建筑地基进行详细勘察，获取工程地质和水文地质资料、基坑周围环境及地下管线状况等资料。

（2）支护结构设计与施工。在城市建筑物稠密地区，因周围邻近建筑物、地下设施、地下管线、运输道路等环境的限制，往往不具备放坡开挖的条件，此时就需要增设支护结构，在支护结构保护下垂直开挖基坑土方。所以支护结构设计和施工是基坑工程的重要内容之一。

（3）土方开挖。基坑土方开挖和运输也是基坑工程的重要内容之一。深基坑的土方工程量巨大，有的达数十万立方米，如何组织土方开挖，不但影响工期、造价，而且还影响支护结构的变形和安全，影响周围环境的安全。为此，对较大的基坑工程要编制周密的土方开挖方案，优选挖土机械，确定挖土工况、挖土顺序、与内支撑施工的配合以及土方外运方法等。

（4）地下水位控制。在软土地区地下水位往往较高，为此支护结构要求能挡水，在土方开挖后能阻止地下水流入基坑内。此外，通过降低地下水位可使土体产生变形。所以在软土地区对深度较大的基坑多要求在坑内进行降水，地下水位控制也是基坑工程的主要内容之一。

（5）基坑监测。由于影响支护结构的因素众多，如土质的物理力学性能、地下水情况、土方开挖方式、气候因素、计算假定等都影响支护结构的计算精度。为在基坑开挖过程中随时掌握支护结构的内力和变形发展情况，以及周围保护对象的变形情况，对重要的基坑工程都要进行工程监测，工程监测也是基坑工程的内容之一。

步骤2：明确基坑支护的目的

为确保基坑周边既有建筑物的安全性，严格控制支护边坡岩土体的变形，要求对深基坑采取支护措施。建设部颁布了《建筑基坑支护技术规程》（JGJ 120—1999）；一些城市还制定了地区性规程或标准，如《北京市建筑基坑支护技术规程》（DB 11/489—2007）、《南京地区建筑地基基础设计规范》（DGJ32/J 12—2005）等。基坑支护工程由护坡墙体结构、支撑（或锚固）系统、土体开挖及加固、地下水控制、工程监测、环境保护等几个部分构成。基坑支护的作用就是挡土、挡水、控制边坡变形。

基坑支护的目的如下。

（1）确保基坑开挖和基础结构施工安全、顺利。

（2）保证环境安全。即确保基坑临近地铁、隧道、管线、房屋建筑等正常使用。

（3）保证主体工程地基及桩基的安全，防止地面出现塌陷、坑底管涌等现象。

由此可见，安全可靠、经济合理、施工便利和保证工期构成了基坑支护设计方案的基本技术要求。

任务2 支护的分类与选型

任务引入

我国大量的深基坑工程始于20世纪80年代，由于城市高层建筑的迅速发展，地下停车场、高层建筑埋深、人防等各种需要，高层建筑需要建设一定的地下室。近几年，由于城市地铁工程的迅速发展，地铁车站、局部区间明挖等也涉及大量的基坑工程，在双线交叉的地铁车站，基坑深达20～30m。高层建筑和地铁的深基坑工程都是在城市中进行开挖，基坑周围通常存在交通要道、已建建筑或管线等各种构筑物，这就涉及基坑开挖要保护其周边构筑物的安全使用，而一般的基坑支护大多是临时结构、投资太大也易造成浪费，但支护结构不安全又势必会造成工程事故。因此，如何安全、合理地选择合适的支护结构是基坑工程要解决的首要问题。

相关知识

支护结构（包括围护墙和支撑）按其工作机理和围护墙的形式可分为下列几种类型，如图6-2所示。

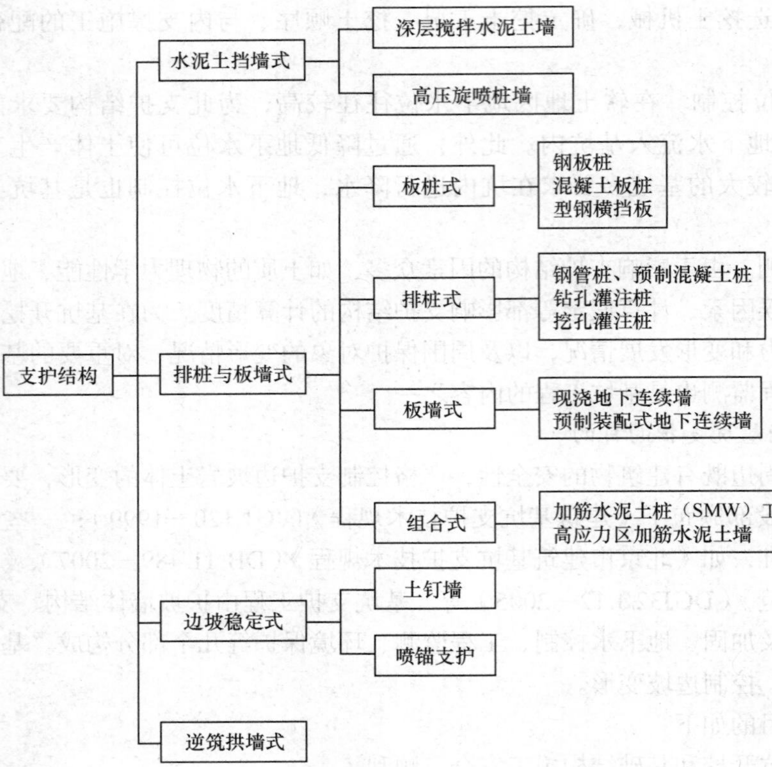

图6-2　支护结构的分类

任务实施

步骤1：熟悉常见支护结构的形式

1. 围护墙形式

（1）水泥土墙。水泥土墙围护墙是用深层搅拌机就地将土和输入的水泥浆强制搅拌，形成连续搭接的水泥土柱状加固体挡墙，如图6-3所示。

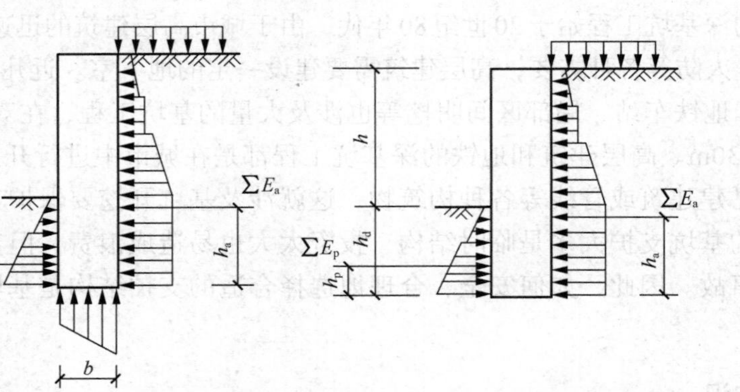

（a）碎石及碎石土　　（b）黏性土及粉土

图6-3　水泥土围护墙

水泥土加固体的渗透系数不大于10^{-7}cm/s，能止水防渗，因此这种围护墙属重力式挡墙，利用其本身的重量和刚度进行挡土和防渗，具有双重作用。水泥土围护墙的界面呈格栅形，相邻桩搭接长度不小于200mm。基坑深度h一般不超过7m，此种情况下较经济。墙体宽度以500mm进位，即b = 2.7m、3.2m、3.7m、4.2m等。插入深度前后排可稍有不同。

水泥土的施工质量对围护墙性能有较大影响，因此要保证设计规定的掺入比，要严格控制桩位和桩身垂直度；要严格控制水泥浆的水灰比≤0.45，否则桩身强度难以保证；要搅拌均匀，采用二次搅拌工艺，喷浆搅拌时控制好钻头的提升或下沉速度；要限制相邻桩的施工间歇时间，以保证搭接成整体。

（2）钻孔灌注桩。根据目前的施工工艺钻孔灌注桩为间隔排列，其间隔不小于100mm，因此它不具备挡水功能，需另做挡水帷幕，目前我国应用较多的是厚1.2m的水泥土墙。用于地下水位较低地区或渗透系数很小的土层则不需做挡水帷幕（见图6-4）。

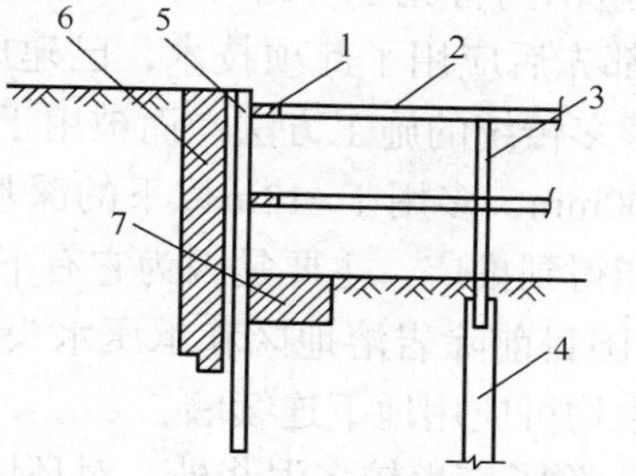

图6-4　钻孔灌注桩排桩围护墙

1—围檩；2—支撑；3—立柱；4—工程桩；5—钻孔灌注桩围护墙；6—水泥土墙挡水帷幕；7—坑底水泥土搅拌桩加固

钻孔灌注桩施工无噪声、无振动、无挤土，刚度大，抗弯能力强，变形较小，在全国都有应用。多用于侧壁安全等级为一、二、三级，坑深7～15m的基坑工程，在土质较好地区已有8～9m的悬臂桩，在软土地区多加设内支撑（或拉锚），悬臂式结构不宜大于5m。桩径和配筋经计算确定，常用直径为600mm、700mm、800mm、900mm、1000mm。

有的工程为不用支撑简化施工，采用间隔一定距离的双排钻孔灌注桩与桩顶横梁（或平放的桁架）组成空间结构围护墙，使悬臂桩围护墙可用于-14.5m的基坑，如图6-5所示。例如，基坑周围狭窄，不允许在钻孔灌注桩后再施工1.2m厚的水泥土墙挡水帷幕时，可考虑在水泥土桩重套打钻孔灌注桩。

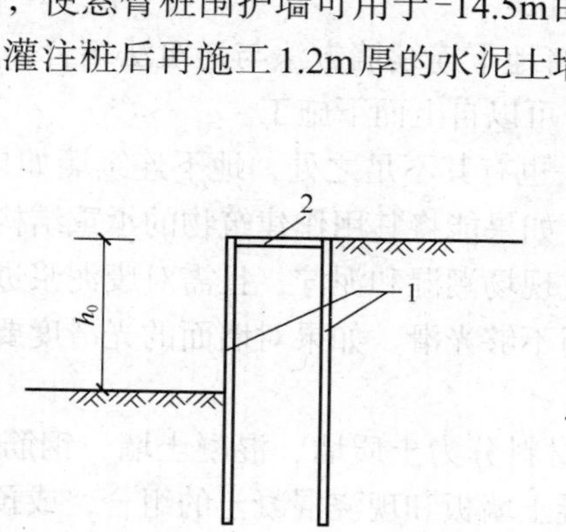

图6-5　双排桩围护墙

1—钻孔灌注桩；2—联系横梁图

（3）地下连续墙。地下连续墙施工工艺是在工程开挖土方之前，用特制的挖槽机械在泥浆

（又称触变泥浆、安定液、稳定液等）护壁的情况下每次开挖一定长度（一个单元槽段）的沟槽，待开挖至设计深度并清除沉淀下来的泥渣后，把地面上加工好的钢筋骨架（一般称为钢筋笼）用起重机械吊放入充满泥浆的沟槽内，用导管向沟槽内浇筑混凝土。混凝土由沟槽底部开始逐渐向上浇筑，并将泥浆置换出来，待混凝土浇至设计标高后，一个单元槽段即施工完毕。各个单元槽段之间由特制的接头连接，形成连续的地下钢筋混凝土墙。若地下连续墙为封闭状，则基坑开挖后，地下连续墙既可挡土又可防水，为地下工程施工提供条件。地下连续墙也可以作为建筑的外墙承重结构，两墙合一，可大大提高施工的经济效益。

经过几十年的发展，地下连续墙技术已经相当成熟，日本此技术最为发达，已经累计建成了1500万m^2以上的地下连续墙。目前地下连续墙的最大开挖深度为140m，最薄的地下连续墙厚度为20cm。1958年，我国水电部门首先在青岛丹子口水库用此技术修建了水坝防渗墙，到目前为止，全国绝大多数省份都先后应用了此项技术，已建成地下连续墙120万～140万m^2。地下连续墙已经并且正在代替很多传统的施工方法，而被用于基础工程的很多方面。目前常用的厚度为600mm、800mm、1000mm，多用于-12m以下的深基坑。

地下连续墙施工工艺所以能得到推广，主要是因为它有下述优点。

① 适用于各种土质。在我国目前除岩溶地区和承压水头很高的砂砾层必须结合采用其他辅助措施外，在其他各种土质中均可应用地下连续墙。

② 施工时振动小、噪声低，除了产生较多泥浆外，对环境影响相对较小。

③ 在建筑物、构筑物密集地区可以施工，对邻近的结构和地下设施没有什么影响。国外在距离已有建筑物基础几厘米处就可进行地下连续墙施工。这是由于地下连续墙的刚度比一般的支护结构刚度大得多，能承受较大的侧向压力，在基坑开挖时，由于其变形小，因而周围地面的沉降少，不会或较少危害邻近的建筑物或构筑物。

④ 可在各种复杂条件下进行施工。例如，已经倒塌的美国110层的世界贸易中心大厦的地基处于哈得逊河河岸，地下埋有码头、垃圾等，且地下水位较高，采用地下连续墙对此工程来说是一种适宜的支护结构。

⑤ 防渗性能好。地下连续墙的防渗性能好，能抵挡较高的水压力，除特殊情况外，施工时基坑外不再需要降低地下水位。

⑥ 可用于逆筑法施工。将地下连续墙方法与逆筑法结合，就形成一种深基础和多层地下室施工的有效方法，地下部分可以自上而下施工。

但是，地下连续墙施工法也有其不足之处，地下连续墙如果只是施工期间用作支护结构，则造价可能稍高，不够经济，如果能将其用作建筑物的承重结构，则可解决造价高的问题。如果施工现场管理不善，会造成现场潮湿和泥泞，且需对废泥浆进行处理；现浇的地下连续墙的墙面虽可保证一定的垂直度但不够光滑，如果对墙面的光滑度要求较高，尚需加工处理或另作衬壁。

地下连续墙按其填筑的材料分为土质墙、混凝土墙、钢筋混凝土墙（又有现浇和预制之分）和组合墙（预制钢筋混凝土墙板和现浇混凝土的组合，或预制钢筋混凝土墙板和自凝水泥膨润土泥浆的组合）；按其成墙方式分为桩排式、壁板式、桩壁组合式；按其用途分为临时挡土墙、防渗墙、用作主体结构一部分兼作临时挡土墙的地下连续墙、用作多边形基础兼作墙体的地下连续墙。

目前，我国建筑工程中应用最多的还是现浇的钢筋混凝土壁板式地下连续墙，多为临时挡土墙，也有部分用作主体结构同时又兼作临时挡土墙的地下连续墙。在水利工程中有用作防渗墙的地下连续墙。

对于现浇钢筋混凝土壁板式地下连续墙，其施工工艺过程通常如图6-6所示。其中修筑导墙、泥浆制备与处理、深槽挖掘、钢筋笼制备与吊装以及混凝土浇筑是地下连续墙施工中主要的工序。

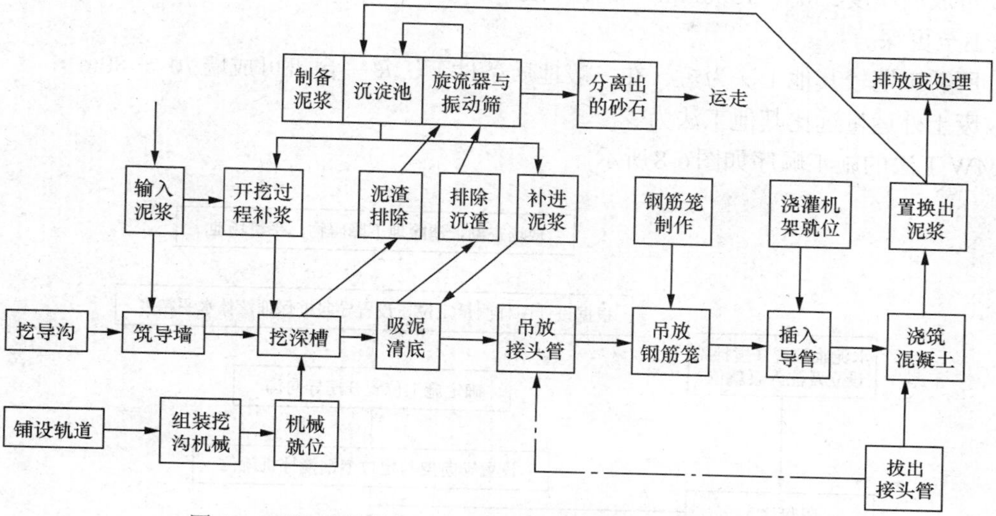

图6-6　现浇钢筋混凝土壁板式地下连续墙的施工工艺过程

（4）加筋水泥土桩（SMW工法）。SMW工法是Soil-Mixing Wall的简称，最早由日本成幸工业株式会社开发成功。SMW工法是利用专门的多轴搅拌机就地钻进切削土体，同时在钻头端部将水泥浆液注入土体，经充分搅拌混合后，再将H型钢或其他型材插入搅拌桩体内，形成地下连续墙体，利用该墙体直接作为挡土和止水结构，如图6-7所示。其构造简单，止水性能好，工期短，造价低，环境污染小，特别适合城市中的基坑工程。

图6-7　加筋水泥土桩

SMW工法的主要特点如下。

① 施工不扰动邻近土体，不会产生邻近地面下沉、房屋倾斜、道路裂损及地下设施移位等危害。

② 钻杆具有螺旋推进翼与搅拌翼相间隔设置的特点，随着钻掘和搅拌反复进行，可使水

泥系强化剂与土得到充分搅拌，而且墙体全长无接缝，从而使它可比传统的连续墙具有更可靠的止水性，其渗透系数K可达10^{-7}cm/s。

③ 可在黏性土、粉土、砂土、砂砾土、ϕ100mm以上卵石及单轴抗压强度60MPa以下的岩层中应用。

④ 可成墙厚度550～1300mm，常用厚度600mm；成墙最大深度一般为65m，视地质条件尚可施工至更深。

⑤ 所需工期较其他工法为短，在一般地质条件下，每一台班可成墙70～80m^2。

⑥ 废土外运量远比其他工法为少。

SMW工法的施工顺序如图6-8所示。

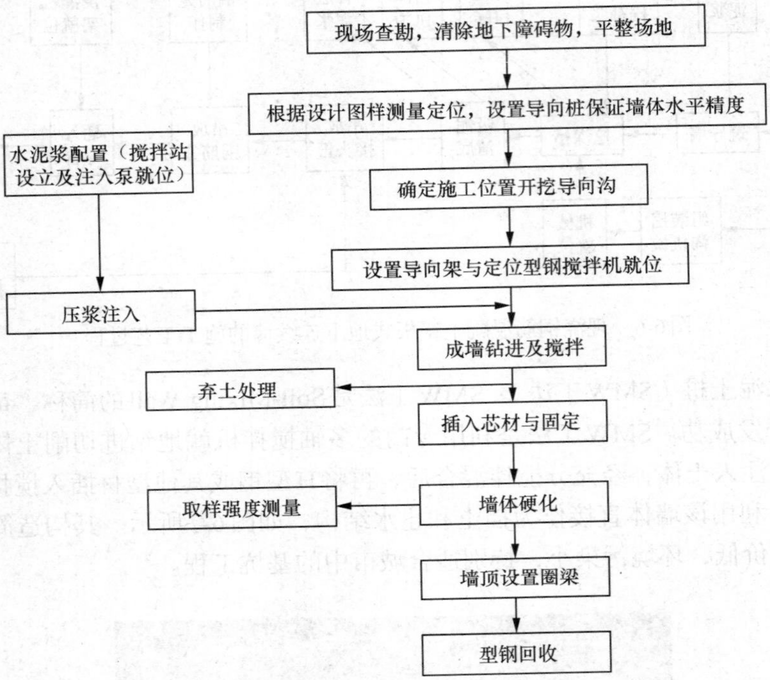

图6-8　SMW工法的施工顺序

（5）土钉墙。土钉墙是一种边坡稳定式的支护，如图6-9所示。与上述被动起挡土作用的围护墙不同，土钉墙起主动嵌固作用，增加边坡的稳定性，使基坑开挖后坡面保持稳定，如图6-10所示。

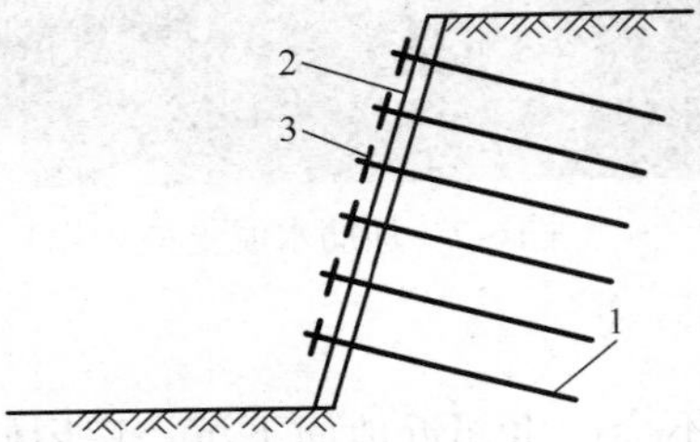

图6-9　土钉墙示意图

1—土钉；2—喷射细石混凝土面层；3—垫板

图6-10　土钉墙

土钉是一种原位土加筋加固技术，土钉体的设置过程较大限度地减少了对土体的扰动。从施工角度看，土钉墙是随着从上到下的土方开挖过程，逐层将土钉设置于土体中，可以与土方开挖同步施工。土钉墙施工工序如图6-11所示。施工时，每挖深1.5m左右，挂细钢筋网，喷射细石混凝土面层厚50 ～ 100mm，然后钻孔插入钢筋或钢管（长10 ～ 15m，纵、横间距约1.5m × 1.5m），加垫板并灌浆，依次进行直至坑底。基坑坡面有较陡的坡度。

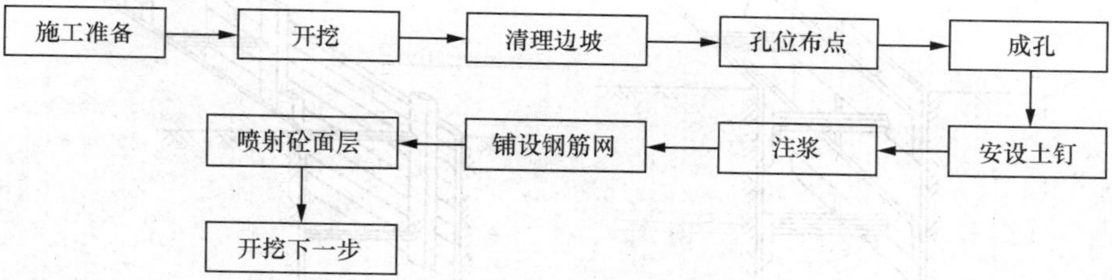

图6-11　土钉墙施工工序

土钉墙支护施工速度快、用料省、造价低，与其他桩墙支护相比，工期可缩短50%以上，节约造价60%左右，而且土钉支护可以紧贴已有建筑物施工，从而省出桩体和墙体所占用的地面。但从许多工程经验看，土钉墙的破坏几乎都是由于水的作用，水使土钉墙产生软化，引起整体或局部破坏，因此规定采用土钉墙工程必须做好降水，且其不宜作为挡水结构。

（6）逆筑拱墙。当基坑平面形状适合时，可采用拱墙作为围护墙。拱墙有圆形闭合拱墙、椭圆形闭合拱墙和组合拱墙。对于组合拱墙，可将局部拱墙视为两铰拱。

逆筑拱墙截面宜为Z字形，如图6-12所示。拱壁的上、下端宜加肋梁（见图6-12（a））；当基坑较深，一道Z字形拱墙不够时，可由数道拱墙叠合组成（见图6-12（b）），或沿拱墙高度设置数道肋梁（见图6-12（c）），肋梁竖向间距不宜小于2.5m，也可用加厚肋壁（见图6-12（d））的方法解决。

圆形拱墙壁厚不宜小于400mm，其他拱墙壁厚不宜小于500mm。混凝土强度等级不宜低于C25。拱墙水平方向应通常双面配筋，钢筋总配筋率不小于0.7%。

拱墙在垂直方向应分道施工，每道施工高度视土层直立高度而定，不宜超过2.5m。待上道拱墙合拢且混凝土强度达到设计强度的70%后，才可进行下道拱墙施工。上下两道拱墙的竖向施工缝应错开，错开距离不宜小于2m。拱墙宜连续施工，每道拱墙施工时间不宜超过36h。

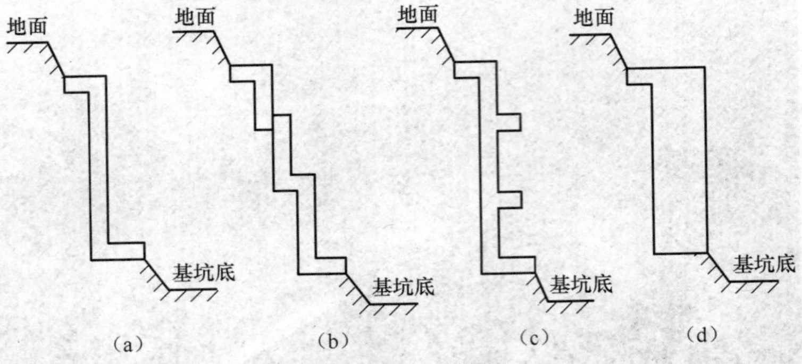

图6-12 逆筑拱墙

2. 支撑形式

对于排桩、板墙式支护结构，当基坑深度较大时，为使围护墙受力合理和受力后变形控制在一定范围内，需沿围护墙竖向增设支撑点以减小跨度。例如，在坑内对围护墙加设支撑称为内支撑（见图6-13），在坑外对围护墙设拉支撑则称为拉锚（土锚）（见图6-14）。

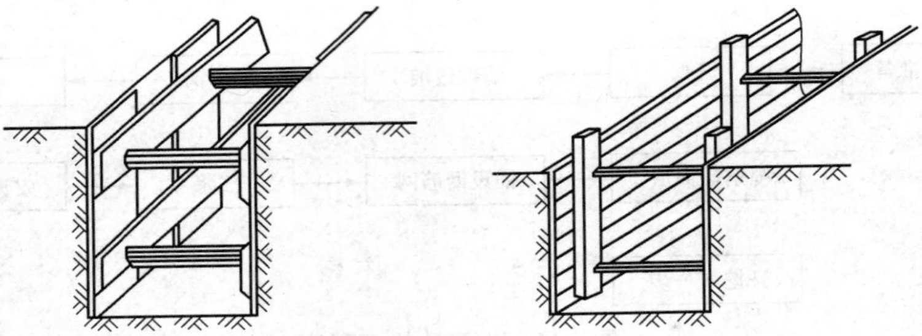

图6-13 内支撑

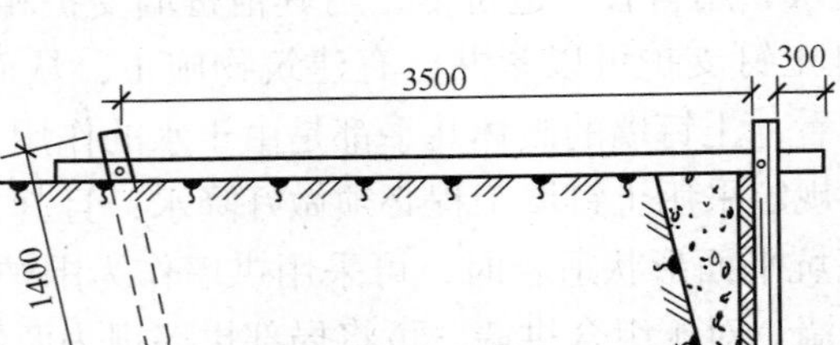

图6-14 拉锚

一般情况下，在土质好的地区，如果具备锚杆施工设备和技术，应发展土锚；在软土地区为便于控制围护墙的变形，应以内支撑为主。对撑式内支撑如图6-15所示。

支护结构的内支撑体系包括腰梁或冠梁（围檩）、支撑和立柱。腰梁固定在围护墙上，将围护墙承受的侧压力传给支撑（纵、横两个方向）。支撑是受压构件，长度超过一定限制条件时稳定性不好，所以中间需加设立柱，立柱下端需稳固，立柱插入工程桩内。若不能使立柱对准工程桩，只得另外专门设置桩（灌注桩）。

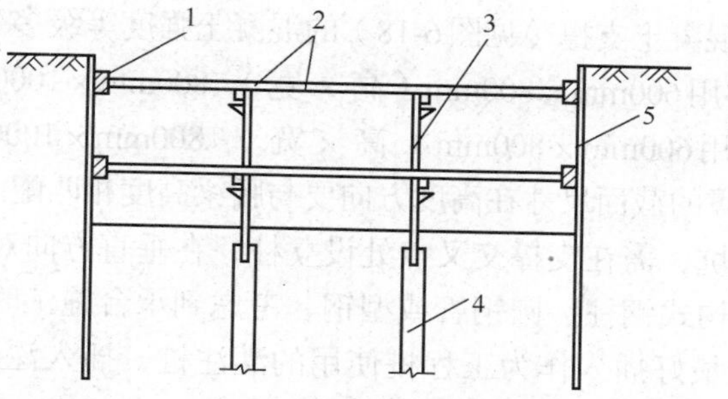

图6-15　对撑式内支撑

1—腰梁；2—支撑；3—立柱；4—桩（工程桩或专设桩）；5—围护墙

内支撑按材料分为钢支撑和混凝土支撑两类。

（1）钢支撑。钢支撑常用钢管支撑和型钢支撑。钢管支撑多用ϕ609mm钢管，有多种壁厚（10mm、12mm、14mm）可供选择，壁厚大者承载能力高，如图6-16所示。也有用较小直径钢管者，如ϕ580mm、ϕ406mm钢管等。型钢支撑（见图6-17）多用H型钢。钢支撑的优点是安装和拆除方便、速度快，减小时间效应，使围护墙因时间效应增加的变形减小，可以重复使用，便于专业化施工。缺点是整体刚度相对较弱，支撑间距相对较小。

图6-16　钢管支撑

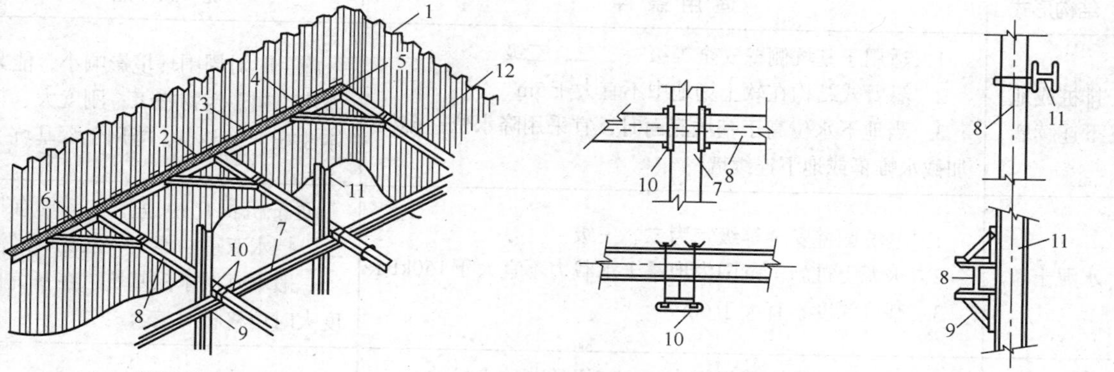

（a）型钢支撑示意图　（b）纵横支撑连接　（c）支撑与立柱连接

图6-17　型钢支撑

1—钢板桩；2—型钢围檩；3—连接板；4—斜撑连接件；5—角撑；6—斜撑；7—横向支撑；8—纵向支撑；9—三角托架；10—交叉部紧固件；11—立柱；12—角部连接件

（2）混凝土支撑。混凝土支撑（见图6-18）的混凝土强度等级多为C30，截面尺寸经计算确定。腰梁的截面尺寸常用600mm×800mm（高×宽）、800mm×1000mm和1000mm×1200mm；支撑的截面尺寸常用600mm×800mm（高×宽）、800mm×1000mm、800mm×1200mm和1000mm×1200mm。支撑的截面尺寸在高度方向要与腰梁高度相匹配。配筋需要经计算确定。

对平面尺寸大的基坑，需在支撑交叉点处设立柱，在垂直方向对支撑平面进行支撑。立柱可为四个角钢组成的格构式钢柱、圆钢管或型钢。考虑到承台施工时便于穿钢筋，格构式钢柱应用较多。立柱的下端最好插入作为工程桩使用的灌注桩，插入深度不宜小于2m，如果立柱对不准工程桩的灌注桩，立柱就要做专用的灌注桩基础。

图6-18　混凝土支撑

步骤2：支护结构选型

支护结构可根据基坑周边环境、开挖深度、工程地质与水文地质、施工作业设备和施工季节等条件，按表6-1所示选用排桩、地下连续墙、水泥土墙、土钉墙、逆作拱墙、放坡或采用上述形式的组合。

表6-1　支护结构选型

结构形式	适用条件	优缺点
排桩或地下连续墙	1．适用于基坑侧壁安全等级一、二、三级 2．悬臂式结构在软土场地中不宜大于5m 3．当地下水位高于基坑底面时，宜采用降水位、排桩加截水帷幕或地下连续墙	施工时对周围环境影响小，能紧邻建（构）筑物施工；刚度大、整体性好、变形小、能用于深基坑
水泥土墙	1．基坑侧壁安全等级宜为二、三级 2．水泥土桩施工范围内地基土承载力不宜大于150kPa 3．基坑深度不宜大于6m	便于机械化快速挖土，具有挡土、挡水双重功能，一般比较经济 一般不宜用于深基坑，在基坑长度大时位移相对较大
土钉墙	1．基坑侧壁安全等级宜为二、三级的非软土场地 2．基坑深度不宜大于12m 3．当地下水位高于基坑底面时，应采取降水位或截水措施	增加边坡的稳定性，使基坑开挖后坡面保持稳定

续表

结构形式	适用条件	优缺点
逆作拱墙	1．基坑侧壁安全等级宜为二、三级 2．淤泥或淤泥质土场地不宜采用 3．拱墙轴线的矢跨比不宜小于1/8 4．基坑深度不宜大于12m	宜连续施工，但每道拱墙施工时不宜超过36h
放坡	1．基坑侧壁安全等级宜为三级 2．施工场地应满足放坡要求 3．可独立或与上述其他结构结合使用 4．当地下水位高于坡脚时，应采取降水位措施	会增加挖方和回填工程量，也受施工现场场地的限制

项目2　基坑工程施工

任务1　荷载与抗力分析

任务引入

不同的基坑支护结构采用不同的计算方法。例如，重力式围护结构的分析，可以采用与挡土墙的内力分析相似的方法；而多点式内支撑围护结构和拉锚式围护结构的内力分析，则需要模拟计算分步骤开挖、换撑和拆撑等施工步骤的影响，这些往往采用有限元软件来计算分析，过程相当复杂。工程现场的基础施工员的工作内容主要是熟悉施工工艺与编制基础施工技术方案，而进行复杂的基础设计并不是其工作重点。基于现场的安全检查要求与工程质量管理，基础施工员应对基坑工程的荷载分析和计算有一定了解。

相关知识

作用于围护墙上的水平荷载，主要是土压力、水压力和地面附加荷载产生的水平荷载。目前计算土压力多用朗肯土压力理论。朗肯土压力理论的墙后填土为匀质无黏性砂土和非一般基坑的杂填土、黏性土、粉土、淤泥质土等，不呈散粒状；朗肯理论土体应力是先筑墙后填土，填土过程土体应力是增加的过程，而基坑开挖却是土体应力释放的过程。朗肯理论将土压力视为定值，实际上在开挖过程中土压力是变化的；朗肯理论所解决的围护墙土压力为平面问题，实际上土压力存在着显著的空间效应。朗肯理论属极限平衡原理，为静态设计原理，而实际上土压力处于动态平衡状态，开挖后由于土体蠕变等原因，会使土体强度逐渐降低，具有时间效应。

另外，由于打预制桩、降低地下水位等施工措施，会引起挤土效应和土体固结，使朗肯理论计算公式中的φ、c值得到提高。因此，要精确计算土压力是困难的，只能根据具体情况选用较合理的计算公式，或进行必要的修正，供设计支护结构用。

任务实施

根据《建筑基坑支护技术规程》（JGJ 120—2012），水平荷载标准值和水平抗力标准值可按下列方法进行计算。

步骤1：确定水平荷载标准值

支护结构水平荷载标准值e_{ajk}应按当地经验数据确定，无当地经验时，可按下列规定计算，其计算简图如图6-19所示。

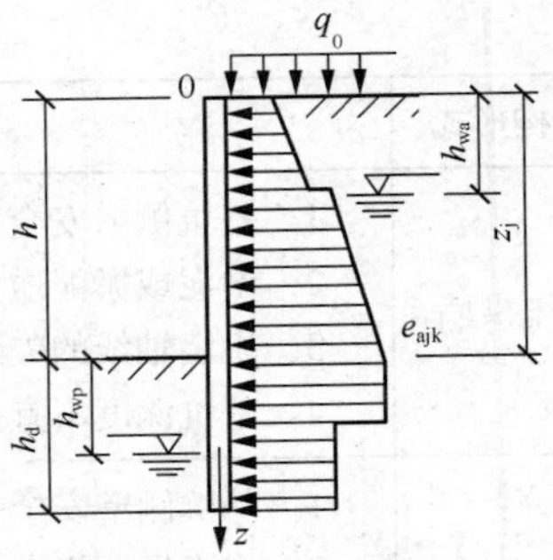

图6-19 水平荷载标准值计算简图

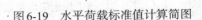

（1）对于碎石土、砂土，按水土分算法计算基坑外侧的水平荷载标准值。

① 当计算点位于地下水位以上时

$$e_{ajk}=\sigma_{ajk}K_{ai}-2c_{ik}\sqrt{K_{ai}} \tag{6-1}$$

② 当计算点位于地下水位以下时

$$e_{ajk}=\sigma_{ajk}K_{ai}-2c_{ik}\sqrt{K_{ai}}+\left[(z_j-h_{wa})-(m_j-h_{wa})\eta_{wa}K_{ai}\right]\gamma_w \tag{6-2}$$

式中，K_{ai}——第i层土的主动土压力系数，$K_{ai}=\tan^2(45°-\varphi_{ik}/2)$；

φ_{ik}、c_{ik}——分别为三轴试验（有可靠经验时可采用直接剪切试验）确定的第i层土固结不排水（快）剪内摩擦角标准值、黏聚力标准值；

z_j——计算点深度；

m_j——计算参数，当$m_j<h$时，取$m_j=z_j$；当$m_j\geqslant h$时，取$m_j=h$；

h_{wa}、h——分别为基坑外侧水位深度和基坑开挖深度；

η_{wa}——计算参数，当$h_{wa}\leqslant h$时，取$h_{wa}=1$；当$h_{wa}>h$时，取$h_{wa}=0$；

γ_w——水的重度；

σ_{ajk}——作用于深度z_j处的基坑外侧竖向应力标准值，按式（6-3）确定。

$$\sigma_{ajk}=\sigma_{rk}+\sigma_{0k}+\sigma_{1k} \tag{6-3}$$

式中，σ_{rk}——计算点深度z_j处的自重竖向应力标准值，当$z_j\leqslant h$时，$\sigma_{rk}=\gamma_{mj}z_j$；当$z_j>h$时，$\sigma_{rk}=\gamma_{mh}h$；

γ_{mj}、γ_{mh}——分别为深度z_j以上和开挖面以上土的加权平均天然重度；

σ_{0k}——地面均布荷载在计算点深度z_j处产生的附加竖向应力标准值，$\sigma_{0k}=q_0$，地面均布荷载标准值q_0的分布情况，如图6-20所示；

σ_{1k}——地面局部荷载在计算点深度z_j处产生的附加竖向应力标准值，$\sigma_{1k}=q_1b_0/(b_0+2b_1)$，$q_1$的分布情况，如图6-21所示。

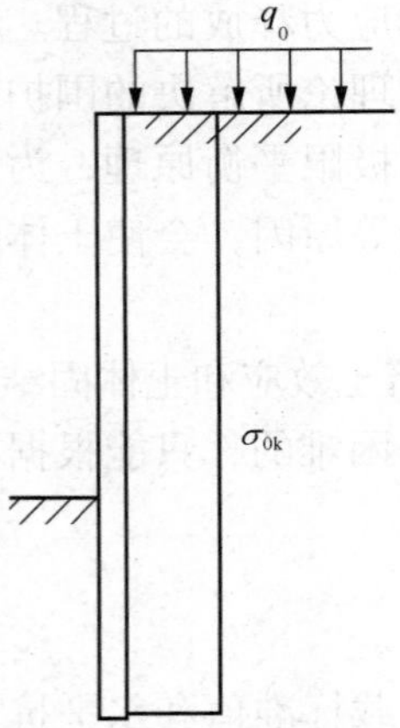

图6-20 均布荷载时基坑外侧附加竖向应力计算简图

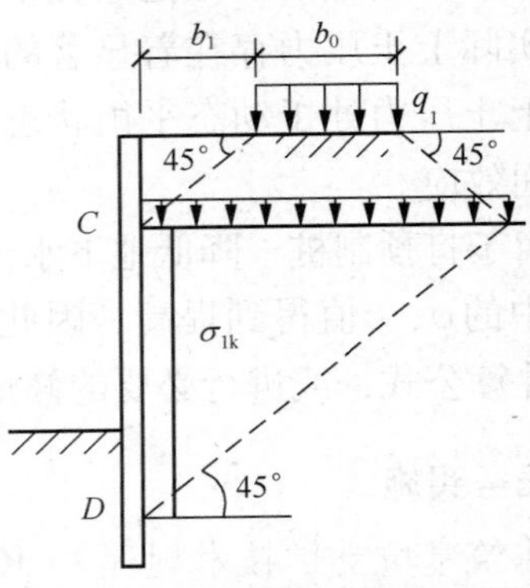

图6-21 局部荷载作用时基坑外侧附加竖向应力计算简图

（2）对于粉土、黏性土、淤泥及淤泥质土，可按水土合算法计算水平荷载标准值，其公式同式（6-1）。

（3）按式（6-1）、式（6-2）计算的基坑开挖面以上水平荷载标准值e_{ajk}小于零时，应取零。

步骤2：确定水平抗力标准值

基坑内侧的水平抗力标准值计算图如图6-22所示，也按土类进行计算。

（1）对于碎石土、砂土，按水土分算法计算基坑内侧水平抗力标准值，即

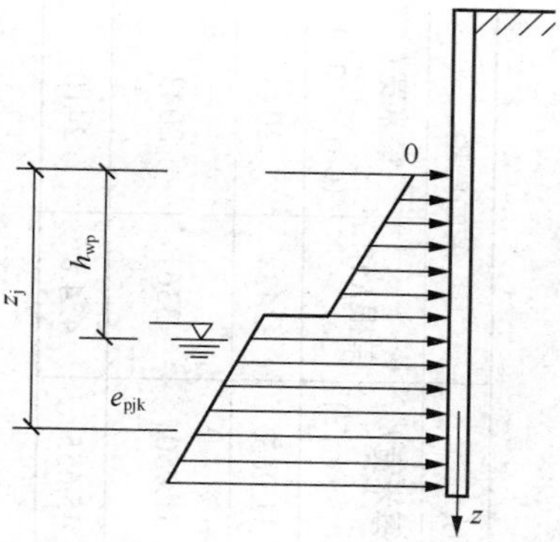

图6-22　水平抗力标准值计算图

$$e_{pjk}=\sigma_{pjk}K_{pi}+2c_{ik}\sqrt{K_{pi}}+\left[(z_j-h_{wp})(1-K_{pi})\gamma_w\right] \tag{6-4}$$

式中，σ_{pjk}——作用于基坑底面以下深度z_j处的竖向应力标准值，$\sigma_{pjk}=\gamma_{mj}z_j$，其中$\gamma_{mj}$为深度$z_j$以上土的加权平均天然重度；

K_{pi}——第i层土的被动土压力系数，$K_{pi}=\tan^2(45°+\varphi_{ik}/2)$

（2）对于粉土、黏性土，可按水土合算法计算基坑内侧水平抗力标准值，即

$$e_{pjk}=\sigma_{pjk}K_{pi}+2c_{ik}\sqrt{K_{pi}} \tag{6-5}$$

任务2　常见支护结构施工

任务引入

基坑支护工程有护坡墙体结构、支撑（或锚固）系统、土体开挖及加固、地下水控制、工程监测、环境保护等几个部分构成，其中基坑支护结构的施工是实现基坑支护结构功能的核心内容。常见的支护结构有钢板桩、地下连续墙、土钉墙等。目前，我国建筑工程中应用最多的是现浇的钢筋混凝土壁板式地下连续墙，而土钉墙往往用于边坡稳定式的支护。下面重点介绍钢板桩施工与地下连续墙施工。

相关知识

钢板桩支护由于其施工速度快，可重复使用，因此在一定条件下使用会取得较好的效益。常用的钢板桩有U型和Z型，其他还有直腹板式、H型和组合式钢板桩。国产的钢板桩只有鞍W型和包W型拉森式（U型）钢板桩，如表6-2所示。其他还有一些国产宽翼缘热轧槽钢用于不太深的基坑作为支护应用。

日本是生产钢板桩较多的国家之一，拉森式、Z型、直腹板式、H型、组合式钢板桩均有生产，部分型号如表6-3所示。美国生产较多的为钢板桩，德国、法国、卢森堡等国家也生产钢板桩。

钢板桩的质量标准如表6-4所示。重复使用的钢板桩检验标准如表6-5所示。

表6-2

国产拉森式（U型）钢板桩

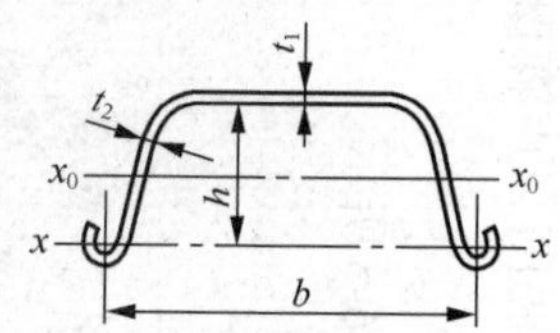

型号	尺寸/mm				截面积A	质量/（kg·m⁻¹）		惯性矩I_x		截面弯矩	
	宽度b	高度h	腹板厚t_1	翼缘厚t_2	单根/cm^2	单根	每米宽	单根/cm^4	每米宽/($cm^4\cdot m^{-1}$)	单根/cm^3	每米宽/($cm^3\cdot m^{-1}$)
鞍W型	400	180	15.5	10.5	99.14	77.73	193.33	4.025	31.963	343	2043
鞍W型（新）	400	180	15.5	10.5	98.70	76.94	192.58	3.970	31.950	336	2043
包W型	500	185	16.0	10.0	115.13	90.80	181.60	5.955	45.655	424.8	2410

表6-3

日本生产的钢板桩

型式	型号	尺寸				一根桩					每延米桩墙		
		宽度	高度	厚度		截面积	质量	惯性矩	截面模量	回转半径	质量	惯性矩	截面模量
		B/mm	h/mm	t/mm		A/cm^2	W/（kg·m⁻¹）	I_x/cm^4	W_x/cm^3	i/cm	W/(kg·m⁻¹)	$I_x/(cm^4\cdot m^{-1})$	$W_x/(cm^3\cdot m^{-1})$
拉森式	NKSP-ⅠA	400	85	8.0		45.21	35.5	598	88	3.64	88.8	450×10	529
	NKSP-Ⅱ（L）	400	100	10.5		61.18	48.0	124×10	152	4.50	120	874×10	874
	NKSP-ⅡA	400	120	9.2		55.01	43.02	146×10	160	5.15	108	106×10^2	880
	NKSP-Ⅲ（L）	400	125	13.0		76.42	60.0	222×10	223	5.39	150	168×10^2	134×10
	NKSP-ⅢA	400	150	13.1		74.40	58.4	279×10	250	6.12	146	228×10^2	152×10
	NKSP-Ⅳ（L）	400	170	15.5		96.99	76.1	467×10	362	6.94	190	386×10^2	227×10
	NKSP-ⅣA	400	185	16.1		94.21	74.0	530×10	400	7.50	185	416×10^2	225×10
	NKSP-Ⅴ（L）	500	200	24.3		133.8	105.0	796×10	520	7.71	210	630×10^2	315×10
	NKSP-Ⅵ（L）	500	225	27.6		153.0	120.0	114×10^2	680	8.63	240	860×10^2	382×10
Z型	NKSP-Z-25	400	305	t_1 13.0	t_1 9.6	94.32	74.0	153×10^2	100×10	12.74	185	383×10^2	241×10
	NKSP-Z-32	400	344	14.2	10.4	107.7	84.5	220×10^2	128×10	14.26	211	550×10^2	320×10
	NKSP-Z-38	400	364	17.2	11.4	122.2	96.0	277×10^2	152×10	15.05	240	692×10^2	380×10
	NKSP-Z-45	400	367	21.9	13.2	148.2	116.0	334×10^2	182×10	15.00	290	835×10^2	455×10

续表

型式	型号	尺寸			一根桩					每延米桩墙		
		宽度	高度	厚度	截面积	质量	惯性矩	截面模量	回转半径	质量	惯性矩	截面模量
		B/mm	h/mm	t/mm	A/cm^2	W/(kg·m^{-1})	I_x/cm^4	W_x/cm^3	i/cm	W/(kg·m^{-1})	I_x/(cm^4·m^{-1})	W_x/(cm^3·m^{-1})
直腹板式	NKSP-F	400	44.5	9.5	69.07	54.2	190	47.8	1.66	139	534	120
	NKSP-FA	400	44.5	12.7	77.50	60.8	196	48.3	1.59	152	520	117

表6–4　　钢板桩质量标准

桩型	有效宽度b/%	端头矩形比/mm	厚度比/mm				平直度/(%·L)				重量/%	长度L	表面缺陷/(%·δ)	锁口/mm
							垂直向		平行向					
			<8mm	8～12m	12～18m	>18m	<10m	>10m	<10m	>10m				
U型	±2	<2	±0.5	±0.6	±0.8	±1.2	<0.15	<0.12	<0.15	<0.12	±4	≤±200mm	<4	±2
Z型	−1～+3	<2	±0.5	±0.6	±0.8	±1.2	<0.15	<0.12	<0.15	<0.12	±4	≤±200mm	<4	±2
箱型	±2	<2	±0.5	±0.6	±0.8	±1.2	<0.15	<0.12	<0.15	<0.12	±4	≤±4%	<4	±2
直线型	±2	<2	±0.5	±0.5	±0.5	±0.5	<0.15	<0.12	<0.15	<0.12	±4	≤±200mm	<4	±2

表6–5　　重复使用的钢板桩检验标准

序号	检查项目	允许偏差		检查方法
		单位	数值	
1	桩垂直度	%	<1	钢直尺量
2	桩身弯曲度		<2%l	l为桩长，钢直尺量
3	齿槽平直度及光滑度	无焊渣或毛刺		1m长桩段通过试验
4	桩长度	不小于设计长度		钢尺量

任务实施

一、钢板桩施工

步骤1：钢板桩施工前准备工作

（1）钢板桩检验。主要进行钢板桩材质检验和外观检验。对焊接钢板桩尚需进行焊接部位的检验。对用于基坑临时支护结构的钢板桩主要进行外观检验，并对不符合形状要求的钢板桩进行矫正，以减少打桩过程中的困难。

① 外观检验。包括表面缺陷、长度、宽度、高度、厚度、端头矩形比、平直度和锁口形状等内容。检查中要注意：对打入钢板桩有影响的焊接件应予以割除；有割孔、断面缺损的应予以补强；若钢板桩有严重锈蚀，应测量其实际断面厚度，以便决定在计算时是否需要折减。原则上要对全部钢板桩进行外观检查。

② 材质检验。对钢板桩母材的化学成分及力学性能进行全面试验。包括钢材的化学成分分析，构件的拉伸、弯曲试验，锁口强度试验和伸长率试验等项内容。每一种规格的钢板桩至少进行一个拉伸、弯曲试验。每25 ～ 50t的钢板桩应进行两个试件试验。

（2）钢板桩的矫正。钢板桩为多次周转使用的材料，在使用过程中会发生板桩的变形、损伤，偏差超过表6-4所示数值者，使用前应进行矫正与修补。其矫正与修补方法如下。

① 表面缺陷修补。通常先清洗缺陷附近表面的锈蚀和油污，然后用焊接修补的方法补平，再用砂轮磨平。

② 端部平面矫正。一般用氧乙炔焰切割部分桩端，使端部平面与轴线垂直，然后再用砂轮对切割面进行磨平修整。当修整量不大时，也可直接采用砂轮进行修理。

③ 桩体挠曲矫正。腹向弯曲矫正时两端固定在支撑点上，用设置在龙门式顶梁架上的千斤顶顶在钢板桩凸处进行冷弯矫正；侧向弯曲矫正通常在专门的矫正平台上进行。

④ 桩体扭曲矫正。这种矫正较复杂，可视扭曲情况采用上述3种方法矫正。

⑤ 桩体局部变形矫正。对局部变形处用氧乙炔焰热烘与千斤顶顶压、大锤敲击相结合的方法进行矫正。

⑥ 锁口变形矫正。用标准钢板桩作为锁口整形胎具，采用慢速卷扬机牵拉调整处理，或采用氧乙炔焰热烘和大锤敲击胎具推进的方法进行调直处理。

（3）打桩机选择。打设钢板桩，自由落锤、汽动锤、柴油锤、振动锤等皆可，但使用较多的为振动锤。例如，使用柴油锤时，为保护桩顶因受冲击而损伤和控制打入方向，在桩锤和钢板桩之间需设置桩帽。

部分国产及日本振动锤的技术参数如表6-6和表6-7所示。

表6-6　　国产振动锤技术性能

	北京580型	北京601型	广东7t型	广东10t型	通化601型	成都C-2型	中-160型	江阴DZ5	江阴DZ37
振动力/kN	175	250	75	112	235	80	1030 ～ 1600	50	271
偏心力矩/（N・m）	302	370	76.4	114.5	347	70	3520	—	—
振动频率/（$r \cdot min^{-1}$）	720	720	939	931	720	730	404 ～ 1010	960	900
振幅/mm	12.2	14.8	5.7	5.7	14	13	—	7.8	6.3
电动机功率/kW	45	45	20	28	50	22	155	11	37
电动机转速/（$r \cdot min^{-1}$）	960	960	980	1460	860	1470	735	—	—

续表

		北京580型	北京601型	广东7t型	广东10t型	通化601型	成都C-2型	中-160型	江阴DZ5	江阴DZ37
振动箱规格	长/mm	1010	1010	1180	1095	1010	1460	1630	1000	1500
	宽/mm	875	875	840	744	875	781	1200	780	1100
	高/mm	1650	1650	1400	1157	1650	2364	3100	1400	1980
振动锤质量/t		2.5	2.5	1.5	2.0	2.5	1.5	11.4	0.95	3.3

振动打桩机是将机器产生的垂直振动传给桩体，使桩周围的土体因振动产生结构变化，降低了强度或产生液化，板桩周围的阻力减小，利于桩的贯入。

振动打桩机打设钢板桩施工速度快，更有利于拔钢板桩，不易损坏桩顶，操作简单。但其对硬土层（砂质土$N>50$；黏性土$N>30$）贯入性能较差，桩体周围土层要产生振动；耗电较多。

表6-7　日本部分振动锤技术性能

性能指标		VM_2-2500E	VM_2-4000E	KM_2-12000A	VS-400E
振动力/kN		280～370	379～490	350	271～406
偏心力矩/（N·mm）		190～250	280～400	1200	430～300
振动频率/（$L \cdot min^{-1}$）		1150	1100	510	750～1100
振幅/mm		5.8～7.7	7.4～10.8	22.1	10～7.0
电动机功率/kW		45	60	90	60
振动箱规格/mm	长	968	1042	1202	1083
	宽	1236	1370	1150	1480
	高	3027	3239	4612	3406
振动锤质量/t		3.8	4.6	5.44	5.02

选择振动锤时，可根据需要的振幅A_s和偏心力矩M_0来进行选择。

需要的振幅A_s按下式计算。

对砂土：

$$A_s=\sqrt{0.8N+L} \tag{6-6}$$

对黏性土、粉土：

$$A_s=\sqrt{1.6N+L} \tag{6-7}$$

式中，N——桩尖所在土层的标准贯入值；

L——钢板桩长度，m；

需要的偏心力矩M_0按下式计算。

$$M_0=\left[\frac{15A_s+\sqrt{225A_s^2+(1.56-A_s)225A_s+1.56A_sQ_p}}{1.56-A_s}\right]^2 \tag{6-8}$$

式中，Q_p——钢板桩自重，N；

A_s——板桩需要的振幅，mm；

（4）导架安装。为保证沉桩轴线位置的正确和桩的竖直，控制桩的打入精度，防止板桩的屈曲变形和提高桩的贯入能力，一般都需要设置一定刚度的、坚固的导架，又称“施工围檩”。

导架通常由导梁和导桩等组成，其形式在平面上有单面和双面之分，在高度上有单层和双层之分。一般常用的是单层双面导架（见图6-23）。导桩的间距一般为2.5 ～ 3.5m，双面导梁的间距一般比板桩墙高度大8 ～ 15mm。

导架的位置不能与钢板桩相碰。导桩不能随着钢板桩的打设而下沉或变形。导梁的高度要适宜，要有利于控制钢板桩的施工高度和提高工效，要用经纬仪和水平仪控制导梁的位置和标高。

步骤2：钢板桩打设和拔除

1. 打入方式选择

（1）单独打入法。这种方法是从板桩墙的一角开始，逐块（或两块为一组）打设，直至工程结束。单独打入法操作简便、迅速，不需要其他辅助支架。但是易使板桩向一侧倾斜，且误差积累后不易纠正。为此，这种方法只适用于板桩墙要求不高、且板桩长度较小（如小于10m）的情况。

（2）屏风式打入法。这种方法是将10 ～ 20根钢板桩成排插入导架内，呈屏风状，然后再分批施打。施打时先将屏风墙两端的钢板桩打至设计标高或一定深度，成为定位板桩，然后在中间按板桩高度的$h/3$、$h/2$呈阶梯状打入，如图6-24所示。

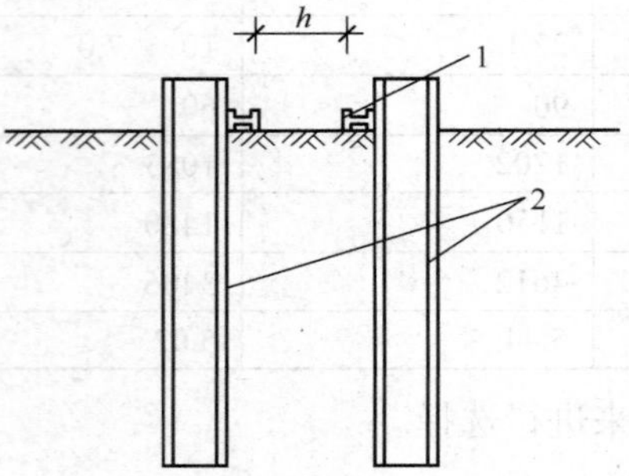

图6-23　导架示意图

1—导梁；2—导桩

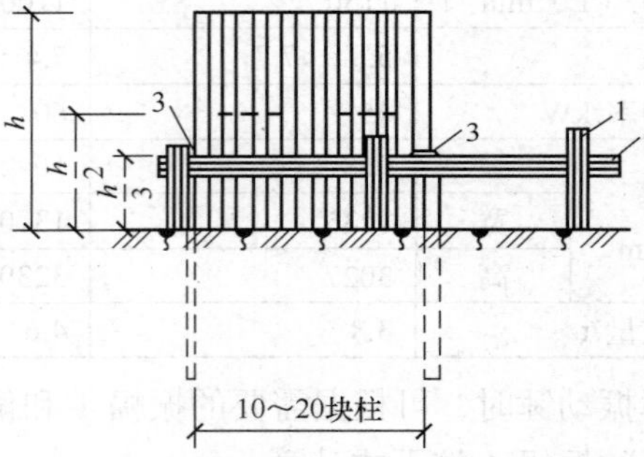

图6-24　导架及屏风式打入法

1—导桩；2—导梁；3—两端先打入的定位钢板桩

这种打桩方法的优点是可以减少倾斜误差积累，防止过大的倾斜，而且易于实现封闭合拢，能保证板桩墙的施工质量。其缺点是插桩的自立高度较大，要注意插桩的稳定和施工安全。一般情况下多用这种方法打设板桩墙，它耗费的辅助材料不多，但能保证质量。

我国规定的钢板桩打设允许误差：桩顶标高 ± 100mm；板桩轴线偏差 ± 100mm；板桩垂直度1%。

2. 钢板桩的打设

先用吊车将钢板桩吊至插桩点处进行插桩，插桩时锁口要对准，每插入一块即套上桩帽轻轻加以锤击。在打桩过程中，为保证钢板桩的垂直度，用两台经纬仪在两个方向加以控制。为防止锁口中心线平面位移，可在打桩进行方向的钢板桩锁口处设卡板，阻止板桩位移。同时在围檩上预先计算出每块板块的位置，以便随时检查、校正。

钢板桩分几次打入，如第一次由20m高打至15m，第二次则打至10m，第三次打至导梁高度，待导架拆除后第四次才打至设计标高。打桩时，开始打设的第一、二块钢板桩的打入位置和方向要确保精度，它可以起样板导向作用，一般每打入1m应测量一次。

（1）钢板桩的转角和封闭。钢板桩墙的设计长度有时不是钢板桩标准宽度的整倍数，或者板桩墙的轴线较复杂，钢板桩的制作和打设也有误差，这些都会给钢板桩墙的最终封闭合拢带来困难。

钢板桩墙的转角和封闭合拢施工，可采用下述方法。

① 采用异形板桩。异形板桩的加工质量较难保证，而且打入和拔出也较困难，往往影响施工进度，所以应尽量避免采用异形板桩。

② 连接件法：此法是用特制的“ω”型和“δ”型连接件来调整钢板桩的根数和方向，实现板桩墙的封闭合拢。钢板桩打设时，预先测定实际的板桩墙的有效宽度，并根据钢板桩和连接件的有效宽度确定板桩墙的合拢位置。

③ 骑缝搭接法：利用选用的钢板桩或宽度较大的其他型号的钢板桩作闭合板桩，打设于板桩墙闭合处。闭合板桩应打设于挡土的一侧。此法用于板桩墙要求较低的工程。

④ 轴线调整法：此法是通过钢板桩墙闭合轴线设计长度和位置的调整实现封闭合拢，封闭合拢处最好选在短边的角部，如图6-25所示。轴线修正的具体做法如下。

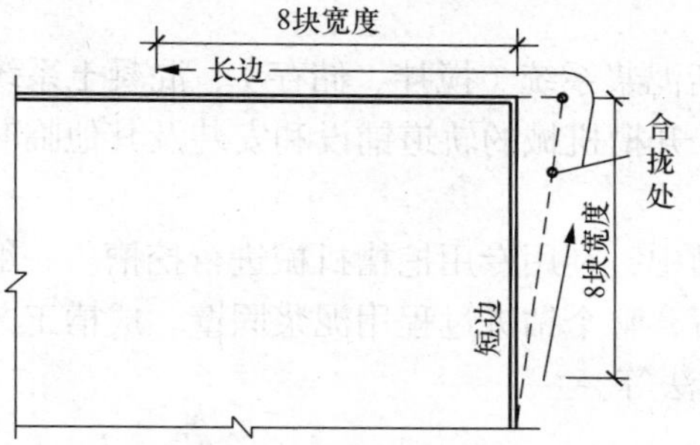

图6-25　轴线修正示意图

（a）沿长边方向打至离转角桩有8块钢板桩时暂时停止，量出至转角桩的总长度和增加的长度。

（b）短边方向也按照上述办法进行。

（c）根据长、短两边水平方向增加的长度和转角桩的尺寸，将短边方向的导梁与围檩桩分开，用千斤顶向外顶出，进行轴线外移，经核对无误后再将导梁和围桩重新焊接固定。

（d）在长边方向的导梁内插桩，继续打设，插打到转角桩后，再转过来接着沿短边方向插打两块钢板桩。

（e）根据修正后的轴线沿短边方向继续向前插打，最后一块封闭合拢的钢板桩设在短边方向从端部算起的第三块板桩的位置处。

（2）打桩时问题的处理。

① 阻力过大不易贯入。原因主要有两方面，一是在坚实的砂层、砂砾层中沉桩，桩的阻力过大；二是钢板桩连接锁口锈蚀、变形，入土阻力大。对第一种情况，可伴以高压冲水或改以振动法沉桩，不要用锤硬打；对第二种情况，宜加以除锈、矫正，在锁口内涂油脂，以减少阻力。

② 钢板桩向打设前进方向倾斜：在软土中打桩，由于锁口处的阻力大于板桩与土体间的阻力，使板桩易向前进方向倾斜。纠正方法是用卷扬机和钢丝绳将板桩反向拉住后再锤击，或用特制的楔形板桩进行纠正。

③ 打设时将相邻板桩带入：在软土中打设钢板桩，如遇到不明障碍物或板桩倾斜时，板桩阻力增大，会把相邻板桩带入。处理方法是：用屏风法打设；把相邻板桩焊在导梁上；在锁口处涂以黄油减少阻力。

3. 钢板桩拔除

在进行基坑回填土时，要拔除钢板桩，以便修整后重复使用。拔除前要研究并确定钢板桩拔除顺序、拔除时间及桩孔处理方法。

二、地下连续墙施工

该工艺是近几十年来在地下工程和基础工程中发展起来并应用较广泛的一项技术。它是一种在地面施工，用一定的设备和机具，在泥浆护壁的条件下，通过造孔（或槽），再用直升导管法浇注混凝土等材料，逐段建造，并用特定的接头方式相互连接，最终在地下形成具有一定防渗能力的连续墙体。其功能有支护、挡土、承重、防渗、防冲等。

地下连续墙施工过程较复杂，工序颇多，施工时采用逐段施工法，周而复始地进行。每段地下连续墙的施工程序可主要分为以下工序：施工准备→造孔（成槽）→泥浆护壁→槽孔孔型检查及清孔验收→下设钢筋笼→混凝土浇筑或墙体填筑→墙段连接→墙体质量检查。

步骤1： 施工准备

除三通一平外，还包括泥浆系统（搅拌、储存）、混凝土系统、开挖导向沟并埋设导向槽板、施工导浆平台的构筑、开槽机械的轨道铺设和安装及其他临时设施的布置。

步骤2： 造孔（成槽）

在始终充满泥浆的沟槽中，利用专用挖槽机械进行挖槽。一般用冲击钻较多，钻具提升后利用自重冲击孔底破碎岩石，整个钻进过程用泥浆固壁。成槽工艺有钻劈法、抓斗成槽法（单抓、多抓）、钻抓法、铣削法等。

步骤3： 泥浆护壁

（1）泥浆制作。泥浆是地下连续墙施工中深槽槽壁稳定的关键，它的作用是保证槽壁稳定，有悬浮作用，使钻渣不沉淀，冷却钻头。施工时可根据当地地质条件、水文资料，采用膨润土、纯碱等原料，按一定比例配制而成。在地下连续墙成槽中，依靠槽壁内充满泥浆，并使泥浆液面保持高出地下水位0.5～1.0m。泥浆液柱压力作用在开挖槽段土壁上，除平衡土压力、水压力外，由于泥浆在槽壁内的压差作用，部分水渗入土层，从而在槽壁表面形成一层固体颗粒状的胶结物——泥皮。性能良好的泥浆失水量少，泥皮薄而密，具有较高的粘接力，对于维护槽壁稳定、防止塌方起到很大的作用。

（2）泥浆液面控制。成槽的施工工序中，泥浆液面控制是非常重要的一环。只有保证泥浆液面的高度高于地下水位的高度，并且不低于导墙以下50cm时才能够保证槽壁不塌方。

（3）刷壁次数的问题。地下连续墙一般都是按顺序施工，在已施工的地下连续墙的侧面往往有许多泥土粘在上面，所以刷壁就成了必不可少的工作。刷壁要求在铁刷上没有泥时才可停止，一般需要刷20次，确保接头面的新老混凝土接合紧密。实际当中刷壁的次数往往达不到要求，这就有可能造成两墙之间夹有泥土，从而产生严重的渗漏，并对地下连续墙的整体性有很大影响。因此，刷壁的工作一定要认真对待。

步骤4： 槽孔孔型检查及清孔验收

造孔工作结束后，应对造孔质量进行全面检查验收（包括孔位、孔斜、孔深、孔宽、孔型等）。合格标准为淤积厚度不大于10cm；孔内泥浆密度不大于1.3g/cm^3；黏度不大于30s；含沙量不大于10%。二期槽孔端头孔刷洗标准为刷子钻头上基本不带泥屑及孔淤积不再增加，清孔验收合格，应于4h内浇筑混凝土，因下设墙体内埋件不能按时浇筑，应重新进行清孔验收。

步骤5：下设钢筋笼、下设混凝土导管

将已制备的钢筋笼下沉到设计高度（就钢筋混凝土防渗而言）。混凝土浇筑或墙体填筑待插入水下灌注混凝土导管后进行。

（1）导管拼装问题。导管在混凝土浇筑前先在地面上进行拼装，每4～5节拼装成一段，用吊机直接吊入槽中混凝土导管口，再将导管连接起来，这样有利于提高施工速度。

（2）钢筋笼安置完毕后，应马上下导管，减少空槽的时间，防止塌方的产生。

（3）导管间距。不同间距导管浇注的墙段，墙间夹泥面积占垂直端面的面积不同。统计数据表明，导管间距在3m时，断面夹泥很少；间距在3～3.5m时，略有增加；大于3.5m夹泥面积大大增加，因此导管间距不宜太大。

（4）导管埋深。导管埋深影响混凝土的流动状态。埋深太小，混凝土呈覆盖式流动，容易将混凝土表面的浮泥卷入混凝土内；导管埋深太深时，导管内外压力差小，混凝土流动不畅，当内外压力差平衡时，则混凝土无法进入槽内。

（5）导管高差。不同时拔管造成导管底口高差较大，当埋深较浅的进料时，混凝土影响的范围小，只将本导管附近的混凝土挤压上升。与相邻导管浇注的混凝土面高差大，混凝土表面的浮泥流到低洼处聚集，很容易被卷入混凝土内。

步骤6：混凝土浇筑或墙体填筑

泥浆下浇筑砼一般都采用直升导管法。由于不能振捣，要利用混凝土自重，所以对混凝土级配有特殊要求。砼应有良好的和易性，规范规定入孔时的坍落度为18～22cm，扩散度为34～40cm，最大骨料粒径不大于4cm。在泥浆下采用直升导管，导管底口距槽底15～25cm，将木球（或可浮起的隔离球）放入导管（球直径略小于导管内径），开浇后挤出塞球，埋住导管底端（即先用砂浆，再用多于导管容积的砼一下子把木球压至管底），灌满后，提升20～30cm，使木球跑出，砼流入孔内，连续上料，但要保证导管提升后底部埋入砼内（深度1～6cm）。随着混凝土面的均匀上升，导管也随之提升，连续浇筑直至结束。

步骤7：拔接头管

（1）混凝土的凝固情况一定要注意，并根据混凝土的实际情况决定接头管的松动和拔出时间。

（2）接头管提拔一般在混凝土浇灌4h后开始松动，并确定混凝土试块已初凝，开始松动时向上提升15～30cm，以后每20min松动一次，每次提升15～30cm，如松动时顶升压力超过100t，则可相应增加提升高度，缩小松动时间。实际操作中应该保证松动的时间，防止混凝土把接头管固结。由于接头管比较新，一般情况下用100t吊车就可以把接头管拔起来。

（3）接头管拔出前，先计算留在槽中的接头管底部位置，并结合混凝土浇灌记录和现场试块情况，确定底部混凝土已达到终凝后才能拔出。最后一节接头管拔出前先用钢筋插试墙体顶部混凝土，有硬感后才能拔出。

工程案例——某基坑工程专项施工方案

1. 工程概况

某公馆二期工程；工程建设地点：××市高新区××路；属于框剪结构。本项目规划建设用地总面积39789.17m²；地下总面积59987.98m²；总建筑面积234078.56m²；总工期495天。本工程由A置业有限公司投资建设，××建筑设计事务所设计，××勘察研究总院有限公司

勘察地质，××有限公司监理，××建设集团股份有限公司组织施工。

工程水文地质条件如下：

地下水位相应高程488.00～490.00m。工程场地土自上而下依次如下。

（1）杂土，平均厚度2.45 m。

（2）素土，平均厚度2.00 m。

（3）黏土，平均厚度2.1 m。

（4）粉质黏土，平均厚度1.60 m。

（5）粉土，平均厚度1.35 m。

（6）细砂，平均厚度0.85 m。

（7）中砂，平均厚度1.80 m。

（8）卵石：松散卵石，平均层厚1.20m；稍密卵石，平均层厚1.95m；中密卵石，平均层厚1.85m；密实卵石，平均层厚1.5 m。

（9）泥岩：① 强风化泥岩，平均层厚0.80m；② 中风化泥岩。

2. 编制依据

（1）《岩土工程勘察报告》。

（2）《建筑分项工程施工工艺标准》。

（3）《建筑施工手册》缩印本（第4版）。

（4）《建设工程项目管理规范》（GB/T 50326—2001）。

3. 降水施工技术措施

根据本场地水文地质条件及基坑开挖深度，结合本公司基坑降水经验，本基坑内降水采用明沟、集水井排水相结合的降水方案。

明沟、集水井排水是指在基坑的两侧、四周设置排水明沟，在基坑四角、周边每隔30～40m、后浇带引出基坑位置设置集水井，使基坑渗出的地下水、雨水通过排水沟汇聚于集水井内，然后用水泵将其排出基坑外。

4. 明沟集水井排水施工方案

涌入基坑内的地下水、雨水不能及时排除，不但给捡底工作带来困难，边坡易于塌方，而且会使地基被水浸泡，扰动地基土，造成竣工后建筑物产生不均匀沉降。为此，在基坑内要设置明排水沟、集水井，以保证及时排除涌入地下水。

（1）明沟、集水井布置。

① 排水明沟：一般布置在基坑的四周并与后浇带位置纵横相同，基础边0.4m以外，其边缘离开边坡坡脚应不小于0.3m。排水明沟的底面应比基底底0.3～0.4m，使基坑渗出的地下水通过排水明沟汇集于集水井内。排水沟宽度为300～500mm，本工程设300mm×300mm的排水沟，排水坡度为1%～3%。

② 集水井：在基坑四角、周边每隔30～40m、后浇带引出基坑位置设置集水井，集水井底面应比沟底面低0.5m以上，并随基坑的挖深而加深，以保证水流畅通。集水井宽度一般为700～800mm。

（2）水泵选用。

① 排水机具的选用。基坑降水设计按暴雨日最大降雨量考虑，坑内积水考虑当天排完。基坑排水广泛采用动力水泵，一般有机动、电动吸泵。选用水泵类型，取水泵的排水量为基坑

涌水量的1.5～2倍。当基坑开挖后涌水量$Q<20m^3/h$时，可用隔膜式泵（污水泵）或潜水电泵；当Q在20～$60m^3/h$时，可用隔膜式或离心式水泵，也可采用潜水电泵；当$Q>60m^3/h$时，需用离心式水泵。隔膜式水泵（污水泵）排水量小，但可排除泥浆水，选择时应按水泵的技术性能选用。如基坑涌水量很小，也可采用污水泵或潜水电泵等将水排出。

②本工程基坑排水材料准备：潜水泵4台；污水泵4台；塑料水管400m。

5. 质量保证措施

（1）认真熟悉图纸、施工方案。

（2）认真检查是否按方案和技术交底施工，严格监督按工艺标准施工。

（3）严格落实三检制度，确保每道工序质量。

（4）责任层层落实到人，奖罚分明，督促和指导并用，做到高效运转。

（5）按规范施工，按规范查验。

6. 安全保证措施

（1）施工人员进入施工现场，必须戴安全帽。

（2）安全第一，预防为主。严格执行有关安全生产规定。

（3）杜绝伤亡。无违章指挥，无违章操作，无违反劳动纪律。

（4）槽边上口四周设1.2m护栏围护，外罩密目安全网，夜间设红灯，设专人看护边坡，有情况及时撤离防止伤人。基础施工期间也要设专人看护。

（5）槽边上口2m范围内禁止堆放物料，机动车辆只能在槽边上口2m以外的道路行驶。

（6）施工前进行安全技术交底。严禁在挖掘机后背配重盘转径范围内和配重盘上面站人。

单元小结（思维导图）

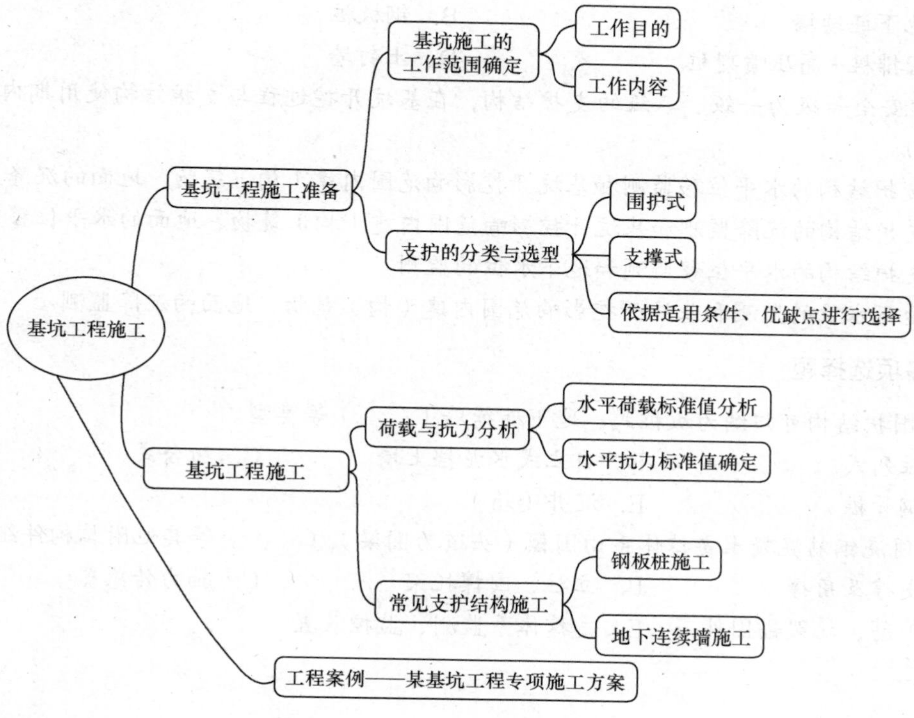

基本技能训练

1. 单项选择题

（1）基坑开挖时应避免的隆起是（　　）。

A. 弹性隆起　　B. 塑性隆起　　C. 正常隆起　　D. 非正常隆起

（2）一级和二级基坑的施工中（　　）对周围建（构）筑物和管线等采取监测措施。

A. 必须　　B. 应　　C. 可　　D. 宜

（3）下列方法中，（　　）不属于深基坑坑底稳定的处理方法。

A. 加深围护结构入土深度　　B. 抛填大石块

C. 坑底土体注浆加固　　D. 坑内井点降水

（4）现行建筑基坑支护技术规程实施日期为（　　）。

A. 1999年4月5日　　B. 2009年10月1日

C. 2012年4月5日　　D. 2012年10月1日

（5）基坑工程主要包括（　　）两个方面。

A. 围护体系的设置与土方开挖　　B. 土方开挖与降水

C. 维护体系的设置与监测　　D. 土方开挖与监测

（6）基坑勘察布置点宜布置在（　　）。

A. 基坑内　　B. 基坑外　　C. 基坑底　　D. 基坑开挖边坡

（7）根据建筑基坑工程破坏可能造成的后果，基坑工程划分为（　　）个安全等级。

A. 两　　B. 三　　C. 四　　D. 五

（8）基坑支护的设计使用期限不应小于（　　）年。

A. 1　　B. 2　　C. 3　　D. 4

（9）下面不属于止水支护结构的是（　　）。

A. 地下连续墙　　B. 钢板桩

C. 密排桩+高压喷射桩　　D. 土钉墙

（10）安全等级为一级、二级的支护结构，在基坑开挖过程与支护结构使用期内，必须进行（　　）。

A. 支护结构的水平位移监测和基坑开挖影响范围内建（构）筑物、地面的沉降监测

B. 支护结构的沉降监测和基坑开挖影响范围内建（构）筑物、地面的水平位移监测

C. 支护结构的水平位移监测和地下水位的监测

D. 地下水位的监测和基坑开挖影响范围内建（构）筑物、地面的沉降监测

2. 多项选择题

（1）围护结构可归纳为板桩式、地下连续墙（　　）等类型。

A. 柱列式　　B. 自立式水泥挡土墙　　C. 组合式

D. 钢管桩　　E. 沉井（箱）

（2）现浇钢筋混凝土支撑体系由围檩（头道为圈梁）、（　　）等其他附属构件组成。

A. 支撑及角撑　　B. 立柱、围檩托架　　C. 轴力传感器

D. 吊筋、托架锚固件　　E. 支撑体系监测、监控装置

（3）支撑体系布置设计应考虑以下要求中的（　　）。

A. 因地制宜选择支撑材料和布置形式

B. 支撑体系受力明确，安全可靠，对环境影响小

C. 土方开挖方便

D. 主体结构可快速施工

E. 施工人员上下方便

（4）基坑开挖引起周围地层移动的主要原因是（　　）。

A. 坑底土体隆起　　B. 承压水作用　　C. 围护墙位移

D. 水土流失　　E. 坑底超挖

（5）处于饱和的极为软弱地层中的基坑工程，围护墙体的上升移动给（　　）均带来极大危害。

A. 基坑稳定　　B. 主体结构　　C. 地表沉降

D. 附属结构　　E. 墙体稳定

（6）工字钢桩围护结构适用于（　　）。

A. 黏性土、砂性土和粒径不大于100mm的砂卵石地层

B. 市区距居民点较远的基坑施工

C. 基坑范围不大的地铁车站出入口

D. 临时施工竖井

E. 防噪声污染要求不高的地区

（7）SMW挡土墙的特点主要表现在（　　）。

A. 止水性好　　B. 构造简单　　C. 施工速度快

D. 型钢可以部分回收　　E. 型钢插入深度一般等于搅拌桩深度

（8）建筑基坑设计、施工中必须要做到（　　）。

A. 安全适用　　B. 环境保护　　C. 技术先进

D. 经济合理　　E. 确保质量

（9）建筑基坑施工过程中，我们应综合考虑的因素有（　　）。

A. 地质条件　　B. 基坑周边环境要求　　C. 主体地下结构要求

D. 施工季节变化　　E. 基坑支护试用期

（10）基坑支护设计时应考虑的水平荷载包括（　　）。

A. 基坑内外土的自重（包括地下水）

B. 基坑周边既有和在建的建（构）筑物荷载

C. 基坑周边施工材料和设备荷载

D. 基坑周边道路车辆荷载

E. 冻胀、温度变化等产生的作用

3. 判断题（正确的画√，错误的画×）

（1）当基坑开挖面上方的锚杆、土钉、支撑未达到设计要求时，严禁向下超挖土方。（　　）

（2）采用锚杆或支撑的支护结构，未达到设计规定的拆除条件，严禁拆除锚杆或支撑。（　　）

（3）基坑周边施工材料、设施或车辆荷载严禁超过设计要求的地面荷载限值。（　　）

（4）基坑支护设计时不考虑冻胀、温度变化等产生的作用。（　　）

（5）基坑支护结构施工配合土方开挖工程施工。（　　）

（6）基坑勘察布置点宜布置在基坑内。（　　）

（7）基坑支护的主要目的是保证基坑内施工安全。（　　）

（8）维护桩以受水平力为主。（　　）

职业资格拓展训练

1. 案例概况

2014年7月15日，在江苏某市政公司承接的苏州河滞留污水截流工程金钟路某号段工地上，施工单位正在做工程前期准备工作。为了交接地下线管情况、土况及实测原有排水管涵位置标高，15时30分开始地下线管探摸、样槽开挖作业，16时30分左右，挖掘机将样槽挖至约2m深时，土体突然发生塌方，当时正在坑底进行挡土板作业的工人周某避让不及，头部以下被埋入土中。事故发生后，现场项目经理、施工人员立即组织人员进行抢救，并通知120救护中心、119消防部门赶赴现场进行抢救，虽经多方抢救但未能成功。17时20分左右，周某在某中心医院死亡。

2. 分析提问

试从基坑防护的角度分析事故原因，并提出事故预防及控制措施。

学习单元 7

地基处理施工

学习目标

（1）了解地基处理的目的、处理方法分类和选用。

（2）熟悉常用地基加固的原理。

（3）掌握换土垫层法等常用地基处理方法的施工工艺及要点。

（4）掌握复合地基的施工工艺及要点。

（5）了解强夯法、预压法等其他地基处理的施工工艺及要点。

项目 1　地基处理施工准备

任务 1　地基处理的目的及对象确定

任务引入

地基与上部结构相比，不确定因素多、问题复杂、处理难度大。据调查统计，在世界各国发生的各种建设工程事故中，地基问题常常是主要原因。地基处理的目的是利用换填、夯实、挤密、排水、胶结、加筋、化学等方法对地基土进行加固或改良，以提高地基的强度，保证地基的稳定，降低地基的压缩性，减少基础的沉降或不均匀沉降。地基问题的处理恰当与否，直接关系到整个工程的质量可靠性、投资合理性及施工进度。

相关知识

近代世界上一个严重的因地基承载力失效而导致破坏的建筑物，是美国纽约的一座大型水泥仓库。这座水泥仓库位于纽约市汉森河旁，它的上部结构为圆筒形壳，直径为13m、高为23.33m；其基础为整块钢筋混凝土筏板基础，筏板厚度0.78m，基础埋深2.80m。1940年这座水泥仓库装载水泥后发生严重下沉，随后整座水泥仓库发生倾倒。倾倒后仓库的倾角达45°。地基土被挤出地面高5.18m。与此同时，离水泥筒仓净距23m以外的办公楼，受水泥仓库倾倒的影响也发生倾斜，如图7-1所示。

事故原因分析如下。

（1）水泥仓库高度达23.33m，装载水泥后的基地荷载估计在200 ~ 250kPa，远大于蓝色黏土的地基承载力，使仓库地基发生抗剪强度破坏而整体滑动。

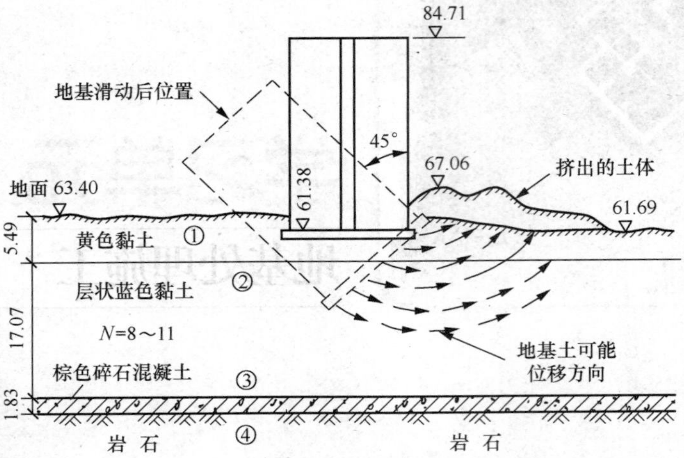

图 7-1　水泥仓库因地基滑动倾倒示意图

（2）由于地基软弱，地基整体滑动产生巨大的滑动力，使滑动体外侧土发生变形，也导致23m外的办公楼地基变形而倾斜。

任务实施

步骤1：明确地基处理目标

1. 地基处理的目的

利用换填、夯实、挤密、排水、胶结、加筋、化学等方法对地基土进行加固，用以改良地基土的工程特性，主要目的表现在以下几个方面。

（1）提高地基土的抗剪强度。

（2）降低路基土的压缩性。

（3）改善地基土的透水特性。

（4）改善地基的动力特性。

（5）改善特殊土的不良地基特性。例如，消除或减弱黄土的湿陷性。

2. 地基处理的功能

地基处理的功能主要表现在以下几个方面。

（1）提高工程质量。地基质量的好坏，是工程能否成功的关键。针对不同的工程实际情况，对建筑物所处的软基地段进行适当的加固处理，是提高工程质量的必经途径。

（2）降低工程造价，节省投资资金。软基处理牵扯的技术面广，难度大，不确定因素多，不同的软基适用的处理方法各有不同，并将产生不同的经济效益和处理效果。如果能针对工程实际提出适当的处理方法，可以大大节约工程投资。

（3）加快工程进度，缩短工程周期。这点对于高速公路路堤填土施工的路面铺设而言尤为明显。不同的软基处理技术允许不同的工程进度，先进的技术允许路堤土以较快的速度填筑，缩短沉降周期，在较短的时间内达到路面铺设的要求，从而加快工程进度。

为此，我们应不断总结国内外地基处理方面的经验教训，推广和发展各种地基处理技术，提高地基处理水平。

步骤2：确定地基处理对象

地基处理的对象主要是软弱地基和特殊土地基。这类地基上的建筑物面临以下4个方面的地基问题。

（1）强度、地基承载力及稳定性问题。

（2）压缩沉降、水平位移及不均匀沉降问题。

（3）地基的渗透量超过允许值时，会发生水量流失或因管涌而导致失事。

（4）振动或动力荷载作用下的液化、失稳和震陷问题。

当直接在软弱地基上修筑建筑物时，需要考虑对软弱地基进行处理，以保证工程安全。

1. 软弱地基

（1）软土。软土是指天然孔隙比大于或者等于1.0，且天然含水量大于液限的细粒土，包括淤泥、淤泥质土、泥炭和泥炭质土等。软土在世界上广泛分布，在我国主要分布于沿海地区、内河两岸及湖泊等地区。其主要特性是天然含水量高、孔隙比大、渗透性弱、压缩性高和抗剪强度低，在外荷载作用下地基承载力低、变形大、不均匀变形也大，且变形稳定历时较长。

（2）冲填土。冲填土是采用人工方法把江河和湖海底部的泥沙通过水力吹填方式形成的沉积土。近年来多用于沿海滩涂开发及河漫滩造地。其物质成分比较复杂，粗颗粒比细颗粒排水固结快，其主要的工程性质取决于颗粒组成、均匀性和排水固结条件。与自然沉积的同类土相比，冲填土强度低、压缩性高、常产生触变现象。

（3）杂填土。杂填土是由于人类的生产和生活活动形成的地面填土层，其填筑物随着地区的生产和生活水平不同而异，其性质与其组成和原地貌有关，回填的方法通常是任意堆放。杂填土的承载能力不高，压缩性较大，且不均匀；填料物质不一，颗粒尺寸悬殊，颗粒间孔隙大小不一；回填前地貌高低起伏，导致填土薄厚不一；回填时间先后不一致；取样不容易，勘察工作困难，通常无法提出地基承载力值。

2. 特殊土地基

（1）湿陷性黄土。黄土是第四纪期间形成的特殊土状堆积物，是一种典型的结构性土。我国的湿陷性黄土主要分布在北纬34°～45°、东经102°～114°的黄河中游地区。

黄土的特殊结构直接影响着其工程特性，具有孔隙大、高强度和湿陷性。黄土的湿陷性与黄土的黏结物以及黏结程度存在着紧密关系，土粒矿物填充在粗、细土粒之间起黏结作用。黄土在一定压力作用下受水湿陷，结构迅速破坏而产生显著附加下沉的，称为湿陷性黄土。

（2）膨胀土。膨胀土是颗粒高分散、成分以黏土矿物为主、对环境的湿热变化敏感的高塑性黏土。它具有胀缩特性、裂隙性和超固结性。膨胀土的土质干湿效应明显，吸水时，土体膨胀、软化，强度下降；失水后土体收缩，随之产生裂隙，这进一步导致了裂隙的扩展和向土层深部发展，使该部分土体的强度大为降低，形成风化层。我国的膨胀土的分布范围很广，在广西、湖北、陕西等均有分布。

（3）冻土。冻土一般是指温度在0℃或0℃以下，并含有冰的各种岩土。我国的冻土分布范围较广，主要分布在东北大、小兴安岭，以及西部高山和青藏高原等地。根据其冻结时间可分为多年冻土、季节冻土和短时冻土。随着春季、夏季温度的升高，冻土中的冰融化成水，冻土地区地表下沉；秋季、冬季温度降低，冻土中的水冻结成冰，地表上升。冻土的冻融作用会导致路基鼓胀、沉陷及房屋的开裂变形，除此之外，冻土的季节性活动还可能引起泥石流、洪水暴发、热融滑塌、山体滑坡等地质灾害。

（4）红黏土。红黏土属于一种典型的特殊土，我国大部分省、市都有红黏土分布，其中以湖南、广西、贵州、云南等西南地区最为突出。红黏土呈现出高度的分散性，孔隙比大，但它与黄土的不同之处在于单个孔隙体积很小，颗粒间胶结力较强且非亲水性，故红黏土无失陷性，虽孔隙大但压缩性小，力学性能好。红黏土渗透系数具有反常性，即随着孔隙比的增加或随着失水程度的减小，渗透系数不是增大而是减小。具有上软下硬特征，在天然竖向剖面上地表呈坚硬或硬塑状态，向下逐渐变软。

（5）混合土。由细粒土和粗粒土混杂且缺乏中间粒径的土称为混合土。混合土在颗粒分布曲线形态上反映出不连续性特性，主要成因有坡积、洪积和冰水冲积。

任务2　地基处理方法的分类及选用

任务引入

地基处理就是按照上部结构对地基的要求，对地基进行必要的加固或改良，提高地基土的承载力，保证地基稳定，减少房屋的沉降或不均匀沉降，消除湿陷性黄土的湿陷性及提高抗液化能力等。在工程建设中经常存在着不能直接承载建筑物和构筑物全部荷载的软弱地基和不良地基，如何处理这些地基成了工程建设中的难题。地基处理的优劣，关系到整个工程的质量、造价与工期，直接影响着建筑物和构筑物的安全。各种不同的地基处理方法，都有其适用性。针对不同的地基情况应恰当地选择不同的地基处理方法。

相关知识

地基处理方法很多，各种处理方法又有它的适用范围和优缺点，而且每个具体工程的情况也存在较大差异，所以要根据工程的具体情况综合考虑各种影响因素，如地基土的类型、处理后土的加固深度、上部结构的影响、材料来源、机械设备的状况、周围环境、施工工期的要求、施工队伍的技术素质、经济指标等。对几种处理方法进行比较，力求做到安全适用、经济合理和技术先进。

在选择地基处理方法时，首先要进行初步调查研究，如建筑物的体型，结构的受力体系和整体刚度，荷载的大小、分布和种类，材料和使用要求，基础的布置和深度、基底压力、天然地基承载力、稳定安全系数和变形允许值，施工区域地形及地质成因、地基成层状况、软弱土层厚度、不均匀性和分布范围，持力层位置及状况，地下水情况，地基土的物理、力学性质等。在地基处理施工方面应考虑场地环境的影响，例如，采用强夯等方法施工时要考虑振动和噪声对邻近建筑物和居民的干扰影响，采用降水预压等方法施工时要考虑邻近建筑物是否会产生附加沉降。此外，还应考虑施工工期的长短、工程用料情况、施工难易程度等。

合理的地基处理方法原则上要满足技术可靠、经济合理及满足施工条件的要求。

任务实施

步骤1：地基处理方法的分类

地基处理方法的分类多种多样，按时间可分为临时性处理和永久性处理；按处理深度可分为浅层处理和深层处理；按土的性质可分为砂性土处理和黏性土处理以及饱和土处理和非饱和土处理；按地基处理的原理大致可分为土质改良、土的置换、土的补强等。

需要说明的是，一种处理方法可能有多种处理效果。例如，碎石桩具有挤密、置换、排水等多重作用；石灰桩既挤密又吸水，吸水后又进一步挤密等。

步骤2：根据适用范围，确定地基处理方法的选用

工程中通常按地基处理原理进行分类，如表 7-1 所示。

表 7–1　　地基处理的方法

分类	方法	加 固 原 理	适 用 范 围
碾压夯实	机械碾压法，重锤夯实	通过机械碾压夯击，把表面地基土压实	碎石土、砂土、粉土、低饱和度的黏性土、杂填土等
置换	换土垫层法	挖除浅层软弱土或不良土，分层碾压或夯实换填材料，可分为砂垫层、碎石垫层、粉煤灰垫层、干渣垫层、灰土垫层等，垫层可有效地扩散基底压力，提高地基承载力，减少沉降量	软弱土地基
排水固结	加载预压法	在预压荷载作用下，天然地基被压缩、固结，地基土的强度提高，压缩性降低。当天然土层的渗透性较低时，可在地基中设置竖向排水通道，如砂井、排水板等，缩短渗透固结的时间、加快固结速率、加载预压的荷载	软土、粉土、杂填土、冲填土等
深层挤密	强夯法	利用起重机械将大吨位的夯锤吊起，从高处自由下落，利用巨大的冲击力，使土中出现冲击波和很大的应力，迫使土中孔隙压缩，土粒趋向紧密排列，并迅速固结，对土体进行强力夯实，提高地基强度，降低其压缩性	碎石土、砂土、低饱和度的粉土与黏性土、湿陷性黄土、杂填土及素填土地基的深层加固
	振冲法	利用振冲器的振动作用和高压水流的水冲作用，使饱和砂层发生液化，砂粒重新排列，孔隙率降低，同时，利用振冲器的水平振冲力，回填碎石料使得砂层挤密，提高地基承载力，降低沉降	砂土、粉土等
	挤密法	在软弱土层中挤土成孔，从侧向将土挤密，然后再将碎石、砂、灰土、石灰或矿渣等填料充填密实与原地基形成一种复合地基	松散砂土、杂填土、非饱和黏性土地基、黄土地基
加筋	加筋土法	在土体中加入起抗拉作用的筋材，如土工合成材料、金属材料等，通过筋土间的作用，起到减小或抵抗土压力，调整基底接触应力的目的。可用于支挡结构或浅层地基处理	浅层软弱土地基处理、挡土墙结构
	锚固法	土钉和土锚法：土钉加固作用依赖于土钉与其周围土的相互作用；土锚则依赖于锚杆另一端的锚固作用	边坡土锚技术应用中，必须有可以锚固的土、岩层或构筑物

项目2 换土垫层法施工

任务1 灰土垫层施工

任务引入

在湿陷性黄土地区，灰土垫层的应用较为广泛。它是用熟石灰粉与黏性土按3：7或1：4的体积比拌和均匀，然后分层夯实而成。由于碱性石灰粉和黏土中的二氧化硅、三氧化二铝之间产生了复杂的化学反应，夯实后的灰土具有很好的强度、耐水性和整体性。灰土具有一定的强度（其承载力可达300kPa）、水稳性和抗渗性，施工工艺简单，费用低，是一种经济、实用的地基加固方法。其适用于处理地下水位以上厚度为1～4m的软弱土层。

相关知识

下面以某实际工程为例，说明灰土垫层施工的基本知识。

1. 工程概况

某工程根据图样设计，地基基槽土方开挖后，地基处理采用1：4灰土夯填。从设计基底标高-1.8m夯填至-1.3m处，基槽1：4灰土厚度为500mm。灰土的土料来源采用现场开挖原始土，压实系数不小于0.95。

2. 灰土垫层的主要施工方法

该工程采用槽型开挖，土方沿槽基两侧堆放，根据环保要求，灰采用袋装石灰进行回填，用人工进行筛土、拌和、平整、夯实等主要过程。因沿轴线基槽回填，无法动用压路机压实，所以劳动强度大，施工条件相对复杂。

3. 灰土垫层的具体施工步骤

（1）根据以上施工条件状况，制定具体施工方案和措施、机械、人力等准备工作。

（2）因工期紧，任务重，为了加快施工进度。具体劳动力配制计划安排至关重要，筛土用筛片准备22张，蛙式打夯机配足8台，立式打夯机2台，劳动力50人，昼夜施工。

（3）按施工段的划分，分段施工流水作业，完成一施工段后经验收达到要求后，交付下道工序进行施工。

4. 灰土垫层的具体质量及技术要求

（1）铺灰前应先把基底持力层用夯机夯实，灰土的土料最大粒径不得超过15mm，土料中不得含有机杂物，灰土所使用的白灰必须经充分熟化且粒径不得大于5mm。

（2）灰土垫层施工时应严格按灰土的配合比（体积比）进行拌和均匀，控制好含水量，方法为：用手紧握成团，两指轻捏即碎为宜，如果土料中水分含量过高或不足时，应晾干或湿水后再进行夯实。

（3）灰土每层虚铺厚度为220～250mm，具体控制方法：施工前，在基槽壁两边钉桩或皮数杆，标每层虚铺厚度及顶面标高，现场施工人员跟踪配合进行标高的抄测和控制。

（4）灰土施工应拌和均匀，颜色一致。为此，每班施工前必须按比例拌好样品，进行参照拌和施工，当天拌和好的灰土必须当天用完，灰土不得过夜夯实。

（5）灰土垫层的夯实要求：采用打夯机夯实，必须掌握好夯实遍数，一般为 3 ～ 4 遍。要求一夯压半夯，夯夯相连，不得漏夯，达到密实度规定要求，灰土表面必须平整，不得出现裂缝、起皮、松散等现象。

（6）灰土施工如果需停顿留槎时，必须留踏步槎，其宽度不得小于 500mm，二次接槎虚土应清除干净，适当洒水润湿。

5. 质量控制具体措施

（1）灰土的密实度及压实程度应根据设计要求的干容重在现场试验确定，现场试验必须做到层层取样，及时测量。如果取样后经测试不合格，不得铺填下层灰土，应重新夯实。

（2）采用 $200cm^3$ 的环刀二组，每 50m 取一组，并做好现场环刀试验记录和点位图等相关资料。

6. 灰土垫层雨期施工具体措施

（1）灰土在施工完工后不得受雨水浸泡、日晒，应做好临时遮盖工作或及时浇砼垫层加以保护。

（2）雨天施工应及时搞好基坑周边的防水护理，并挖好排水沟、集水坑，准备好抽水机和防雨彩条布等材料。

7. 灰土施工安全技术措施

该工程的灰土施工全部采用人工打夯，每台打夯机必须固定二人配合操作，定机、定人，所有用电设备必须保证一机一闸一漏电保护装置。要有专人看护，在灰土施工中应注意基槽边坡是否有扰动或经震动出现裂缝掉土等现象。如发现有异样，应立即通知所有在危险区域作业的人员，撤离至安全地带，并及时采取加固措施。

任务实施

步骤 1： 选用材料

（1）石灰。石灰宜用新鲜的消石灰，含氧化钙、氧化镁的量越多越好，使用前 1 ～ 2d 消解并过筛，粒径不得大于 5mm，不得夹有未熟化的生石灰块和含有过多水分。

（2）土料。采用就地挖出的黏性土及塑性指数大于 4 的粉土，土内有机质含量不得超过 5%，不得用表面耕植土、冻土或夹有冻块的土，并应过筛，其粒径不得大于 15mm。

步骤 2： 灰土垫层施工

（1）施工前先验槽，消除松土、清理基底和积水，并夯打两遍原土，且将其平整好。

（2）控制灰土的含水量，一般以 14% ～ 18% 为宜，现场可用手紧握土料成团检查，落地开花为宜。灰土应拌和均匀，颜色一致，拌好后应及时铺好夯实。入坑的土料应当日夯压，不得隔日夯打。

（3）灰土施工时应采取分层铺设、分层夯实，每层虚铺厚度参见表 7-2 确定。每层夯打的遍数应根据设计要求的干密度由现场试验确定，一般不少于 4 遍。

（4）分段施工时，每层分段位置应相互错开，上下两层相邻灰土接缝间距不得小于 500mm，并不得在墙角、柱基及承重窗间墙下等处接缝。接缝处应夯打密实。

（5）灰土夯打完后，应及时进行基础的施工，并及时回填，否则应采取临时遮盖措施，防止日晒雨淋。雨期施工时，应采取防雨、排水措施，如果遭受雨淋浸泡，应将积水及松软灰土挖除并补填夯实。

（6）冬季施工时，必须保证基层在不冻的状态下进行，土料应覆盖保温，并应采取有效防冻措施。

表 7–2　　灰土最大虚铺厚度

夯实机具种类	质量 /t	虚铺厚度 /mm	备　注
石夯、木夯	0.04 ～ 0.08	200 ～ 250	人力送夯，落距 400 ～ 500mm，一夯压半夯
轻型夯实机械	0.12 ～ 0.40	200 ～ 250	蛙式打夯机、柴油打夯机
压路机	6 ～ 10	200 ～ 300	双轮

步骤 3：质量检验

（1）施工前应检查原材料，如土料、石灰及配合比、灰土搅拌的程度。

（2）施工过程中应检查分层铺设的厚度、分段施工时上下两层的搭接长度、灰土的含水量、夯压的遍数。

（3）每层施工结束后检查灰土地基的压实系数。常用的检查方法如下。

① 环刀取样法。用容积不小于 $200cm^3$ 的环刀压入垫层中取样，测定其干密度，与击实试验得到的最大干密度比值（压实系数）一般为 0.93 ～ 0.95。取样点应位于每层 2/3 的深度处。

② 贯入法。检查时应先将表面的垫层刮取 3cm 左右，然后用贯入仪、钢叉成钢筋等以贯入度大小检查垫层的质量。钢筋贯入工具为直径 20mm、长度为 1.25m 的平头钢筋，落距为 700mm 自由下落，测定其贯入度，检查点的间距应小于 4m。

（4）灰土垫层施工结束后，应检验承载力。检查的数量，每单位工程不少于 3 点，$1000m^2$ 以上工程，每 $100m^2$ 至少应有 1 点，$3000m^2$ 以上工程，每 $300m^2$ 至少应有 1 点，每独立基础下至少应有 1 点，基槽每 20m 应有 1 点。检查可采用载荷试验或按规定方法进行。

（5）灰土垫层的质量验收标准应符合表 7-3 所示的规定。

表 7–3　　灰土垫层的质量验收标准

项目	序号	检 查 项 目	允许偏差或允许值		检 查 方 法
			单位	数值	
主控项目	1	地基承载力	符合设计要求		按规定方法
	2	配合比	符合设计要求		按拌和时的体积比
	3	压实系数	符合设计要求		现场实测
一般项目	1	石灰粒径	mm	≤ 5	筛分法
	2	土料有机含量	%	≤ 5	实验室焙烧法
	3	土颗粒粒径	mm	≤ 15	筛分法
	4	含水量（与要求的最佳含水量比较）	%	± 2	烘干法
	5	分层厚度偏差（与设计要求比较）	mm	± 50	用水准仪测量

任务2　砂和砂石垫层施工

任务引入

砂和砂石垫层是采用砂或砂石（碎石）混合物，经过分层铺设夯（压）实，作为地基的持力层。砂和砂石垫层可提高基础下地基的承载力，减少沉降，同时可起到排水作用，使地基土中的孔隙水通过垫层快速排出，加速软土层的排水固结。砂和砂石地基应用广泛，具有砂颗粒大，可防止地下水因毛细孔作用上升，地基不受冻结的影响；能在施工期间完成沉降；施工工艺简单，造价较低等特点。其一般适用于处理有一定透水性的黏性土地基，不宜用于加固湿陷性黄土和不透水的黏性土地基。

相关知识

下面以某实际工程为例，说明砂和砂石垫层施工的基本知识。

1. 工程概况

工程位于A市高新技术开发区人民东路与解放路交会口。工程性质为安置房；18#楼为地下2层，地上18层，地下建筑面积678.35m^2，地上建筑面积11021.32m^2，总建筑面积12016.32m^2。结构形式为剪力墙结构；建筑等级：二类高层，耐火等级一级，抗震设防烈度七度；屋面防水等级：二级；地下室防水等级：一级；设计使用年限：50年。

2. 施工准备

（1）在基坑周围设置明显的警示标志，以免发生意外事故并对基坑起到保护作用。

（2）基坑内的轴线尺寸和外边线尺寸自检合格，并经监理单位验收。

3. 材料及主要机具

（1）砂石：砂石中不得含有有机杂质。使用前应会同甲方、监理对砂石进行检查、验收，其粒径和含水率必须符合国家相关规范规定。

（2）主要机具：打夯机、装载机、手推车、平板振动器、木耙、铁锹（尖头与平头）、2m靠尺、线绳等。

4. 作业条件

（1）施工前应根据工程特点、填方材料种类、密实度要求、施工条件等，合理地确定填方材料的控制范围、虚铺厚度、压实遍数等参数。

（2）回填前应对基础进行检查验收，将沟槽、地坪上的积水和有机物等清理干净。

（3）施工前，应做好水平标志，以控制回填砂石的高度或厚度。在基坑内每隔5m钉上水平点。

5. 操作工艺

（1）工艺流程：基坑底地坪上清理→检验土质→搅拌均匀、耙平→夯打密实→检验密实度→修整找平→验收。

（2）砂石垫层施工前应将基坑底上的垃圾等杂物清理干净；必须清理到基础底面标高，将回落的松散垃圾等杂物清除干净。

（3）检验砂石有无杂物，粒径是否符合规定，砂石的含水量是否在控制范围内。

（4）用装载机按砂石7：3的比例，搅拌均匀后用料斗吊入基坑内并将其铺平。

（5）砂石垫层每层至少夯三遍，应一轮夯压半轮，夯夯相接，纵横交叉。

（6）砂石垫层在夯实后，应按规定进行取样，测出压实系数并达到要求。

（7）修整找平。砂石垫层全部完成后，应进行表面拉线找平，凡超过标准高程的地方，应及时依线铲平；凡低于标准高程的地方，应进行补充回填并进行夯实。

任务实施

步骤1： *选用材料*

（1）砂。应选用颗粒级配良好、质地坚硬的中粗砂。若使用细砂、粉砂，应掺入25%～30%粒径为20～50mm的卵石（碎石），且分布均匀。砂中的有机物含量不得超过5%，含泥量应小于3%。

（2）砂石。砂石应用天然级配的砂、砾石（卵石、碎石）混合物，粒径不超过50mm，其含量应在50%以内，不得含有垃圾、植物残体等杂物，含泥量应小于3%。

步骤2： *砂和砂石垫层施工*

（1）应先验槽，并将基底表面的浮土、杂物等清除，应保证边坡的稳定，防止塌方。

（2）采用人工级配的砂石时，应先将砂、石料拌和均匀。控制砂、石料的含水率，保持在最佳含水量状态下。砂垫层和砂石垫层的铺设厚度及最佳含水量见表7-4。

表7-4　砂和砂石垫层的铺设厚度及最佳含水量

夯实方法	每层铺设厚度/mm	施工时最佳含水量/%	施工说明	备注
平振法	200～250	15～20	1. 用平板式振捣器往复振捣，往复次数以简易测定密实度合格为准 2. 振捣器移动时，每行应搭接1/3，以防振动面积不搭接	不宜用于干细砂或含泥量较大的砂铺筑的砂垫层
插振法	振捣器插入深度	饱和	1. 用插入式振捣器 2. 插入间距可根据机械振捣大小确定 3. 不用插至下卧黏性土层 4. 插入振捣完毕，所留的孔洞应用砂填实 5. 有控制地注水和排水	不宜用于干细砂或含泥量较大的砂铺筑的砂垫层
水撼法	250	饱和	1. 注水高度略超过铺设面层 2. 用钢叉摇撼振捣，插入点间距为100mm左右 3. 有控制地注水和排水 4. 钢叉分四齿，齿的间距为30mm，木柄长900mm	湿陷性黄土、膨胀土、细砂地基上不得使用
夯实法	150～200	8～12	1. 木夯或机械夯 2. 木夯重40kg，落距400～500mm 3. 一夯压半夯，全面夯实	适用于砂石垫层
碾压法	150～350	8～12	6～10t压路机往复碾压；碾压次数以达到要求密实度为准，一般不少于4遍，用振动压实机械，振动3～5min	适用于大面积的砂石垫层，不宜用于地下水位以下的砂垫层

（3）应采用分层铺设、分层夯实。

（4）分段施工时，接头应做成斜坡，每层错开0.5～1.0m，并充分捣实。

（5）垫层底面应保持在同一标高上，当标高不同时，基坑底土面应挖成阶梯或斜坡搭接，搭接处应夯压密实，并采取先深后浅的施工顺序作业。

（6）垫层铺设时，严禁扰动垫层下卧层及侧壁的软弱土层，以免降低和影响地基强度。每层压实后，必须经过密实度检验合格后方可进行上一层施工。

（7）冬季施工时，不得采用夹有冰块的砂石作垫层，应采取措施防止砂石内的水分冻结。

（8）垫层铺设完毕后，应立即进行下道工序施工，严禁小车及人在砂层上行走，必要时应在垫层上铺板行走。在基础做完后应及时回填基坑。

步骤3：质量检验

（1）施工前应检查砂、石等原材料质量及砂、石的拌和均匀程度。

（2）施工过程中必须检查每层铺设的厚度，分段施工时搭接部分的压实情况、含水量、压实遍数、压实系数。

压实密度的检验方法常用的有环刀法、灌砂法和灌水法。

环刀法是用容积不小于200cm^{3}的环刀压入垫层中取样，测定其干密度，以不小于通过试验所确定的该砂料在中密状态下的干密度数值为合格。

灌砂法是利用粒径0.30～0.60mm或0.25～0.50mm清洁干净的均匀砂，先烘干，并放置足够时间，使其与空气的湿度达到平衡，从一定高度自由下落到试洞内，按其单位重不变的原理来测量试洞的容积，并根据集料的含水量推算出试样的实测干密度。

灌水法适用于现场测定粗粒土的密度，试验方法是在现场挖坑取出坑内试样，然后向坑内灌水来确定坑内的体积，以确定干密度。

（3）施工结束后，应进行承载力检验。检查数量与灰土垫层相同。

（4）砂及砂石垫层的质量验收标准应符合表7-5所示的规定。

表7-5　砂和砂石垫层的质量验收标准

项目	序号	检查项目	允许偏差或允许值		检查方法
			单位	数值	
主控项目	1	地基承载力	符合设计要求		按规定方法
	2	配合比	符合设计要求		按拌和时的体积比或重量比
	3	压实系数	符合设计要求		现场实测
一般项目	1	砂石料有机质含量	%	≤5	焙烧法
	2	砂石含泥量	%	≤5	水烧法
	3	石料粒径	mm	≤100	筛分法
	4	含水量（与要求的最佳含水量比较）	%	±2	烘干法
	5	分层厚度偏差（与设计要求比较）	mm	±50	用水准仪检查

项目3 复合地基施工

任务1 土和灰土挤密桩复合地基施工

任务引入

复合地基是指部分土体被增强或被置换形成增强体，由增强体和周围地基土共同承担荷载的地基。增强或置换是指在天然地基中设置由碎石、砂砾等材料组成的桩体，桩体和桩间土构成了复合地基的加固区，即复合土层。常见的复合地基有灰土桩、碎石桩、砂桩、土桩、石灰桩、深层搅拌桩、旋喷桩等。复合地基与均质地基（包括天然地基和人工均质地基）不同，加固区由增强体和其周围的地基土两部分组成，是非均质和各向异性的；复合地基与桩基础也不同，增强体和其周围的地基土体共同承担荷载并协调变形。

相关知识

复合地基的作用机理可体现在以下几个方面。

① 桩体作用。复合地基是由许多独立桩体与桩周土共同工作的，由于桩体的刚度比周围土体大，在刚性基础底面产生等量变形时，地基中的应力将重新分配，桩体产生应力集中而桩周土应力降低，于是复合地基承载力和整体刚度高于原地基，沉降量有所减小。

② 加速固结作用。散体材料桩具有良好的透水性，可加速地基的固结。另外，水泥土类桩和混凝土类桩在某种程度上也可加速地基的固结。

③ 挤密作用。在施工过程中由于振动、挤压等原因，可对桩间土起到一定的密实作用。

④ 褥垫层作用。复合地基与桩基础在构造上的区别是桩基础中群桩与基础承台相连接，而复合地基中的桩体与浅基础之间通过褥垫层过渡。复合地基的褥垫层可调节桩土相对变形，避免荷载引起桩体应力集中，有效保证桩体正常工作。

下面以具体工程为例，介绍灰土挤密桩与CFG桩复合地基的相关知识。

1. 工程概况

（1）工程名称：A市开福莱住宅楼1#、2#、3#楼桩基工程。

（2）工程地点：A市福利院附近。

（3）施工单位：A市D岩土工程有限公司。

（4）工程概况：本工程地基处理为灰土挤密桩基，部分还有灰土挤密桩与CFG桩复合地基。

2. 主要施工方法

根据该工程特点及技术要求，必须先完成灰土桩的施工，然后再进行CFG桩施工。施工顺序为→基坑开挖→夯实灰土桩施工→CFG桩施工→桩间土开挖桩头剔凿。

（1）测量放线。根据业主及规划部门提供的控制点，由专业测量人员结合施工图进行轴线及桩位的定位，并在相对稳定的位置埋设永久性标志。

（2）三七灰土桩。

① 工艺流程。

（a）成孔：就位调平→冲击→成孔→移机下一根桩孔。

（b）夯填：就位→调平→填土夯击→成桩→移机下一根桩。

② 灰土配制。灰土配制时应将生石灰充分消解，过筛后使用，最大粒径不大于5mm，土料也应过筛，最大粒径不大于15mm，石灰和土料应拌和均匀、色调一致。土料采用黏性土和粉土，土料中有机质含量不超过5%，不得含有膨胀土，生石灰在现场必须经过充分消解。灰土的含水量与最优含水量允许偏差为 ± 2%，现场可根据经验判断，即“手抓成团，落地开花”。混合料拌和后应在48h内用于成桩，不得久置。

（3）CFG桩。

① 工艺流程。钻机就位→钻进成孔→拔管灌注→钻机移位→移机及回填桩孔。

（a）桩机就位：移动桩机使钻头对准桩位，关闭钻头偏门向下移动钻杆至钻头触及地面，关闭大护筒，调整垂直，使垂直度偏差小于1%。

（b）钻进成孔：启动动力头钻进，先慢后快，以减少钻杆摇晃。在成孔过程中，如果发现钻杆摇晃或难钻时，应放慢进尺，否则容易导致桩孔偏斜、位移，甚至使钻杆、钻具损坏。在钻进过程中，以防止成桩后桩位偏差，必须使用上下护筒，钻进至设计标高时停钻。

（c）拔管灌注：CFG桩成孔到设计标高后，停止钻进，开始泵送混合料，当钻杆芯管充满混合料后开始拔管，严禁先提管后泵送。成桩的提拔速度宜控制在2 ～ 3m/min，成桩过程宜连续进行，应避免因后台供料慢而导致停机待料。如果遇淤泥土或淤泥质土，则拔管速度应适当放慢。施工中每根桩的灌注量不得少于设计灌注量，砼充盈系数≥1.0。

（d）移机及回填桩孔：钻杆拔出地面后移动钻机施工下一根桩，并及时回填空桩。

② 设备选型：成孔用ZKL-20型长螺旋钻孔机。

任务实施

土和灰土挤密桩是指利用横向挤压设备成孔，使桩间土得以挤密，用素土或灰土填入桩孔内分层夯实形成桩体，并与桩间土共同形成复合地基，属于深层挤密加固地基的一种方法。

步骤1：确定适用范围

灰土挤密桩法和土挤密桩法适用于处理地下水位以上的湿陷性黄土、素填土和杂填土等地基，可处理地基的深度为5 ～ 15m。当以消除地基土的湿陷性为主要目的时，宜选用土挤密桩法。当以提高地基土的承载力或增强其水稳性为主要目的时，宜选用灰土挤密桩法。当地基土的含水量大于24%、饱和度大于65%时，不宜选用灰土挤密桩法或土挤密桩法。

步骤2：灰土和土挤密桩设计

（1）灰土挤密桩和土挤密桩处理地基的面积，应大于基础或建筑物底层平面的面积，并应符合下列规定。

① 当采用局部处理时，超出基础底面的宽度：对非自重湿陷性黄土、素填土和杂填土等地基，每边不应小于基底宽度的25%，并不应小于0.50m；对自重湿陷性黄土地基，每边不应小于基底宽度的75%，并不应小于1.00m。

② 当采用整片处理时，超出建筑物外墙基础底面外缘的宽度，每边不宜小于处理土层厚度的1/2，并不应小于2m。

（2）灰土挤密桩和土挤密桩处理地基的深度，应根据建筑场地的土质情况、工程要求和成孔及夯实设备等综合因素确定。对湿陷性黄土地基，应符合现行国家标准《湿陷性黄土地区建筑规范》（GB 50025—2004）的有关规定。

（3）桩孔直径宜为300 ～ 450mm，并可根据所选用的成孔设备或成孔方法确定。桩孔宜按等边三角形布置，桩孔之间的中心距离可为桩孔直径的2.0 ～ 2.5倍，也可按下式估算。

$$s = 0.95d\sqrt{\frac{\overline{\eta}_c \rho_{d,max}}{\overline{\eta}_c \rho_{d,max} - \overline{\rho}_d}} \tag{7-1}$$

式中，s——桩孔之间的中心距离，m；

d——桩孔直径，m；

$\rho_{d,max}$——桩间土最大干密度，t/m^3；

$\overline{\rho}_d$——地基处理前土的平均干密度，t/m^3；

$\overline{\eta}_c$——桩间土经成孔挤密后的平均挤密系数，重要工程不宜小于0.93，一般工程不应小于0.90。

（4）桩间土的平均挤密系数$\overline{\eta}_c$，应按下式计算：

$$\overline{\eta}_c = \frac{\overline{\rho}_{d_1}}{\rho_{d,max}} \tag{7-2}$$

式中，$\overline{\rho}_{d_1}$——成孔挤密深度内，桩间土的平均干密度，t/m^3。

（5）桩孔数量的确定。桩孔数量按下式估算：

$$n = \frac{A}{A_e} \tag{7-3}$$

式中，n——桩孔的数量；

A——拟处理地基的面积，m^2；

A_e——根土或灰土桩所承担的处理面积，$A_e = \frac{\pi d_e^2}{4}$，m^2；

d_e——根土或灰土桩所承担的处理面积的等效直径，m。采用等边三角形布置时$d_e = 1.05s$，采用正方形布置时$d_e = 1.13s$。

（6）桩孔内的填料，应根据工程要求或处理地基的目的确定，当桩孔内用灰土或素土分层回填、分层夯实时，桩体内的平均压实系数均不应小于0.96；消石灰与土的体积配合比宜为1∶4或3∶7。

（7）桩顶标高以上应设置厚300～500mm的1∶4灰土垫层，其压实系数应不小于0.95。

（8）灰土挤密桩和土挤密桩复合地基承载力特征值，应通过现场单桩或多桩复合地基载荷试验确定。

步骤3： *灰土和土挤密桩施工*

1．施工准备

（1）作业条件。熟悉建筑场地的工程地质条件和环境情况，搜集相关资料，避免进场后无法施工；编制施工技术方案和相应的技术措施，做好场地平整工作，复测基线和基础轴线；进行成孔试验，当普遍出现缩孔、沉管等反常现象时，及时同设计单位、建设单位、监理单位等协商解决。

（2）材料要求。土料采用黏性土或粉土；使用前过筛，土粒最大粒径不得大于15mm，有机质含量不得超过5%，严禁使用耕土、杂填土等，不得夹有砖块、生活垃圾、杂土、冻土。含有碎石时，粒径不得大于50mm，含水量应接近最佳含水量。

石灰宜选用新鲜的消石灰，粒径不得大于5mm，石灰质量应符合三级以上标准，活性氧化物含量越高，灰土强度越大。

灰土的配合比应符合设计要求（常用1∶4或3∶7），搅拌均匀，不得隔日使用。

2. 施工要点

（1）成孔应按设计要求、成孔设备、现场土质和周围环境等情况，选用沉管（振动、锤击）或冲击等方法。

（2）施工灰土挤密桩或土挤密桩时，在成孔或拔管过程中，对桩孔（或桩顶）上部土层有一定的松动作用，因此施工前应根据选用的成孔设备和施工方法，在基底标高以上预留一定厚度的松动土层，待成孔和桩孔回填夯实结束后，将其挖除或按设计规定进行处理。桩顶设计标高以上应预留覆盖土层，当采用沉管（锤击、振动）成孔时，其厚度宜为0.50～0.70m；当采用冲击成孔时，其厚度宜为1.20～1.50m。

（3）拟处理地基土的含水量对成孔施工与桩间土的挤密至关重要。工程实践表明，当天然土的含水量小于12%时，土呈坚硬状态，成孔挤密困难，且设备容易损坏；当天然土的含水量大于或等于24%、饱和度大于65%时，桩孔可能缩颈，桩孔周围的土容易隆起，挤密效果差；当天然土的含水量接近最优（或塑限）含水量时，成孔施工速度快，桩间土的挤密效果好。

（4）成孔和孔内回填夯实应符合下列要求：成孔和孔内回填夯实的施工顺序，当整片处理时，宜从里（或中间）向外间隔1～2孔进行；对大型工程，可采取分段施工；当局部处理时，宜从外向里间隔1～2孔进行。向孔内填料前，孔底应夯实，并应抽样检查桩孔的直径、深度和垂直度；桩孔的垂直度偏差不宜大于1.5%；桩孔中心点的偏差不宜超过桩距设计值的5%；经检验合格后，应按设计要求，向孔内分层填入筛好的素土、灰土或其他填料，并应分层夯实至设计标高。

（5）铺设灰土垫层前，应按设计要求将桩顶标高以上的预留松动土层挖除或夯（压）密实。

（6）土料和灰土受雨水淋湿或冻结，容易出现“橡皮土”，且不易夯实。当雨季或冬季选择灰土挤密桩或土挤密桩处理地基时，应采取防雨或防冻措施，保护灰土或土料不受雨水淋湿或冻结，以确保施工质量。

步骤4：质量检验

（1）施工前应检查土或灰土的质量、桩孔位置与施工图是否一致。

（2）施工中应检查桩孔直径、间距、孔深等。

（3）成桩后，应及时抽样检验灰土挤密桩或土挤密桩处理地基的质量。对一般工程，主要应检查施工记录、检测全部处理深度内桩体和桩间土的干密度，并将其分别换算为平均压实系数和平均挤密系数。对重要工程，除检测上述内容外，还应测定全部处理深度内桩间土的压缩性和湿陷性。

（4）抽样检验的数量，对一般工程不应少于桩总数的1%；对重要工程不应少于桩总数的1.5%。

（5）灰土挤密桩和土挤密桩地基竣工验收时，承载力检验应采用复合地基载荷试验。检验数量不应少于桩总数的0.5%，且每项单体工程不应少于3点。

（6）灰土挤密桩和土挤密桩地基的质量验收标准应符合表7-6所示的规定。

表7-6　　灰土挤密桩和土挤密桩地基质量验收标准

项目	序号	检查项目	允许偏差或允许值		检查方法
			单位	数值	
主控项目	1	桩体及桩间土干密度	符合设计要求		现场取样检查
	2	桩长	mm	±500	测桩管长度或垂球测孔深
	3	地基承载力	符合设计要求		按规定方法
	4	桩径	mm	−20	用钢直尺量
一般项目	1	石灰粒径	mm	≤5	筛分法
	2	土料有机含量	%	≤5	实验室焙烧法
	3	桩位偏差	满堂布桩不大于0.4D，条基布桩不大于0.25D（D为桩径）		用钢直尺量
	4	垂直度	%	≤1.5	用经纬仪测管径
	5	桩径	mm	−20	用钢直尺量

注：桩径允许偏差负值是针对个别截面。

任务2　水泥粉煤灰碎石桩复合地基施工

任务引入

水泥粉煤灰碎石桩是由水泥、粉煤灰、碎石、石屑或砂加水拌和形成的高黏结强度桩（简称CFG桩），桩、桩间土和褥垫层一起构成复合地基。水泥粉煤灰碎石桩是近年来发展起来的一种处理软弱地基的新方法，与一般的碎石桩相比，桩身具有一定的黏结强度，在外荷载作用下，桩身不会发生鼓胀破坏，桩侧发挥侧摩阻力，桩端落在硬土层上具有明显的端阻力，具有较大的承载力。其特点是：在改变桩长、桩径、桩距等参数后，可使桩的承载力在较大范围内调整；承载力较高、沉降量小、变形稳定快；由于大量采用粉煤灰，桩体材料具有良好的流动性与和易性，灌注方便，易于控制施工质量；可节约水泥、钢材，降低成本。

相关知识

下面以某工程中水泥粉煤灰碎石桩复合地基的使用为例，介绍相关知识。

某工程水泥粉煤灰碎石桩直径60cm，共979支，试验桩30支。

1. 土材质要求

桩体主体材料为碎石，应符合设计级配要求。

选用的水泥、粉煤灰、外加剂等原材料应符合设计要求，并按相关规定进行。

2. 施工工艺流程及技术要求

（1）施工准备。

① 核查地质资料，结合设计参数，选择合适的施工机械和施工方法。

② 进行满足桩体设计强度的配比试验，确定各种材料的施工用配比。

③ 平整场地，清除障碍物，挖除地表植物根系，标记处理场地范围内地下构造物及管线，并将场地整平，整平标高＝设计桩顶标高+0.5m，地表碾压至K30 ≥ 60MPa/m。

④ 测量放线，定出控制轴线、打桩场地边线并标识。

⑤ 施工前清除地表耕植土，进行成桩工艺试验，确定施工工艺和参数。

（2）施工机械准备。一般用选用长螺旋钻机、振动沉管机。施工机械的选择应符合地质、环保等要求。

（3）施工顺序。CFG桩施工一般优先采用间隔跳打法，也可采用连打法。具体由现场试验来确定。

连打法易造成邻桩被挤碎或缩颈，在黏性土中易造成地面隆起；跳打法不易发生上述现象，但土层较硬时，在已打桩中间补打新桩，可能造成已打桩被振裂或振断。

在软土中，桩距较大可采用隔桩跳打，但施工新桩与已打桩时间间隔不少于7d；在饱和的松散粉土中，如果桩距较小，则不宜采用隔桩跳打；全长布桩时，应遵循由“由一边向另一边”的原则。

任务实施

步骤1：确定适用范围

水泥粉煤灰碎石桩复合地基具有承载力提高幅度大、地基变形小等特点，并具有较大的适用范围。就基础形式而言，其既可适用于条形基础、独立基础，也可适用于箱形基础、筏形基础；既有工业厂房，也有民用建筑。就土性而言，其适用于处理黏土、粉土、砂土和正常固结的素填土等地基。对淤泥质土，应通过现场试验确定其适用性。

水泥粉煤灰碎石桩不仅用于承载力较低的土，对承载力较高（如承载力f_{ak}=200kPa）但变形不能满足要求的地基，也可采用以减少地基变形。其还适用于多层和高层建筑地基，处理砂土、粉土、松散填土、粉质黏土、黏性土、淤泥质黏土等地基。

步骤2：水泥粉煤灰碎石桩设计

（1）水泥粉煤灰碎石桩可只在基础范围内布置，桩径宜取350 ～ 600mm，桩径过小，施工质量不容易控制；桩径过大，需加大褥垫层厚度才能保证桩土共同承担上部结构传来的荷载。

（2）桩距应根据设计要求的复合地基承载力、土性、施工工艺等确定，宜取3 ～ 5倍桩径。

（3）桩顶和基础之间应设置褥垫层，褥垫层厚度宜取150 ～ 300mm，当桩径大或桩距大时褥垫层厚度宜取高值。褥垫层材料宜用中砂、粗砂、级配砂石或碎石等，最大粒径不宜大于30mm。

褥垫层是指在桩顶与基础垫层之间的散体材料垫层，在复合地基中具有以下的作用：保证桩、土共同承担荷载，它是水泥粉煤灰碎石桩形成复合地基的重要条件，通过改变褥垫层厚度，可调整桩垂直荷载的分担。通常褥垫越薄，桩承担的荷载占总荷载的百分比越高；褥垫层越厚，土分担的水平荷载占总荷载的百分比越大，桩分担的水平荷载占总荷载的百分比越小。

（4）水泥粉煤灰碎石桩复合地基承载力特征值，应通过现场复合地基载荷试验确定，初步设计时也可按下式估算。

$$f_{spk} = m\frac{R_a}{A_p}\beta(1-m)f_{sk} \tag{7-4}$$

式中，f_{spk}——复合地基承载力特征值，kPa；

m——面积置换率；

R_a——单桩竖向承载力特征值，kPa；

A_p——桩的截面积，m^2；

β——桩间土承载力折减系数，可取0.75 ～ 0.95；

f_{sk}——处理后的桩间土承载力特征值，kPa。

（5）桩体试块抗压强度平均值应满足下式的要求。

$$f_{cu} \geqslant 3\frac{R_a}{A_p} \tag{7-5}$$

式中，f_{cu}——桩体混合料试块（边长为150mm的立方体）标准养护28d立方体抗压强度平均值，kPa。

（6）地基处理后的变形计算应按现行国家标准《建筑地基基础设计规范》（GB 50007—2011）的规定执行。

步骤3：水泥粉煤灰碎石桩施工

1. 施工准备

（1）机具设备。CFG成孔、灌注一般可采用振动式沉管打桩机或长螺旋承压打桩机。振动式沉管打桩机作业时，桩管的直径分325mm和377mm两种；长螺旋承压打桩机作业时，成孔的直径有400mm和450mm两种，并配有混凝土搅拌机、混凝土输送泵、手推车、吊斗等机具。

（2）材料要求。

① 碎石。粒径为20 ～ 50mm，松散密度为1.39t/m^3，杂质含量小于5%。

② 石屑。粒径为2.5 ～ 10mm，松散密度为1.47t/m^3，杂质含量小于5%。

③ 粉煤灰。用Ⅱ级或Ⅲ级粉煤灰。

④ 水泥。用强度等级32.5的普通硅酸盐水泥或矿渣硅酸盐水泥，新鲜无结块。

⑤ 混合料配合比。其应根据现场土质情况和加固后要求达到的承载力而定。水泥、粉煤灰、碎石混合料的配合比相当于抗压强度为C1.2 ～ C7的低强度等级混凝土，密度大于2.0t/m^3。长螺旋钻孔、管内泵压混合料成桩施工的坍落度宜为160 ～ 200mm，振动沉管灌注成桩施工的坍落度宜为30 ～ 50mm。

2. 施工要点

① CFG桩施工工艺流程如图7-2所示。

② 施工顺序为桩机就位→沉管至设计深度→停振下料→振动捣实后拔管→留振10s→振动拔管、复打。桩距较小时应考虑隔排、隔桩的跳打法，新打桩与已打桩打桩间隔时间不少于7d。

③ 桩机就位应平整、稳固，保证桩管的垂直度，垂直度偏差值不大于1%。带有预制混凝土桩尖时，需埋入地面以下300mm。

④ 施工时应保证投料的连续性，以满足成桩的标高、密实度要求。

⑤ 当混合料加至管口后，应在原位留振10s左右，即可边振边拔管，拔管的速度控制在1.2 ～ 1.5m/min，管每提升1.5 ～ 2.0m，留振20s。桩管拔出地面确识成桩符合设计要求后，用粒状材料或黏性土封顶。

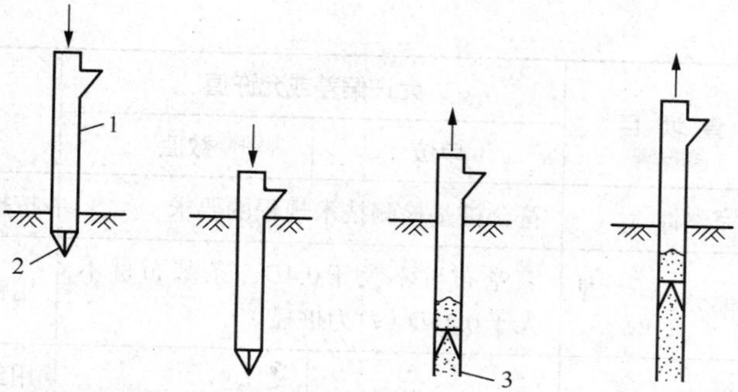

图 7-2　水泥粉煤灰碎石桩施工工艺流程

1—桩管；2—桩靴；3—水泥粉煤灰碎石

⑥ 桩体经 7d 达到一定强度后，方可进行基槽土方开挖。距桩顶 0.5 ～ 1.0m 的土方应采用人工开挖，以避免机械开挖造成桩头的损坏。为使桩与桩间土更好地工作，在基础下宜铺设一层 150 ～ 300mm 厚的碎石、砂石或灰土垫层。

⑦ 施工桩顶标高高出设计桩顶标高应不少于 500mm。

⑧成桩过程中，抽样做混合料试块，每台机械一天应做一组（3 块）试块（边长为 150mm 的立方体），标准养护，测定其立方体抗压强度。

⑨ 冬期施工时混合料入孔温度不得低于 5℃，对桩头和桩间土应采取保温措施。

⑩ 褥垫层铺设宜采用静力压实法，当基础底面下桩间土的含水量较小时，也可采用动力夯实法，夯填度（夯实后的褥垫层厚度与虚铺厚度的比值）不得大于 0.9。

步骤 4：质量检验

（1）施工前应对水泥、粉煤灰、砂及碎石等原材料进行检验。

（2）施工中应检查桩体混合材料的配合比、坍落度、提拔钻杆速度（或提拔套管速度）、成孔深度和混合料的灌入量。

（3）施工结束后应对桩顶标高、桩位、桩体强度及完整性、复合地基承载力以及褥垫层的质量进行检查。承载力检验的数量为总数的 0.5% ～ 1%，但不应少于 3 处。有单桩强度检验要求时，数量为总数的 0.5% ～ 1%，但不少于 3 根。桩的完整性检验的数量应不少于桩数的 10%。

（4）水泥粉煤灰碎石桩复合地基的质量检验标准，应符合表 7-7 所示的规定。

表 7-7　　水泥粉煤灰碎石桩复合地基的质量检验标准

项目	序号	检查项目	允许偏差或允许值		检查方法
			单位	数值	
主控项目	1	原材料	符合规范、规程、设计要求		检查出厂合格证及抽样送检
	2	桩径	mm	−20	用钢直尺测量或计算填料量
	3	桩身强度	符合设计要求		查 28d 试块强度
	4	地基承载力	符合设计要求		按规定方法

续表

项目	序号	检查项目	允许偏差或允许值		检查方法
			单位	数值	
一般项目	1	桩身完整性	符合桩基检测技术规程的要求		按桩基检测技术规程的要求
	2	桩位偏差	满堂布桩不大于0.4D，条基布桩不大于0.25D（D为桩径）		用钢直尺测量
	3	垂直度	%	≤1.5	用经纬仪检查桩管垂直度
	4	桩长	mm	±100	测桩管长度或垂球测孔深
	5	褥垫层夯填厚度	≤0.9		用钢直尺测量

注：1. 夯填厚度指夯实后的褥垫层与虚体厚度的比值。

2. 桩径允许偏差负值针对个别断面。

任务3　水泥土搅拌桩复合地基施工

任务引入

水泥土搅拌桩地基利用水泥（或石灰）等材料作为固化剂，通过特制的搅拌机械，在地基深处就地将软弱土和固化剂（浆液或粉体）强行搅拌，使固化剂与软土间产生物理—化学反应，使软土硬结成具有整体性、水稳性和一定强度的水泥加固土，从而提高地基土强度和增大变形模量。根据固化剂掺入状态的不同，它可分为浆液搅拌和粉体喷射搅拌两种。前者是用浆液和地基土搅拌（也称浆喷桩或湿法），后者是用粉体和地基土搅拌（也称粉喷桩或干法）。其特点主要是可以最大限度地利用地基原土；搅拌时不会使地基侧向挤出，故对周围建筑物的影响较小；施工设备较简单、操作方便，施工时无振动、无噪声、无污染，可在城市或建筑物较密集的环境下作业；与钢筋混凝土桩基相比，可节约钢材并降低造价。

相关知识

下面以具体工程为例，介绍水泥土搅拌桩复合地基施工的相关知识。

1. 工程概况

A项目位于莲花区百胜大道东侧，青龙河北侧，毗邻清堂村，总用地面积110547m^2。目前项目正进行地质勘探，为配合业主加快售楼部及样板房推进进度，公司项目部在施工图纸未尽完善（仅提供售楼部及样板房区域桩基础图纸）的情况下，积极筹备，准备施工。

施工图样设计要求及技术参数为：采用水泥搅拌桩复合地基，直径700mm水泥搅拌桩桩长按试桩结果设定，持力层为中砂，搅拌桩进入持力层不少于4m；水泥采用425#普通硅酸盐水泥，掺入量为15%（另掺2%生石膏粉），即每米水泥用量98kg；复合地基桩顶设置褥垫层厚300mm，采用级配砂石；每根桩上下喷搅两次，提升速度不得大于0.8m/min。

工程地质情况：根据钻孔揭土，自上而下分述为：第一层为回填土，厚度约2.0m；第二层为淤泥质土，厚度为1.0～2.5m；第三层为粗砂层（持力层），厚度为10.0～13.0m。

2. 施工方案

（1）生产准备。

①在开工前3天做到场地的“三通一平”（即通电、水、道路，场地平整）工作，施工现场事先应予以平整，必须清除地上和地下的障碍物（包括建筑垃圾、地下管线、电缆等）。遇有明浜、池塘及洼地时应抽水和清淤，回填土料应压实，不得回填生活垃圾。

②桩机工作总功率为63.5kW/台，主机电缆为25mm^{2}电缆，施工现场采用备用发电机（260kW）发电满足2台水泥搅拌桩机需要的施工用电容量。

③开工前每台桩机校正一次钻杆长度，探测钻头直径和校正深度计，并用油漆在塔身做醒目的标志。

（2）主要机械的配备。本工程采用的机械主要是中国铁道部武汉机械研究所生产的PH-5A（D）型桩机2台，并配套相应2台桩机的施工与管理人员。

（3）测放桩位。

① 施工前，首先根据轴线交叉点坐标用全站仪定出轴线。

② 根据桩位平面图及主要轴线，用全站仪定向，钢尺量距，确定桩位。

③ 引出主要控制点在施工现场不易碾压的位置，用混凝土固定保留。

④ 测量现场地面标高，确定桩顶标高。对桩位进行编号，以利于施工管理和资料整理。

⑤ 设备进场后，按设计要求，在不同地点进行工艺性试验桩的施工，确定下沉及提升速度、水灰比、浆泵工作压力、每米水泥浆用量情况及桩长等工艺参数，了解地质情况，待参数确定后再进行工程桩施工。

（4）施工工艺流程：桩位放样→钻机就位→检验、调整钻机→正循环钻进至设计深度→打开高压注浆泵→反循环提钻并喷水泥浆→至工作基准面以下0.3m→重复搅拌下钻并喷水泥浆至设计深度→反循环提钻至地表→成桩结束→施工下一根桩。

① 水泥土搅拌法施工主要步骤应为：搅拌机械就位、调平；预搅下沉至设计加固深度。

② 边喷浆（粉）、边搅拌提升直至预定的停浆（灰）面。

③ 重复搅拌下沉至设计加固深度。

④ 根据设计要求，喷浆（粉）或仅搅拌提升直至预定的停浆（灰）面。

⑤ 关闭搅拌机械。

桩位放样：根据桩位设计平面图进行测量放线，定出每一个桩位，误差要求小于钻机定位。依据放样点使钻机定位，钻头正对桩位中心。用经纬仪确定层向轨与搅拌轴垂直，调平底盘，保证桩机主轴倾斜度不大于1%。

钻进：启动钻机钻至设计深度，在钻进过程中同时启动喷浆泵，使水泥浆通过喷浆泵喷入被搅动的土中，使水泥和土进行充分拌和。在搅拌过程中，记录人应记读数表变化情况。

重复搅拌和提升：采用二喷四搅工艺，待重复搅拌提升到桩体顶部时，关闭喷浆泵，停止搅拌，桩体完成，桩机移至下一桩位重复上述过程。

任务实施

步骤1： 确定适用范围

水泥土搅拌法适用于处理正常固结的淤泥与淤泥质土、粉土、饱和黄土、素填土、黏性土以及无流动地下水的饱和松散砂土等地基。当地基土的天然含水量小于30%（黄土含水量小于

25%)、大于70%或地下水的pH值小于4时不宜采用干法。冬期施工时，应注意负温对处理效果的影响。该方法用于处理泥炭土、有机质土、塑性指数I_P大于25的黏土、地下水具有腐蚀性以及无工程经验的地区，必须通过现场试验确定其适用性。

步骤2：水泥土搅拌桩设计

(1)固化剂宜选用强度等级为32.5级及以上的普通硅酸盐水泥。水泥掺量除块状加固时可用被加固湿土质量的7%～12%外，其余宜为12%～20%。湿法的水泥浆水灰比可选用0.45～0.55。外掺剂可根据工程需要和土质条件选用具有早强、缓凝、减水以及节省水泥等作用的材料，但应避免污染环境。

(2)水泥土搅拌法的设计主要是确定搅拌桩的置换率和长度。竖向承载搅拌桩的长度应根据上部结构对承载力和变形的要求确定，并宜穿透软弱土层到达承载力相对较高的土层；为提高抗滑稳定性而设置的搅拌桩，其桩长应超过危险滑弧以下2m。湿法的加固深度不宜大于20m，干法不宜大于15m。水泥土搅拌桩的桩径不应小于500mm。

(3)竖向承载水泥土搅拌桩复合地基的承载力特征值应通过现场单桩或多桩复合地基载荷试验确定。

(4)竖向承载搅拌桩复合地基应在基础和桩之间设置褥垫层。褥垫层厚度可取200～300mm。其材料可选用中砂、粗砂、级配砂石等，最大粒径不宜大于20mm。

(5)竖向承载搅拌桩复合地基中的桩长超过10m时，可采用变掺量设计。在全桩水泥总掺量不变的前提下，桩身上部1/3桩长范围内可适当增加水泥掺量及搅拌次数；桩身下部1/3桩长范围内可适当减少水泥掺量。

步骤3：水泥土搅拌桩施工

(1)施工准备。施工准备所需的机具设备如下：

① 搅拌机。常用的有中心管喷浆方式搅拌机、叶片喷浆方式搅拌机及喷粉方式搅拌机。GZB-600深层搅拌机如图7-3所示。

② 机架。常用的机架有塔架式、桅杆式及步履式。前两种设备简单、易于加工，但行走困难；步履式机械化程度高，塔架高度大，钻进深度大，但机械费用较高。

③ 其他配套机械。包括灰浆拌和机、灰浆泵、集料斗、空气压缩机、储气罐、配电箱等。

(2)施工要点。水泥土搅拌法施工步骤由于湿法和干法的施工设备不同而略有差异。其主要步骤为：搅拌机械就位、调平；预搅下沉至设计加固深度；边喷浆(粉)、边搅拌提升直至预定的停浆(灰)面；重复搅拌下沉至设计加固深度；根据设计要求，喷浆(粉)或仅搅拌提升直至预定的停浆(灰)面；关闭搅拌机械；在预(复)搅下沉时，也可采用喷浆(粉)的施工工艺，但必须确保全桩长上下至少再重复搅拌一次，如图7-4所示。

① 进行场地平整，清理桩位处的地上、地下障碍物，场地低洼处应用黏性土回填夯实，严禁使用杂填土回填。

② 施工前应标定搅拌机械的灰浆(水泥粉)泵输送量、灰浆输送管到达搅拌机喷口的时间和机械提升速度等工艺参数，并根据设计要求通过试验确定搅拌桩的配合比。

③ 施工时，应控制好搅拌机的下沉深度、喷浆(喷灰)的时间及提升的速度。当搅拌机下沉到设计深度后，开启灰浆泵将水泥浆(水泥粉)压送至喷口不断压入地基土中，边喷边提升，一直到提出地面。提升速度应严格按设计要求进行，一般以0.5m/min的均匀速度提升。

为使软土和水泥浆(粉)搅拌均匀，应按设计要求进行复搅复喷工作，以形成柱状的加固体。

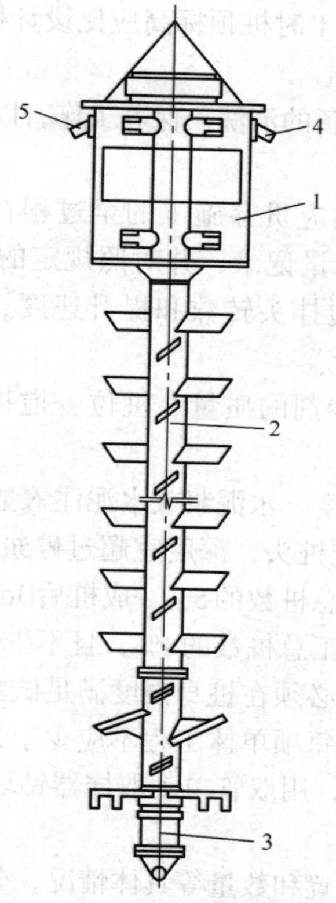

图 7-3　GZB-600 深层搅拌机

1—电动机；2—搅拌轴；3—搅拌头；4—输浆口；5—电缆

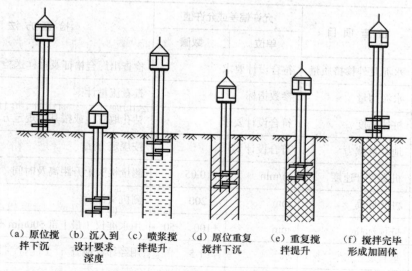

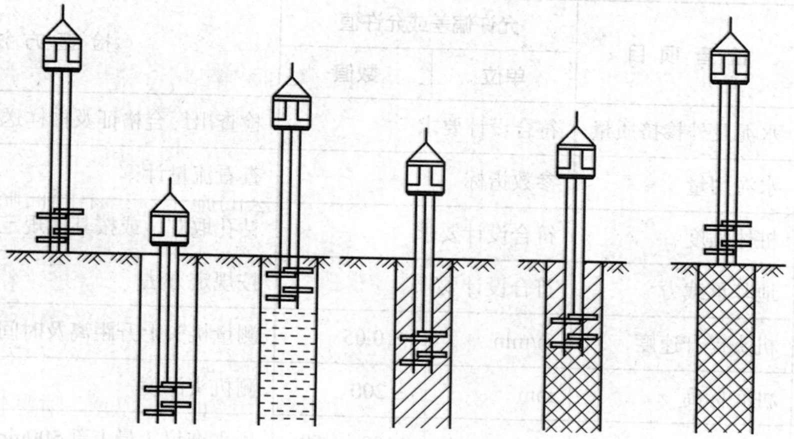

图 7-4　水泥土搅拌法施工工艺流程

④ 施工中，固化剂应严格按预定的配合比拌制，并防止发生离析现象。应保持搅拌机械的平整度和垂直度不变。

⑤ 搅拌机预搅下沉时，不宜用水冲；当遇到较硬土层下沉速度太慢时，方可适量冲水，但应考虑冲水成桩对桩身强度的影响。

⑥ 当搅拌桩作为承重桩时，施工时桩顶标高应比设计标高高出500mm，在基坑开挖时采用人工将其挖去，以保证成桩的质量。

⑦ 每天施工结束后，应做好设备的清洗、保养工作，以备再用。

步骤4：质量检验

（1）水泥土搅拌桩的质量控制应贯穿施工的全过程，并应坚持全程的施工监理。施工过程中必须随时检查施工记录和计量记录，并对照规定的施工工艺对每根桩进行质量评定。检查重点包括水泥用量、桩长、搅拌头转数和提升速度、复搅次数和复搅深度、停浆处理方法等。

（2）施工前应检查水泥及外掺剂的质量、桩位、搅拌机工作性能及各种计量设备完好程度。

（3）施工中应检查机头提升速度、水泥浆或水泥注入量、搅拌桩的长度及标高。

（4）成桩7d后，采用浅部开挖桩头，深度宜超过停浆（灰）面下0.5m，目测检查搅拌的均匀性，量测成桩直径。检查量为总桩数的5%。成桩后3d内，可用轻型动力触探（N_{10}）检查每米桩身的均匀性。检验数量为施工总桩数的1%，且不少于3根。

（5）进行强度检查，载荷试验必须在桩身强度满足试验荷载条件并在成桩28d后进行。检验数量为桩总数的0.5%～1%，且每项单体工程不应少于3点。经触探和载荷试验检验后对桩身质量有怀疑时，应在成桩28d后，用双管单动取样器钻取芯样做抗压强度检验，检验数量为施工总桩数的0.5%，且不少于3根。

（6）对不合格的桩应根据其位置和数量等具体情况，分别采取补桩或加强邻桩等措施。

（7）水泥土搅拌桩地基质量标准应符合表7-8所示的规定。

表7-8　水泥土搅拌桩地基质量检验标准

项目	序号	检查项目	允许偏差或允许值		检查方法
			单位	数值	
主控项目	1	水泥及外掺挤质量	符合设计要求		检查出厂合格证及抽样送检
	2	水泥用量	参数指标		查看流量计
	3	桩体强度	符合设计要求		钻孔取芯，或按其他规定方法
	4	地基承载力	符合设计要求		按规定方法
一般项目	1	机头提升速度	m/min	≤0.05	测量机头上升距离及时间
	2	桩底标高	mm	±200	测机头深度
	3	桩顶标高	mm	+100，-50	用水准仪（最上部500mm不计入）检查
	4	垂直度	%	≤1.5	用经纬仪检查
	5	桩径		≤0.04D（D为桩径）	用钢直尺量
	6	桩位偏差	mm	＜50	用钢直尺量
	7	搭接	mm	＜200	用钢直尺量

项目4　其他地基处理施工

任务1　强夯法施工

任务引入

强夯法是利用起重机械将重锤（一般为100～400kN）吊起，从高处（一般为高10～40m处）自由落下给地基一巨大冲击能量的夯击，使土中出现冲击波和很大的冲击应力，迫使土体孔隙压缩，局部土体液化，在夯点周围产生深度裂缝，形成良好的排水通道，排除孔隙中的气和水，使土料重新排列，从而提高地基的强度，降低地基土的压缩性。强夯法的特点：设备简单；施工工艺操作简便；加固影响深度大（一般在10m以上，国外可达40m）；工效高、速度快、节省材料，但施工时噪声和振动很大。其适用于加固碎石土、砂土、低饱和度粉土、黏性土、湿陷性黄土、素填土、杂填土等地基。

相关知识

下面以某工程项目为例，介绍有关强夯法的施工相关知识。

1. 工程概况

解放东路全长10.080km，全线建筑红线宽50m，路面宽度30.5m，两侧各设3.5m人行道，6.25m绿化带，设计速度60km/h。

路基标准横断面采用双向八车道断面（含非机动车道），设计速度为60km/h，路基采用整体式断面，路基宽度为30.8m，路面宽30.5m。中央分隔带0.5m，两侧行车道宽度各3×3.75m，非机动车道2×3.75m；两侧各3.5m人行道（含0.15m路缘石）。

2. 强夯主要工程量及工期安排

（1）主要工程量

K3+044～K3+150；K7+550～K7+765。

（2）工期计划安排

路基工期自2014年6月17日至2015年9月17日。

3. 强夯施工方案

（1）施工准备。

① 清除表层土30cm后，平整场地，进行表层松散土碾压，修筑施工便道。

② 查明强夯场地范围内地下构造物及管线的位置，确保安全距离及高程，并采取必要措施，防止因强夯施工造成破坏。

③ 测量放线，定出控制轴线、强夯施工场地边线，并在不受强夯影响的地点，设置水准基点。

（2）试验段夯点间距、夯击遍数、夯击能等参数的确定。依据设计要求，通过试验段施工，对夯前、夯后的地基土采用压实度检测、静力触探、湿陷性系数检测等方法进行检测，验证设计夯击能、夯点间距、夯击遍数是否能满足地基承载力、路基压实度达到设计要求，有效加固深度是否满足设计要求，为Ⅰ级非自重湿陷性黄土路基强夯处理提供施工技术参数和施工工艺方法。

（3）施工步骤。

① 清理并平整施工现场，当现场地基土软弱时，预先铺设砂砾石垫层50cm。

② 夯锤进场后必须标定夯锤重量，根据以下公式来确定落距。

锤重（kN）× 落距（m）= 600kN·m

锤重（kN）× 落距（m）= 1000kN·m

③ 根据设计图样用白灰标出第一遍夯点位置，夯点按正方形布置，间距为4m，在夯区2m外布置护桩，确保第二遍夯点放样准确，并测量夯前原地表高程。

④ 起重机就位，夯锤置于夯点位置。

⑤ 测量夯前锤顶高程，按由外向内、间隔跳打的原则进行夯击。

⑥ 将夯锤吊到预定高度，开启脱钩装置，待夯锤脱钩自由下落后，放下吊钩，测量锤顶高程，若发现因坑底倾斜而造成夯锤倾斜时，应及时将坑底整平，重新进行夯击。

⑦ 重复步骤⑥，按设计规定的夯击次数（第一遍12击、第二遍10击）及控制标准（最后两击的平均夯沉量小于5cm）完成每一个夯点的夯击。

⑧ 换夯点，重复步骤④～⑦，完成第一遍全部夯点的夯击施工。

⑨ 用推土机将夯坑填平，并测量平整后的地表高程。

⑩ 强夯第一遍到第二遍夯点之间应不少于7d间歇时间，如果产生超孔隙水压力、夯坑周围出现较大隆起时，不能继续夯击，要等超孔隙水压力大部分消散后，再夯下一遍。本试验段无间歇时间，按上述步骤逐次完成全部夯击遍数，最后用设计规定的低能量（600 kN·m和1000kN·m）满夯，将场地表层松土夯实，下一夯击点与前一夯击点搭接长度为1/3夯锤直径，击数为2击，依次连续进行，直至满夯结束，满夯结束后测量夯后地表高程。

⑪ 采用静力触探方法测定复合地基承载力，设计要求大于150kPa。采用环刀法测定复合地基压实度，设计要求达到93%。采用室内土工试验检验湿陷系数是否消失。试验段取样数不少于3处，取土深度分别为50cm、100cm、150cm、200cm、250cm。

⑫ 夯击达到质量控制指标后采用平地机将地基土整平，再用大于22t的重型振动压路机碾压至表面无轮迹，压实度达到设计要求。

任务实施

步骤1：强夯法设计

1. 锤重与落距

锤重Q（kN）与落距h（m）是影响夯击能和加固深度的重要因素，一般可根据加固土层的深度H（m）按经验选定强夯法所用的锤重和落距。

2. 夯击点布置

夯击点布置应根据基础的形式和加固的要求而定。对大面积地基，夯击点一般采用等边三角形、等腰三角形或正方形布置；对条形基础，夯击点可成行布置；对独立基础，夯击点可按柱网设置采取单点或成组布置，在基础下面必须布置夯击点。第一遍夯击点间距可取夯锤直径的2.5～3.5倍，第二遍夯击点位于第一遍夯击点之间。以后各遍夯击点间距可适当减小。对处理深度较深或单击夯击能较大的工程，第一遍夯击点间距宜适当增大。

3. 单点夯击击数和夯击遍数

单点夯击击数是指单个夯击点一次连续夯击的次数，强夯法夯击点的单点夯击击数应按现场试夯得到的夯击击数和夯沉量关系曲线确定，且应同时满足：最后两击的平均夯沉量，当单击夯击能小于4000kN·m时为50mm，当单击夯击能为4000～6000kN·m时为100mm，当单击夯击能大于6000kN·m时为200mm；周围地面不应发生过大的隆起；夯坑不应过深以避免发生起锤困难。每夯击点之夯击击数一般为3～10击。

夯击遍数应根据地基土的性履确定，可采用点夯2～3遍，对于渗透性较差的细颗粒土，必要时夯击遍数可适当增加。最后再以低能量满夯2遍，满夯可采用轻锤或低落距锤多次夯击，锤印搭接。

4. 两遍夯击间歇时间

两遍夯击之间应有一定的时间间隔，以利于土中超静孔隙水压力的消散，当地基土稳定后再夯下一遍，当缺少实测资料时，时间间隔可根据地基土的渗透性确定。对于渗透性较差的黏性土地基，间隔时间不应少于4周；对于渗透性好的地基，可连续夯击。

5. 处理范围

强夯处理范围应大于建筑物基础范围，每边超出基础外缘的宽度宜为基底下设计处理深度的1/2～2/3，并不宜小于3m。

步骤2：强夯法施工

1. 机具设备

（1）夯锤。用钢板作外壳，内部焊接钢筋骨架后浇筑C30混凝土，如图7-5所示，或用钢板组合成夯锤，以便使用和运输。夯锤底面有圆形和方形两种，一般圆形不宜旋转、定位方便、稳定性和重合性好，使用广泛。锤的底面积取决于表面土质，一般沙质土和碎石类土为3～4m^2，黏性土或淤泥质土为4～6m^2，夯锤中宜设1～4个直径为250～300mm上下贯通的排气孔，以减少夯击时的空气阻力，保证夯击能的有效性。

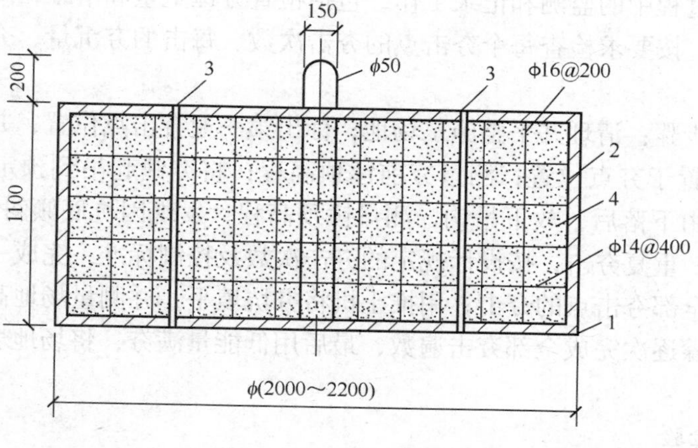

图7-5　12t钢筋混凝土夯锤

1—30mm厚钢底板；2—18mm厚钢外壳；3—ϕ159×5钢管6个；4—C30钢筋混凝土

（2）起重设备。由于履带式起重机重心低、稳定性好、行走方便，故使用较多，其起重能力应大于1.5倍的锤重。

（3）脱钩装置。当采用小吨位的起重机，利用滑轮组将夯锤吊起时，为使夯锤台形成自由落体，应使用脱钩装置，如图7-6所示。

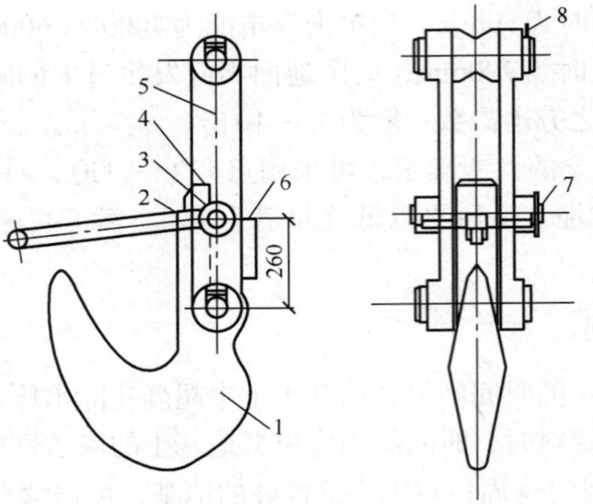

图7-6　脱钩装置

1—吊钩；2—锁卡焊合件；3—螺栓；4—开口销；5—架板；6—护板；7—螺母；8—螺钉

2. 施工要点

（1）强夯施工前，应先进行试夯，做好强夯前后试验结果对比分析，确定正式施工的各项参数，并以此指导施工。

（2）确定合理的强夯顺序。强夯应分段进行，顺序从边缘向中央。应先深后浅，即先加固深层土，再加固中层土，最后加固表层土。

（3）回填土应控制其含水量在最佳含水量范围内。雨天施工，夯击坑内或夯击过的场地有积水时，必须排除。冬季施工应清除表面的冻土层后再强夯，夯击次数要适当增加。

（4）夯击时落锤应保持平稳，夯位应准确。在每一遍夯击完后，要用新土或周围的土将夯击坑填平，再进行下一遍夯击。强夯结束后，基坑应及时修正，浇筑混凝土垫层封闭。

（5）做好施工过程中的监测和记录工作，包括检查夯锤重量和落距，对夯击点放线进行复核，检查夯坑位置，按要求检查每个夯击点的夯击次数、每击的夯沉量、夯坑深度、地面隆起与下沉等。

（6）强夯施工步骤：清理并平整施工场地；标出第一遍夯击点位置，并测量场地高程；起重机就位，将夯锤置于夯点位置；测量夯前锤顶高程；将夯锤起吊到预定高度，开启脱钩装置，待夯锤脱钩自由下落后，放下吊钩，测量锤顶高程，发现因坑底倾斜而造成夯锤歪斜时，应及时将坑底整平；重复夯击，按设计规定的夯击次数及控制标准，完成一个夯点的夯击；换夯点，完成第一遍全部夯击点的夯击；用推土机将夯坑填平，并测量场地高程；在规定的间隔时间后，按上述步骤逐次完成全部夯击遍数，最后用低能量满夯，将场地表层松土夯实，并测量夯后场地高程。

步骤3：质量检验

（1）施工前应检查夯锤重量、尺寸、落距控制手段、排水设施及被夯地基的土质。

（2）施工中应检查落距、夯击遍数、夯点位置、夯击范围。

（3）施工结束后，检查被夯击地基的强度并进行承载力检验，检查施工记录及各项技术参数，并应在夯击过的场地上选点做检验。强夯处理后的地基竣工验收承载力检验，应在施工结束间隔一定时间后方能进行，对于碎石土和砂土地基，其间隔时间可取7～14d；粉土和黏性土地基可取14～28d。承载力检验应采用原位测试和室内土工试验。

（4）竣工验收承载力检验的数量，应根据场地复杂程度和建筑物的重要性确定，对于简单场地上的一般建筑物，每个建筑地基的载荷试验检验点不应少于3点；对于复杂场地或重要建筑地基应增加检验点数。

（5）强夯地基质量检查标准应符合表7-9所示的规定。

表7–9 强夯地基质量检查标准

项目	序号	检查项目	允许偏差或允许值		检查方法
			单位	数值	
主控项目	1	地基强度	符合设计要求		按规定方法
	2	地基承载力	符合设计要求		按规定方法
一般项目	1	夯锤落距	mm	≤5	钢索设标志
	2	锤重	kg	≤5	称重
	3	夯击遍数及顺序	符合设计要求		计数法
	4	夯击点间距	mm	±2	用钢直尺量
	5	夯击范围（超出基础范围距离）	符合设计要求		用钢直尺量
	6	前后两遍间歇时间	符合设计要求		—

任务2 预压法施工

任务引入

预压法是对地基进行堆载或真空预压，使地基土固结的地基处理方法。该法常用于解决饱和软黏土地基的沉降和稳定问题，可使地基的沉降在加载期间基本完成或大部分完成，使建筑物在使用期间不致产生过大的沉降量和沉降差。同时，其可增加地基土的抗剪强度，从而提高地基的承载力和稳定性。

预压法包括堆载预压法和真空预压法，适用于处理淤泥质土、淤泥和冲填土等饱和黏性土地基。对于砂类土和粉土，以及软土层厚度不大或软土层含较多薄粉砂夹层，当固结速率能满足工期要求时，可直接用堆载预压法；对深厚软黏土地基，应设置塑料排水带或砂井等排水竖井。真空预压法适用于能在加固区形成（包括采取措施后形成）稳定负压边界条件的软土地基；降低地下水位法适用于砂性土地基，也适用于软黏土层上存在砂性土的情况。

相关知识

以下采用某工程项目介绍预压法施工的基本知识。

1. 工程概况

某饲料有限公司地基处理工程位于D市天云镇新港区，整个场地拟建1栋1层原料库、1栋1层成品库、1栋6层主车间、1栋4层生活楼、1栋4层综合楼及道路、停车场等配套设施，整个场地面积27129m²，此次软基处理面积25799m²。

2. 自然条件

（1）工程地质条件。经勘探，按岩土层成因类型和岩土性质自上而下分为第四系人工填土层、第四系海陆相交互冲积层及下第三系泥岩3大层，现分述如下。

① 第四系人工填土层为素填土（层序号为1）：棕红、褐黄色，湿，松软，主要有风化性黏土，夹有少量建筑垃圾，欠固结，勘察开工之前一个月回填。经揭露，揭露层厚1.10 ～ 6.50m。平均层厚2.19m；层顶标高0.02 ～ 1.25m，平均层顶标高0.15m，层顶埋深0.00m。推荐承载力特征值f_{ak}=35kPa。

② 第四系海陆相交互冲积层。

（a）淤泥（层序号为2-1）：深灰色，饱和，流塑，手捏有油腻感，局部夹有腐质物和细砂，黏性一般，主要由黏性土组成，为冲积成因。经揭露，层厚2.00 ～ 16.00m，平均层厚12.21m；层顶标高−6.37 ～ −0.99m，平均层顶标高−2.04m，层顶埋深1.10 ～ 6.50m，平均层顶埋深2.19m。该层平均含水量w = 64.1%，孔隙比e = 1.689，液性指数I_L = 2.49，压缩模量$E_{S1\text{-}2}$ = 1.5MPa，压缩系数$\alpha_{\text{-}v1\text{-}2}$ = 1.8MPa^{-1}。属高压缩性土，推荐承载力特征值f_{ak} = 40kPa。

（b）细砂（层序号为2-2）：灰色，饱和，松散，主要由细颗粒石英组成，分选性差，级配差，含有大量粘粒，为冲积成因。经揭露，揭露层厚2.00 ～ 9.00m，平均层厚3.38m；层顶标高−9.92 ～ −3.94m，平均层顶标高−8.62m，层顶埋深4.00 ～ 10.00m，平均层顶埋深8.75m。该层局部分布，推荐承载力特征值f_{ak} = 80kPa。

③ 下第三系泥岩。

（a）强风化泥岩（层序号为3-1）：灰色，岩质极软，风化较强烈，泥质胶结，原岩结构大部分已经破坏，岩芯呈半岩半土状，手折易断，泡水易软化，干钻钻进困难。经揭露，揭露层厚0.80 ～ 4.00m，平均层厚2.51m；层顶标高−21.62 ～ −17.19m，平均层顶标高−18.90m，层顶埋深17.30 ～ 21.70m，平均层顶埋深19.05m，推荐承载力特征值f_{ak} = 650kPa。

（b）中风化泥岩（层序号3-2）：灰色，岩质极软，较破碎，原岩结构清晰，岩体基本质量等级为Ⅴ级，岩芯呈碎块状、柱状，锤击声哑，无回弹，易击碎合金可钻进风干龟裂。经揭露，控制层厚1.10 ～ 4.90m，平均层厚3.16m；层顶标高−23.37 ～ −19.89m，平均层顶标高−21.41m，层顶埋深20.00 ～ 23.50m，平均层顶埋深21.56m，推荐承载力特征值f_{ak} = 1300kPa。

（2）水文地质条件。场区内地下水在2-2、2-4层赋水性及透水性较强，其余各岩土层赋水性及透水性一般。地下水较丰富，地下水类型主要以孔隙潜压水为主，补给来源主要为大气降水及侧向径流渗透补给，排泄方式主要以大气蒸发及侧向径流，地下水位变幅受季节性降水量的影响而变化，施工结束后，测得地下水混合静止水位埋深为0.20 ～ 0.55m。

（3）软基处理方案。拟建场地存在软弱结构层，主要为2-1和2-3层的淤泥，总厚度8.5 ～ 16.0m。该层含水量大、压缩性高、强度低、透水性差，在上部外加荷载和自身固结作用下会发生相当大的沉降和沉降差，而且沉降延续的时间相当长，需经处理才能满足场地拟建道路、管线和建（构）筑物基础及各种附属建（构）筑物的使用。

结合场地使用情况，采用软地基处理新技术——无排水砂层真空预压法对整个场地进行处理。无排水砂层真空预压法是在不施加外荷的前提下，以降低垂直排水通道（排水板）中的孔隙水压力，使之小于土中原有的孔隙水压力，形成渗流所需的水流梯度，促使孔隙水流向垂直排水体（排水板）排出。随着土体中孔隙水的排出，孔隙水压力不断降低，有效应力不断增加，土体得以压密和固结，承载力得以提高，工后沉降和差异沉降得以大大减少。

任务实施

步骤 1：预压法设计

1. 堆载预压法

堆载预压法处理地基的设计包括以下内容：选择塑料排水带或砂井；确定其断面尺寸、间距、排列方式和深度；确定预压区范围、预压荷载大小、荷载分级、加载速率和预压时间；计算地基土的固结度、强度增长、抗滑稳定性和变形。

（1）砂井。

① 直径、间距。普通砂井直径可取 300 ～ 500mm，袋装砂井直径可取 70 ～ 120mm。塑料排水带的当量换算直径可按下式计算。

$$d_p = \frac{2(b+\delta)}{\delta} \tag{7-6}$$

式中，d_p——塑料排水带当量换算直径，mm；

b——塑料排水带宽度，mm；

δ——塑料排水带厚度，mm。

砂井的平面布置可采用等边三角形或正方形排列，如图 7-7 所示。一口砂井的有效排水圆柱体的直径 d_e 和砂井间距 s 的关系可按下列规定取用。

等边三角形布置：$d_e = 1.05s$；正方形布置：$d_e = 1.13s$。

砂井的间距可根据地基土的固结特征和预定时间内所要求达到的固结度确定。通常砂井的间距可按井径比规 n（$n = d_e/d_w$，d_w 为砂井直径，d_e 为一口砂井的排水圆柱体的直径）确定。普通砂井间距可按 $n = 6 \sim 8$ 选用；袋装砂井或塑料排水带的间距可按 $n = 15 \sim 22$ 选用。

② 深度。应根据建筑物对地基的稳定性、变形要求和工期确定。对以地基抗滑稳定性控制的工程，竖井深度至少应超过最危险滑动面 2.0m。竖井宜穿透受压土层。

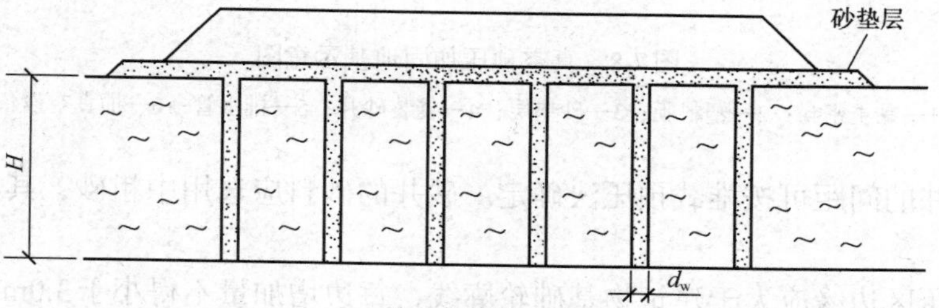

（a）剖面图

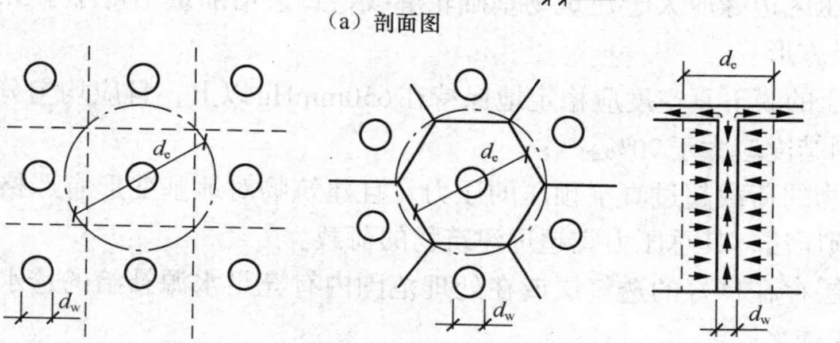

（b）正方形布置　　（c）三角形布置　　（d）砂井的排水途径

图 7-7　砂井布置图

③ 填料。砂井的砂料宜用中粗砂，含泥量应小于3%。

砂井的灌砂量应按井孔的体积和砂在中密时的干密度计算，其实际灌砂量不得小于计算值的95%。灌入砂袋的砂宜用干砂，并应灌制密实，砂袋放入孔内至少应高出孔口200mm，以便埋入砂垫层中。

（2）砂垫层。预压法处理地基必须在地表铺设与排水竖井相连的砂垫层，如图3-7所示，砂垫层厚度不应小于500mm。砂垫层砂料宜用中粗砂，黏粒含量不宜大于3%，砂料中可混有少量粒径小于50mm的砾石。砂垫层的干密度应大于1.5g/cm^3，其渗透系数宜大于1×10^{-2}cm/s。在预压区边缘应设置排水沟，在预压区内宜设置与砂垫层相连的排水盲沟。

（3）预压荷载。预压荷载大小应根据设计要求确定。对于沉降有严格限制的建筑，应采用超载预压法处理，超载量大小应根据预压时间内要求完成的变形量通过计算确定，并宜使预压荷载下受压土层各点的有效竖向应力大于建筑物荷载引起的相应点的附加应力。

预压荷载顶面的范围应大于或等于建筑物基础外缘所包围的范围。

2. 真空预压法

该法处理地基必须设置排水竖井，如图7-8所示。设计内容包括：竖井断面尺寸、间距、排列方式和深度的选择，预压区面积和分块大小，真空预压工艺，要求达到的真空度和土层的固结度，真空预压和建筑物荷载下地基的变形计算，真空预压后地基土的强度增长计算等。

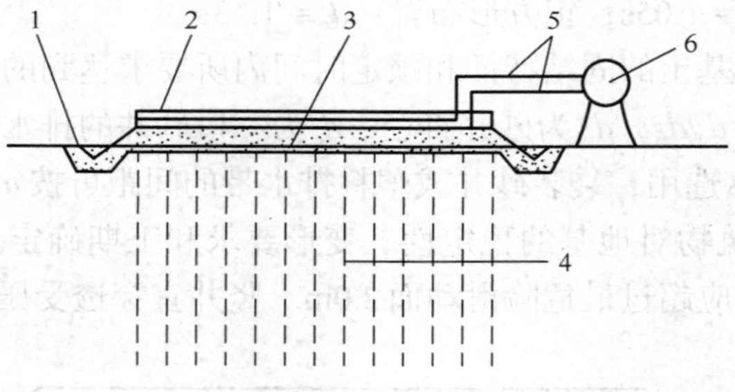

图7-8　真空预压加固地基示意图

1—黏土密封；2—塑料膜；3—砂垫层；4—袋装砂井；5—排水管；6—抽真空设备

① 排水竖井的间距可按堆载预压法确定。砂井的砂料应选用中粗砂，其渗透系数应大于1×10^{-2}cm/s。

② 真空预压区边缘应大于建筑物基础轮廓线，每边增加量不得小于3.0m。每块预压面积宜尽可能大且呈方形。

③ 真空预压的膜下真空度应稳定地保持在650mmHg以上，且应均匀分布，竖井深度范围内土层的平均固结度应大于90%。

④ 当建筑物的荷载超过真空预压的压力，且建筑物对地基变形有严格要求时，可采用真空—堆载联合预压法，其总压力宜超过建筑物的荷载。

⑤ 对于表层存在良好的透气层或在处理范围内有充足水源补给的透水层，应采取有效措施隔断透气层或透水层。

⑥ 真空预压所需抽真空设备的数量，可按加固面积的大小和形状、土层结构特点，以一

套设备可抽真空的面积为1000～1500m²确定。

步骤2：预压法施工

1. 堆载预压法

（1）塑料排水带的性能指标必须符合设计要求。塑料排水带在现场应妥善保护，防止阳光照射、破损或污染，破损或污染的塑料排水带不得在工程中使用。

（2）砂井的灌砂量应按井孔的体积和砂在中密状态时的干密度计算，其实际灌砂量不得小于计算值的95%。

灌入砂袋中的砂宜用干砂，并应灌制密实。

（3）塑料排水带施工所用套管应保证插入地基中的带子不扭曲。塑料排水带需接长时，应采用滤膜内芯带平搭接的连接方法，搭接长度宜大于200mm。

袋装砂井施工所用套管内径宜略大于砂井直径。

塑料排水带和袋装砂井施工时，平面井距偏差不应大于井径，垂直度偏差不应大于1.5%，深度不得小于设计要求值。

塑料排水带和袋装砂井砂袋埋入砂垫层中的长度不应小于500mm。

（4）对堆载预压工程，在加载过程中应进行竖向变形、边桩水平位移及孔隙水压力等项目的监测，且根据监测资料控制加载速率。对竖井地基，最大竖向变形量每天不应超过15mm；对天然地基，最大竖向变形量每天不应超过10mm；边桩水平位移每天不应超过5mm，并且应根据上述观察资料综合分析、判断地基的稳定性。

2. 真空预压法

（1）真空预压的抽气设备宜采用射流真空泵，空抽时必须达到95kPa以上的真空吸力，真空泵的设置应根据预压面积大小和形状、真空泵效率和工程经验确定，但每块预压区至少应设置两台真空泵。

（2）真空管路的连接应严格密封，在真空管路中应设置单向阀和截门。

水平向分布滤水管可采用条状、梳齿状及羽毛状等形式，滤水管布置宜形成回路。滤水管应设在砂垫层中，其上覆盖厚度100～200mm的砂层。滤水管可采用钢管或塑料管，外包尼龙纱或土工织物等滤水材料。

（3）密封膜应采用抗老化性能好、韧性好、抗穿刺性能强的不透气材料。密封膜热合时宜采用双热合缝的平搭接，搭接宽度应大于15mm。

密封膜宜铺设三层，膜周边可采用挖沟埋膜、平铺并用黏土覆盖压边、围埝沟内及膜上覆水等方法进行密封。

（4）采用真空—堆载联合预压时，应先进行抽真空，当真空压力达到设计要求并稳定后，再进行堆载，并继续抽气，堆载时需在膜上铺设土工编织布等保护材料。

步骤3：质量检验

（1）施工过程质量检验和监测包括以下内容。

① 塑料排水带必须在现场随机抽样送往实验室进行性能指标的测试，其性能指标包括纵向通水量、复合体抗拉强度、滤膜抗拉强度、滤膜渗透系数和等效孔径等。

② 对不同来源的砂井和砂垫层砂料，必须取样进行颗粒分析和渗透性试验。

③ 对于以抗滑稳定控制的重要工程，应在预压区内选择代表性地点预留孔位，在加载的

不同阶段进行原位十字板剪切试验和室内土工试验。

④ 对预压工程，应进行地基竖向变形、侧向位移和孔隙水压力等项目的监测。

⑤ 真空预压工程除应进行地基变形、孔隙水压力的监测外，尚应进行膜下真空度和地下水位的量测。

（2）预压法竣工验收检验应符合下列规定。

① 排水竖井处理深度范围内和竖井底面以下受压土层，经预压所完成的竖向变形和平均固结度应满足设计要求。

② 应对预压的地基土进行原位十字板剪切试验和室内土工试验。必要时，尚应进行现场载荷试验，试验数量不应少于3点。

工程案例——某地基处理工程应用

1. 工程概况

某市中心广场拟建一座25层的贸易大厦，该大厦地基工程地质条件和水文地质条件复杂，岩溶、土洞发育。基坑北6m紧邻七层高的图书馆及四层高的电影院，南面相距5m处为该市主干道。地基处理施工难度大，施工中引进一些新措施进行尝试，并取得了良好效果。

该楼为一层地下室，基坑开挖深度3.8～4.5m，采用一柱一桩独立基础形式，单桩最大垂直荷载21210kN。原设计为先开挖基坑，四周用毛石砌挡土墙，坑内采用人工挖孔桩。由于人工挖孔桩施工中抽取大量地下水，造成电影院、图书馆多处开裂，建筑物地基有向下滑移现象，同时挖孔桩没办法穿过多层溶洞，施工难以进行，造成停工。在此情况下，对该项工程进行了基础设计修改，采用冲孔和挖孔灌注桩相结合，并制订一套科学、合理、可行的施工程序，以保证相邻建筑物的安全及施工的顺利进行。

2. 工程地质及水文地质条件

根据勘察报告及桩孔的超前钻资料，基坑开挖已经挖除了人工填土层及淤泥层，基坑底地下有厚6～9m的履盖土层，其下为灰岩。该地区属于岩溶发育区，地质条件非常复杂，土洞、溶洞发育，尤其主楼部位岩洞最为发育，最深溶洞达32m，方向呈多方位；洞的大小不一，最大的顶底板间距21m，最小的仅有十几厘米，有的溶洞全被充填或部分充填，有的为空洞并形成地下暗沙。土洞埋藏较浅，常发展到地面。多层溶洞分布在不同的平面上，岩面起伏不平，高差较大并发育有大量溶槽、溶沟等。大部分基岩上部为块状风化堆积层，充填有黑色淤泥，且厚度大。

该场地地下水属于潜水及岩溶裂隙水，地下水系与相距不远的义昌江相连，场地地下水位高，常高于基坑底面，且流量大，为紊流状态。有的地段钻孔或桩孔地下水往上涌，有的溶洞夯穿时，数台抽水机也无法灌满，所灌浆水进入地下暗河流进义昌江。

3. 岩溶地基处理方案

由于地基复杂，普遍存在土洞、溶洞，因此该楼采用一柱一桩的形式，要求桩端置于稳定完整的微风化基岩上。

（1）在每个桩孔上钻进1～3个超前钻孔，钻孔深度进入稳定持力层不小于5m。主要目的：查明每个桩孔的地层结构及分布特征；查明土洞、溶洞分布及大小、规模、连通程度、充填情况；查明强风化层厚度，溶洞顶板厚度；查明稳定持力层的准确顶面标高及其标准承载力；初步判定地下水类型、大小及流向。

（2）根据超前钻孔资料及建筑荷载进行桩的选型设计。当桩孔下无溶洞或厚层强风化带时，采用人工挖孔桩处理地基，人工挖孔桩要求进入稳定微风化岩石不得小于0.5m，对于起伏较大的持力层面，可打成宽30cm的台阶；当桩孔下有溶洞或厚层强风化带时，采用大直径冲孔灌注桩处理地基。要求该桩穿过溶洞、土洞或厚层强风化带，进入稳定持力层不小于一倍桩径。

（3）关于地下水在桩基施工过程中对环境的影响。冲孔灌注桩，采用泥浆护壁，水下灌注，无需抽取地下水，避免了深层岩溶裂隙水的抽取导致周围建筑物的变形；人工挖孔桩部分，必须要抽地下水。前阶段工作中由于抽取地下水把相邻的电影院、图书馆拉裂，两边道路下沉，导致地下水管道破裂。为了使施工中不再出现上述情况，必须采取调整施工程序等措施，控制抽取地下水，科学、合理地组织施工，严格监测周围建筑物裂缝发展动向。

4. 地基处理施工

施工分为冲孔灌注桩和人工挖孔灌注桩两个部分。

（1）冲孔灌注桩施工。该施工主要难点为如何在具有多层溶洞的岩溶区成孔，如何堵住泥浆渗漏及砼流失，如何保证冲孔进尺及清除孔底沉渣。每当打穿一层溶洞时，经常出现如下情况。

① 孔内泥浆迅速流失，因岩溶水系与义昌江连通，两台3PN泵供水也无法使孔内满上来，出现地面孔口塌陷，产生一大漏斗，不仅不能施工，而且经常危及钻孔及人身安全，有时连钻机都来不及撤出。

② 溶洞或裂隙水流入孔内，破坏泥浆，泥浆比重减少或变成清水，孔底出现厚层沉渣，无法反浆，更不能进尺，使工程无法进行。

针对上述情况，采取了相应的解决方法：向孔内回填大量黏土，目的是堵漏，同时也堵住小裂隙的漏浆，黏土可不必装袋，可直接倒入孔内，水泥需整袋抛入，使其沉底，操作方法同上。当再次打穿下一层溶洞发生漏浆时，重复上述工作，直到完成一个桩孔为止。这样施工的结果是堵住了漏浆，堵住了溶洞，保证泥浆质量且能正常返浆，正常进尺，同时在灌注砼时，不会出现大量超灌。

例如，63#桩具有一定的代表性，桩径1.6m，桩长21m，上覆土层厚5.5m，其下为多层分布的溶洞，遇大小溶洞4个，发生强漏浆6次，为堵漏造浆共用318包水泥，直接用于堵漏费用8600元。

经比较，上述方法是最经济、最有效的施工方法。与之相比，在此场地也曾采用钻孔灌注桩，钻孔直径500mm，结果如下：因泥浆流失过大，无法补足泥浆；长期钻进，出现大面积地面塌陷；孔底难清除沉渣；砼灌入量无法控制。在仅钻成的两个孔中，孔底几米厚度沉渣无法清除，其中一孔12h灌入几十立方砼，不知流向何处。

（2）挖孔桩施工。对于人工挖孔桩，按常理是最简单的施工方法。由于该地层含有大量地下水，抽取地下水已危及周围建筑物的安全，如何达到最经济最安全的施工成为第一难点。经认真分析，充分了解该地基的工程地质条件及水文地质条件与周围建筑的联系，并对建筑物已开裂的原因进行了细致的分析。

抽取大量地下水是导致周围房屋开裂、地基下沉的最主要原因，如要对基坑周围进行全面的帷幕防渗，耗资巨大，同时岩石裂隙水未必能堵住。最后采用了不增加投资的方案，只对施工程序进行了调整。

通过施工程序的调整，设法改变水的渗透路径；分散施工，不能成片连续开挖，每隔3～5个桩孔开挖一个；先施工水量较小的桩孔，如果发现水量较大的桩孔，停止抽水，不再向下施工，严格控制抽取地下水量；每挖成一个桩孔，验收后立即灌注砼，堵住水的部分渗透路径；严格监控周围建筑物的裂缝。

5. 结束语

（1）岩溶地基处理有很大的难度和复杂性。需因地制宜地设计和选择施工方法。

（2）岩溶地基采用冲孔与挖孔相结合的办法进行处理，既经济，又避免了许多难以解决的问题，诸如抽取大量地下水引起周围建筑物的下沉开裂，人工挖孔难以穿过多层溶洞等问题。

（3）冲孔桩处理复杂岩溶地基行之有效，有较大的可靠性。

（4）采用袋装黏土及水泥填堵溶洞及防渗堵漏，行之有效，且最为经济，同时保证成桩质量，避免大规模超灌砼。

（5）在进行严格的施工管理条件下，调整施工程序，严格控制抽取地下水量，只要施工程序合理，完全可以无需任何防渗措施，可以进行安全的人工挖孔桩施工。

单元小结（思维导图）

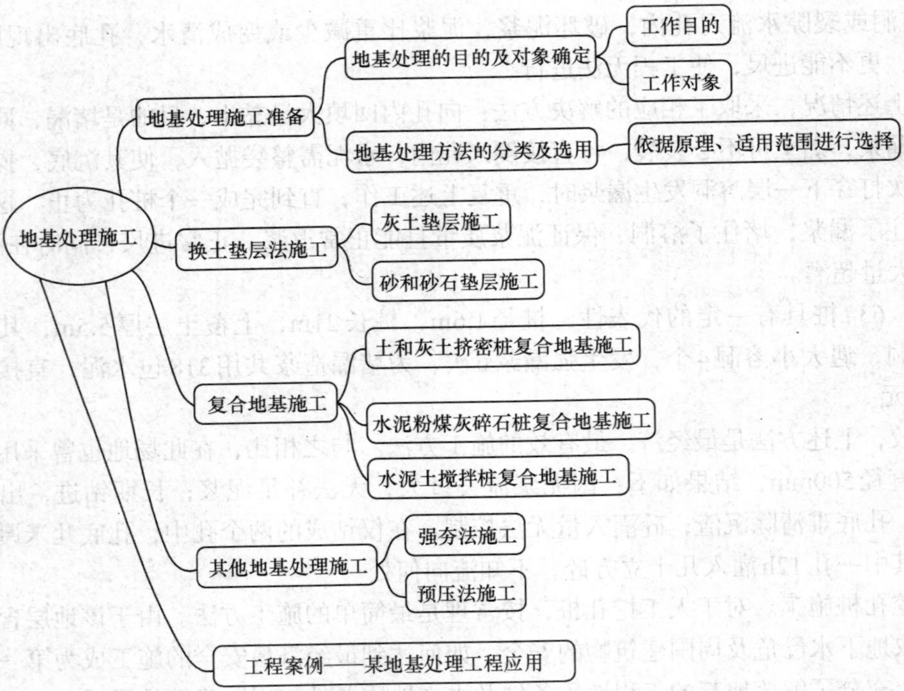

基本技能训练

1. 单项选择题

（1）各种材料的垫层设计都近似地按（　　）垫层的计算方法进行计算。

A. 土垫层　B. 粉煤灰垫层　C. 干渣垫层　D. 砂垫层

（2）理论上，真空预压法可产生的最大荷载为（　　）。

A. 50kPa　B. 75kPa　C. 80kPa　D. 100kPa　E. 120kPa

（3）砂井在地基中的作用为（　　）。

A. 置换作用　B. 排水作用　C. 加筋作用　D. 复合作用

（4）对饱和土强夯时，夯坑形成的主要原因为（　　）。

A. 土的触变性　B. 土中含有少量气泡的水　C. 土中产生裂缝　D. 局部液化

（5）强夯法加固黏性土的机理为（　　）。

A. 动力密实　B. 动力固结　C. 动力置换　D. 静力固结

（6）碎（砂）石桩的承载力主要决定于（　　）。

A. 桩身强度　B. 桩端土的承载力　C. 桩间土的约束力　D. 砂石的粒径

2. 多项选择题

（1）夯实法可适用于以下地基土中的（　　）。

A. 松砂地基　B. 杂填土　C. 淤泥　D. 淤泥质土　E. 饱和黏性土

（2）排水堆载预压法适合于（　　）。

A. 淤泥　B. 淤泥质土　C. 饱和黏性土　D. 湿陷黄土　E. 冲填土

（3）对于饱和软黏土适用的处理方法有（　　）。

A. 表层压实法　B. 强夯　C. 降水预压　D. 堆载预压　E. 搅拌桩

（4）对于松砂地基适用的处理方法有（　　）。

A. 强夯　B. 预压　C. 挤密碎石桩　D. 碾压　E. 粉喷桩

（5）对于液化地基适用的处理方法有（　　）。

A. 强夯　B. 预压　C. 挤密碎石桩　D. 表层压实法　E. 粉喷桩

（6）垫层的主要作用有（　　）。

A. 提高地基承载力　B. 减少沉降量　C. 加速软弱土层的排水固结　D. 防止冻胀　E. 消除膨胀土的胀缩作用

（7）排水固结法加固地基的作用有（　　）。

A. 提高承载力　B. 减少沉降　C. 提高稳定性

D. 复合地基　E. 加筋

（8）可有效地消除或部分消除黄土的湿陷性的方法有（　　）。

A. 砂垫层　B. 灰土垫层　C. 碎石桩

D. 强夯　E. 灰土桩

3. 思考题

（1）地基处理的目的和对象是什么？

（2）常用的地基处理方法有哪些？

（3）试述换填垫层法的处理原则、适用范围以及如何确定垫层的厚度和宽度。

（4）什么是复合地基？有什么特点？

（5）什么是CFG桩，CFG桩的施工要点是什么？

职业资格拓展训练

采用地基处理方法时应从方案的技术可行性、对环境的影响、施工工期，以及工程造价等多个方面对这些方案进行比较，最终确定最优方案。对优选方案要提出具体设计、施工及质量检测的建议。

1. 工程与地质概况

（1）工程概况。拟建中的某住宅小区位于青岛市东西快速路以南，一期工程由多栋5～6层住宅组成，为框剪结构住宅，不设地下室，基础埋深及基础型式待定。由于该建筑物地基表土层由厚3.30～5.10m的人工堆积层（主要为房渣土）组成，必须经过地基处理后方可作为建筑物地基持力层，要求处理后的复合地基承载力标准值≥160kPa，建筑物整体沉降量不大于80mm。

（2）地质概况。

① 地形地貌。拟建场区地形基本平坦，地面标高31.77～32.66m。场区原为采砂坑，目前已填平。地下水埋深1.60～2.10m。

② 地层土质分布。研究场地地层分布可知：人工堆积层不能直接作为建筑地基持力层，必须进行地基处理后才能作为持力层，而且处理深度应穿过人工堆积层，处理到新近沉积层内。

2. 房渣土的工程性质

房渣土是一种含有大量建筑垃圾如碎石、碎砖、瓦砾和混凝土块的杂填土。其主要工程性质为：密实程度不均匀，成分复杂，有较大的空隙，且充填程度不一，排列无规律。密实程度直接牵涉到地基承载力指标与沉降量的大小。由于房渣土的不均匀会导致地基的不均匀沉降，所以需要对其进行地基处理。

3. 地基处理技术难度

（1）房渣土处理深度达6m。

（2）房渣土成分复杂、颗粒粒径较大（有大块的砼块）、钻孔难度大、地下水水位高。

（3）场地处在城市中，离居民区较近。

4．分析提问

根据本单元所学内容以及参考网上资料，分析该小区可能采用的地基处理方案。

参考文献

[1] 肖先波.地基与基础[M].上海：同济大学出版社，2009.

[2] 朱炳寅.建筑地基基础设计方法及实例分析[M].2版.北京：中国建筑工业出版社，2013.

[3] 叶火炎.土力学与地基基础[M].北京：北京大学出版社，2014.

[4] 杨太生.地基与基础[M].北京：中国建筑工业出版社，2012.

[5] 申海洋，杨太生.地基与基础工程施工[M].武汉：武汉大学出版社，2014.

[6] 蒋建清，张小军.地基与基础[M].长沙：中南大学出版社，2013.

[7] 中华人民共和国国家标准.地基基础设计规范（GB 50007—2011）[S].北京：中国建筑工业出版社，2011.

[8] 中华人民共和国行业标准.建筑桩基技术规范（JGJ 94—2008）[S].北京：中国建筑工业出版社，2008.

[9] 中华人民共和国行业标准.建筑地基处理技术规范（JGJ 79—2012）[S].北京：中国建筑工业出版社，2012.

[10] 中华人民共和国行业标准.建筑基坑支护技术规程（JGJ 120—2012）[S].北京：中国建筑工业出版社，2012.

[11] 中华人民共和国国家标准.建筑基坑工程监测技术规范（GB 50497—2009）[S].北京：中国建筑工业出版社，2009.

[12] 王铁儒.工程地质及土力学[M].武汉：武汉大学出版社，2008.

[13] 中华人民共和国国家标准.建筑工程施工质量统一验收标准（GB 50300—2013）[S].北京：中国建筑工业出版社，2013.

[14] 项伟.岩土工程勘察[M].北京：化学工业出版社，2012.

[15] 陈书申，陈晓平.土力学与地基基础[M].武汉：武汉理工大学出版社，2015.